改訂版のまえがき

　本書を刊行して暫く経った頃、発行元から「在庫が無くなりましたので増刷しませんか」と連絡を頂いた。大変ありがたい話に逡巡したが、それでも、改訂版を刊行することにしたのは、多くの方々から激励と問い合わせを頂いたことや、書き直したい箇所が有ったためである。

　初版のまえがきと重複する部分もあるが、次のことを確認しておきたい。

　高度経済成長期におけるわが国の漁業は、「戦後の最盛期」と言われた一方で、漁業資源の枯渇化や産業間格差の拡大などから、先行きを懸念する声も聞かれた。それが第一次石油危機で現実となり、第二次石油危機、200 カイリ問題、底びき網漁船の政策減船、国内産水産物の価格低迷、水産物の需要減などで変容と縮小を余儀なくされた。

　秋田・山形両県における海面漁業の全国的地位と県内産業に占める地位はともに低く、青森県岩崎地区の漁業規模も小さい。また、個人経営が圧倒的に多いうえに資本も小さいため、些細な出来事にも敏感に反応した。それにも拘らず、地びき網やヤリ出しなど消滅した漁業種類は有っても、自然消滅した漁業地区が無いのは、高齢者や漁業を主たる生業としない就業者が存続させているためではないかと考えて、高度経済成長期以降における青森県岩崎地区から秋田県を経て山形県に至る地域、すなわち、両羽海岸地域における漁業の調査を始めた。調査地域を両羽海岸地域としたのは、沿岸漁業が卓越していること、漁業就業者が減少している中で 60 歳以上の就業者が増加していること、第二種兼業率が高いことなどが共通していたほか、青森県岩崎地区は秋田県沿岸北部の能代や八森地区と深い関係を持っていたことや、山形県と秋田県の漁業形態が類似していたことから、一つの地域として捉えることができると判断したためである。

　本書は石油危機以降の両羽海岸地域における漁業の変容と存続形態を論述したもので、2 編で構成される。第 1 編は、2010 年に財団法人斎藤憲三顕彰会に提出した「平成 21 年度助成研究報告書 両羽海岸地域における漁業の展開」を骨子として書き改めたものであり、第 2 編は第 1 編を補完するため、これまで調査した中から 7 地区の事例を取り上げたものである。

　使用した統計資料は整合性を持たせるため、青森・秋田・山形 3 県の東北農政局統計情報事務所発行の「農林水産統計年報」と、農林水産省統計情報部発行の第

6～11次「漁業センサス」を基本としたほか、関係自治体と漁業協同組合の資料、および現地調査を行って補完した。ただ、農林水産統計年報の中には様式が統一されていない項目が有ること、漁獲量や水揚高などには漁業者が自己処理した量は含まれていないことがあると言われている。

　漁業に関わる用語の定義と水産物・漁業種類などの表記は、漁業センサスと農林水産統計年報、農林統計協会発行の「改訂農林水産統計用語事典」、日本地誌研究所発行の「地理学辞典」に従い、＊を付した用語は巻末の用語解説に載せた。

　また、市町村名は調査時の名称を記した。年号は西暦を用い、1946年以降における本文の表記は、1950年は50年、2005年は05年のように下2桁で示し、元号は必要に応じて西暦の後ろに（　）で示した。さらに、漁業協同組合は漁協と略記した。

　改訂版では、初版の第1編第3章のⅢの「流通経路の多様化」と第4章Ⅱの「産地市場の再編成」などは書き直し、第2章のⅠは削除した。そのほか、文言の修正・訂正を行った。

　最後になりましたが、日頃よりご厚情を賜っている立正大学名誉教授澤田裕之博士、改訂に当たって特段のご厚誼とご配慮を頂いた株式会社くまがい書房熊谷正司社長、および煩わしい作業を担当して頂いた同社の鈴木久子様に、衷心より感謝とお礼を申し上げます。

2019年（平成31年）1月29日
小 野 一 巳

目　　　次

改訂版のまえがき

第1編　石油危機以降の両羽海岸地域における漁業の変容と存続形態

第1章　はじめに ……………………………………………………………… 1
　Ⅰ　従来の漁業・漁村に関する研究 ……………………………………… 1
　　1　わが国の漁業・漁村に関する研究
　　2　本地域の漁業・漁村に関する研究
　　3　本地域の漁業・漁村に関する筆者の研究
　Ⅱ　研究の目的と方法および研究対象地域 ……………………………… 2
　　1　研究の目的と方法
　　2　研究対象地域と漁業地域区分
　　　(1) 研究対象地域
　　　(2) 漁業地域区分

第2章　漁獲量と男子漁業就業者の減少 …………………………………… 9
　Ⅰ　漁獲量の減少と秋田県におけるハタハタ漁 ………………………… 9
　　1　漁獲量の減少とその要因 …………………………………………… 9
　　2　1982年と2005年における漁獲量 ………………………………… 12
　　　(1) 1982年の漁獲量
　　　(2) 2005年の漁獲量
　　　(3) 1982年と2005年の比較
　　3　1982年と2005年における主要漁獲物・主要漁業種類の変化 … 17
　　　(1) 主要漁獲物の変化
　　　(2) 主要漁業種類の変化
　　4　漁獲量と漁業部門からみた秋田県と山形県における漁業構造の変化と漁業規模 …………………………………………………………… 29
　　5　秋田県におけるハタハタ漁 ………………………………………… 30
　　　(1) ハタハタと県民生活
　　　(2) ハタハタ漁とその特色

-ⅰ-

　　　　　(3) 輸送手段の変遷
　　　　　(4) 漁獲量と漁獲高
　　　6　漁獲量からみた地区別漁業部門構成の変容 ………………… 39
　Ⅱ　男子漁業就業者の減少と後継者不足 ……………………… 44
　　　1　男子漁業就業者の減少と年代別・地区別構成の変化 ………… 44
　　　　　(1) 男子漁業就業者の減少
　　　　　(2) 年代別構成と地区別構成の変化
　　　2　漁業後継者不足 ……………………………………………… 54
第3章　漁家経済の低迷と漁業経営の変化 ……………………… 56
　Ⅰ　漁獲高の減少 ……………………………………………… 56
　Ⅱ　産地卸売市場価格の低迷と漁家経済の変化 ……………………… 59
　　　1　産地卸売市場価格の低迷 ……………………………………… 59
　　　2　漁業所得の低迷と漁業維持費の上昇 ……………………… 60
　Ⅲ　流通経路と活魚販売の拡大 ……………………………………… 64
　　　1　流通経路と道川地区の事例 ……………………………………… 64
　　　2　活魚販売の拡大 …………………………………………… 67
　Ⅳ　漁業経営の変化 ……………………………………………… 68
　　　1　個人漁業経営体の減少と専・兼業別構成の変化 ……………… 68
　　　2　兼業形態の変化 ……………………………………………… 71
第4章　漁業経営の改善を目指した取り組み ……………………… 74
　Ⅰ　漁業資源管理とその効果 ……………………………………… 74
　　　1　底びき網漁船を対象とした政策減船 ……………………… 74
　　　　　(1) 底びき網漁業の発達と政策減船に至る経緯
　　　　　(2) 本地域における政策減船
　　　　　(3) 政策減船実施後の状況
　　　2　秋田県におけるハタハタ漁の全面禁漁 ……………………… 77
　　　　　(1) 全面禁漁に至る経緯
　　　　　(2) 資源管理案の策定と沖合部会および沿岸部会の対応
　　　　　(3) 再開後のハタハタ漁
　　　3　天然イワガキの資源管理 …………………………………… 84
　　　　　(1) 天然イワガキ漁

　　　　(2) 秋田県の取り組み
　　　　(3) 山形県の取り組み
　　　　(4) 課題
　　4　山形県における小型底びき網漁業に関する資源管理 …………… 87
　　5　放流事業と漁場整備の拡充 ………………………………………… 90
　　　　(1) 秋田県の取り組み
　　　　(2) 山形県の取り組み
　　6　漁業資源管理の効果と課題 ………………………………………… 92
　Ⅱ　産地卸売市場の再編整備 ………………………………………………… 94
　　1　1985年における産地卸売市場とその再編整備計画 ……………… 94
　　2　1995年における主要産地卸売市場の水揚量と水揚高 …………… 96
　　3　卸売市場法の改正 …………………………………………………… 98
　　4　産地卸売市場の再編整備とその効果 ……………………………… 98
　　5　2009年における取引形態 …………………………………………… 100
第5章　結語 ………………………………………………………………………… 103

第2編　7漁業地区の事例

第1章　7漁業地区を取り上げた理由 …………………………………………… 111
第2章　青森県岩崎地区と秋田県八森・岩館地区における漁業の展開 ……… 113
　Ⅰ　はじめに ………………………………………………………………………… 113
　Ⅱ　明治期～石油危機以前における漁業 ………………………………………… 115
　　1　岩崎地区
　　2　大間越地区
　　3　八森・岩館地区
　Ⅲ　石油危機以降における漁業 ………………………………………………… 117
　　1　地区別漁獲量の推移
　　2　地区別主要漁業種類
　　3　八森・岩館地区における操業水域の縮小と新たな漁場の開発
　　4　漁獲物の流通
　Ⅳ　まとめ ………………………………………………………………………… 129

第3章　秋田県道川地区における漁業の存続形態 …………………………… 131
　Ⅰ　はじめに ………………………………………………………………… 131
　Ⅱ　漁獲量の変化と漁獲物の流通………………………………………… 133
　　1　漁獲量と漁獲高の変化
　　2　漁獲物の流通
　Ⅲ　個人漁業経営体数の推移と漁業経営の多角化 ……………………… 136
　　1　個人漁業経営体数（漁協組合員数）の推移
　　2　個人漁業経営体の年代別構成と漁協加入年齢
　　3　操業漁業種類とその件数
　　4　漁業経営の多角化
　　5　遊漁案内業の成立と発展
　Ⅳ　漁業拠点の形成 ………………………………………………………… 141
　Ⅴ　まとめ …………………………………………………………………… 142
第4章　秋田県北浦地区における沿岸ハタハタ漁の展開 ………………… 145
　Ⅰ　はじめに ………………………………………………………………… 145
　Ⅱ　藩政期〜1945年の沿岸ハタハタ漁 …………………………………… 146
　　1　藩政期
　　2　明治期
　　3　大正期
　　4　1945年以前の昭和期
　Ⅲ　1946年以降の沿岸ハタハタ漁 ………………………………………… 149
　　1　豊漁期のハタハタ漁
　　2　漁業経営の変化
　　3　ハタハタ資源の枯渇化と全面禁漁
　　4　再開後のハタハタ漁
　Ⅳ　まとめ …………………………………………………………………… 156
第5章　秋田県金浦地区における底びき網漁業の発達と変容 …………… 158
　Ⅰ　はじめに ………………………………………………………………… 158
　Ⅱ　底びき網漁業成立前の漁業 …………………………………………… 159
　　1　金浦漁港
　　2　商業的漁業の成立と発達

Ⅲ　底びき網漁業の成立と展開 …………………………………… 163
　　　1　第1期（1923〜45年）
　　　2　第2期（1946〜72年）
　　　3　第3期（1973〜86年）
　　　4　第4期（1987年以降）
　　Ⅳ　ＴＤＫの発展 ………………………………………………… 171
　　Ⅴ　まとめ ………………………………………………………… 172
第6章　離島振興法適用後における山形県飛島の変容 …………………… 174
　　Ⅰ　はじめに ……………………………………………………… 174
　　Ⅱ　漁業経営と水産加工業 ……………………………………… 175
　　　1　山形県における飛島の地位
　　　2　漁業経営と資源管理
　　　3　水産加工業の不振
　　Ⅲ　飛島の変容 …………………………………………………… 181
　　　1　離島振興法の適用と景観の変化
　　　2　民宿の開業
　　　3　渡航客数の推移
　　　4　生活拠点の拡大
　　Ⅳ　まとめ ………………………………………………………… 188
第7章　山形県温海地区における漁業とあつみ温泉 ……………………… 190
　　Ⅰ　はじめに ……………………………………………………… 190
　　Ⅱ　漁業経営の変化 ……………………………………………… 191
　　　1　漁獲量の減少
　　　2　漁業経営の縮小と秋田県畠地区との比較
　　Ⅲ　漁獲物の消費量減少と流通の変化 ………………………… 196
　　　1　温海町の人口と観光客数の減少
　　　2　流通経路の変化と温海産地市場の閉鎖
　　　3　食品衛生法の改正
　　Ⅳ　まとめ ………………………………………………………… 200
第8章　秋田県浜口地区における八郎潟干拓にともなう漁業の衰退と
　　　　地区の変容 …………………………………………………… 203

Ⅰ　はじめに ……………………………………………………… 203
Ⅱ　干拓前の水産業と出稼ぎ ………………………………… 204
　　1　潟漁業と干拓に関わる漁業補償
　　2　製塩と海面漁業
　　3　北海道ニシン漁出稼ぎ
Ⅲ　干拓後の変容 ………………………………………………… 212
　　1　出稼ぎ者の減少
　　2　潟漁業の消滅と海面漁業の縮小
　　3　砂丘の開発と地区の変容
Ⅳ　まとめ ………………………………………………………… 218

本書に掲載した論文・リポートの初出時におけるタイトル等…………… 221
掲載した国土地理院発行の「地勢図」と「地形図」………………………… 221
用語解説 ………………………………………………………………… 222
あとがき ………………………………………………………………… 226

第1編

石油危機以降の両羽海岸地域における漁業の変容と存続形態

第1章　はじめに

Ⅰ　従来の漁業・漁村に関する研究

1　わが国の漁業・漁村に関する研究

　わが国の漁業・漁村に関する科学的な地理学研究は、青野壽郎によって確立[1]されて以来、多くの分野で研究が深められた。具体的には、漁業については漁業種類[2]、漁場[3]、漁港[4]、漁業紛争[5]、漁業地区の事例[6]などの研究、漁村については、構造[7]と生態[8]、および文化的視点からの研究[9]、人口については漁業出稼ぎ[10]に関する研究などがある。しかし、その多くは北海道や太平洋岸および西日本を対象としたもので、本書が対象とした秋田・山形両県を含む日本海北区＊北部に関する研究は少ない。

2　本地域の漁業・漁村に関する研究

　戦前における秋田県の漁業については、「秋田県総合郷土研究」[11]と「秋田県史」[12]に記載がみられる。戦後のものには、青野壽郎・尾留川正平の責任編集による「日本地誌」[13]と男鹿半島の地誌学的研究[14]に漁業・漁村についての記述がある。その他には、ハタハタ[15]や漁村[16]、漁業出稼ぎ[17]に関する研究のほかに、秋田県の作成した資料[18]なども残されている。

　山形県については、長井政太郎[19]と佐藤甚次郎[20]による研究が多い。中でも飛島に関して長井は、水産物と農作物の物々交換や労働力を確保するため行われた貰い子制度に関するものなど、すでに消滅した事象を論じた貴重な研究を残している。そのほか、概要的[21]なものと漁業地区の事例[22]および「日本地誌」第4巻にも若干の記載がみられる。

　青森県津軽沿岸南部地域に関する研究は確認できていない。

3 本地域の漁業・漁村に関する筆者の研究

筆者は秋田県の北浦地区[23]、金浦地区[24]、仁賀保地域[25]、山形県の飛島地区[26]、青森県岩崎地区と秋田県八森・岩館地区[27]などを取り上げて、第一次石油危機以降における海面漁業に関する調査を行った。また、八郎潟の干拓が潟漁業（内水面漁業）におよぼした影響[28]についても調査した。

その中で、北浦地区については沿岸ハタハタ漁の成立要因と発達過程、および豊漁期にはハタハタのモノカルチャー構造を成したことを明らかにした。金浦地区については、秋田県最大の底びき網漁業地区を形成した要因とその展開過程、および底びき網漁船の政策減船による漁業廃業者たちの受皿となったのが、仁賀保地域に立地するTDKとその関連会社であったことを明らかにした。漁村的特色の強い飛島地区については、民宿経営を始めた経緯や酒田港付近に住居を持った要因など、離島振興法適用後における飛島の変容を明らかにした。浜口地区については、八郎潟干拓前の海面漁業と潟漁業は、ニシン漁出稼ぎや農業と組み合わせた兼業で営まれ、干拓が始まると出稼ぎを止めたことと、潟漁業が消滅したこと、農業地区に変容したことを明らかにした。青森県岩崎地区と秋田県八森・岩館地区については、岩崎地区では漁獲物を八森市場に水揚げするなどの関係がみられたが、漁業経営や漁業種類などには関係が認められなかったことを明らかにした。

II 研究の目的と方法および研究対象地域

1 研究の目的と方法

高度経済成長期におけるわが国の漁業は、戦後における最盛期[29]と称された。しかし、様々な要因から、漁業経営は変容と縮小を余儀なくされたため、国や県・漁業関係者達は多様な取り組みを行ってきたにも拘らず、改善されることはなかった。

両羽海岸地域における漁業の変容と縮小は、基本的には漁業資源の減少と燃油代の高騰、漁価の低迷などに有るが、そのほかにも第一次産業と第二・三次産業の産業間格差と、大都市圏と地方の地域間格差などによる漁業就業者＊の減少や高齢化現象、漁場の機能劣化などによるところが大きく、秋田県の場合は83年の日本海中部地震とハタハタ資源の減少など地域的な要因も加わる。

第二次石油危機後の83年と98年の漁業経営体＊は、秋田県では1,615から

1,099 に 516 減少した（減少率 32.9%）。そのうち、沿岸漁業層は 1,522（全県比 94.2%）から 1,047 と、475 減少し、減少数全体の 92.2% を占めた。山形県では 730 から 548 と 182 減少した（減少率の 24.9%）。そのうち、沿岸漁業層は 673（全県比 92.2%）から 513 と、160 減少し、減少数全体の 87.9% を占めた。05 年における漁業部門別[30]＊経営体は、沿岸漁業層が最も多く、次いで沖合漁業層で、遠洋漁業は秋田県に 1 経営体、山形県には 1 漁労体＊が存在したのみであった。しかも、経営体のほとんどが資本力の小さい個人経営であったため、沿岸漁業は農業・自営業・会社員などと組み合わせた第二種兼業、沖合漁業は操業海域の縮小や操業時間の短縮、複数の漁業種類を取り入れるなど変容と縮小が進んだ。また、海面養殖業は発達が遅れ、大型定置網は青森県岩崎地区と秋田県男鹿半島地域で営まれている程度である。

　それにもかかわらず、本地域には漁業が自然消滅した漁業地区＊は存在しないことから、地先に漁業の対象となる水産動植物が生育する限り、漁業は存続することを示しているのではないかと、筆者は考えている。

　こうした仮説に基づき、本編では第一次石油危機以降における青森県岩崎地区から秋田県を経て、山形県念珠ヶ関地区に至る漁業の変容と存続形態を明らかにすることを目的とした。

　研究対象期間を第一次石油危機以降としたのは、漁獲量の減少や燃油代・維持費の高騰、漁価の低迷などによって、本地域でも戦後における最盛期から縮小に転じた時期であったことと、それを改善するため様々な漁業資源管理や産地卸売市場の再編整備などに取り組み始めた時期であったことから、漁業の変容と存続形態を明らかにするには適切であると考えたためである。研究対象地域に青森県岩崎地区を含めたのは、そこが従来から秋田県北部沿岸地域と関係が深かったことによる。

　研究方法は、82 年と 05 年における漁業地区別漁獲量と男子漁業就業者数から、漁業経営の変容と存続形態を検討することにした。ここで、漁獲量と男子漁業就業者を取り上げたのは、生産実績である前者と生産者である後者の変化を比較することによって、漁業経営の変容が判断できると考えたためである。また、漁獲物と生産手段である漁業種類[31]（漁法）についても比較した。82 年を取り上げたのは、底びき網漁船を対象とした政策減船の実施前であったこと、石油危機による影響が判断できること、日本海中部地震[32]が起きる前であったことなどが理由であり、05 年を取り上げたのは 82 年と比較するためである。男子漁業就業者と漁業経営

形態に関する資料は、農林水産統計年報に記されていないため、82年と05年に直近の83年と03年の漁業センサスを用いた。また、漁獲量・魚価・漁家＊経済の推移については、石油危機前と比較するため70年以降を取り上げた。さらに、流通や資源管理、産地卸売市場＊の再編整備にも触れたほか、秋田県ではハタハタ漁の地位が高いため、それに関する1節を設けた。

そのほか、漁業地区の中で、83年に秋田県潟西地区は若美地区と改められたため、ここでは若美地区と統一し、山形県吹浦地区と西遊佐地区は05年に統合されて遊佐地区と成ったため、05年以降の表記はそれに従った。また、84年以前の秋田農林水産統計年報では、脇本地区と船越地区を合わせて男鹿南地区と扱っていたが、85年以降は脇本地区と船越地区に分けている。ここでは資料の整合性を図るため85年以降も両地区を合わせて男鹿南地区として扱うことにした。

2　研究対象地域と漁業地域区分
(1) 研究対象地域

本書で対象とする地域は、日本海北区＊北部に位置し、05年時の行政地区では、青森県岩崎村と秋田・山形両県の日本海に面する6市11町2村の29漁業地区を指し、その地域を両羽海岸地域と呼ぶことにした。地域名は、廃藩置県実施（1871年）前に使われた羽前と羽後の国名に由来し、筆者はそれに従来から秋田県八森、岩館市場に水揚げしたことや、生活圏が能代地区に含まれる青森県岩崎地区を加えた。「両羽海岸地域」という地域名称は、工藤吉治郎の研究[33]が初出と思われるが、本書で設定した範囲は工藤が設定した範囲より岩崎地区を加えた分だけ広い。

本地域の岩崎地区から八森地区、男鹿半島地域、秋田県南部の平沢（ひらさわ）地区から山形県吹浦（ふくら）地区の月光川（がっこうがわ）河口部、山形県加茂地区以南、および飛島地先には磯浜海岸が発達し、採藻や採貝などの磯見漁業も営まれている。

その間の能代砂丘、天王（てんのう）砂丘、秋田砂丘、本荘砂丘、庄内砂丘前面の地先では、地びき網や刺網などが営まれてきたが、今日では農業地区に変容した地区が多く、小型の刺網やカニ網などが営まれている程度である。その例が、八郎潟の干拓で淡水化された残存湖の水を農業用水に利用した秋田県八竜町（現三種町（みたねちょう））浜口地区[34]や、66年に庄内砂丘地を縦貫する吹浦バイパスの開通を機に、砂丘地の開拓を進めた山形県遊佐町（ゆざまち）十里塚地区などである[35]。その他、戦後間もない頃に製塩を行った地区も有った[36]。

(2) 漁業地域区分

　本地域の29漁業地区を所属漁協や産地卸売市場、地区間の繋がりなどから地域区分すると、秋田県の20漁業地区は青森県岩崎地区を含めて4地域[37]、山形県の8漁業地区は2地域、合計6地域に区分することができた。その6地域を北から順に青森県岩崎・秋田県北部地域、男鹿半島地域、秋田県中央地域、秋田県南部地域、庄内北部地域、庄内南部地域と呼ぶこととした（図1－1）。

　6地域の概要（表1－1）を北から順に記すと、青森県岩崎・秋田県北部地域は青森県岩崎（現青森県深浦町）・秋田県岩館・八森・沢目（以上3地区は現八峰町）・能代・浜口（現三種町）の6地区からなる。その中で、八森地区と岩崎地区が中心的な地位にある。青森県岩崎地区には岩崎村漁業協同組合と規模の小さい大間越漁業協同組合の2漁協、秋田県八森地区には秋田県北部漁業協同組合本所（現秋田県漁業協同組合北部総括支所）、沢目地区には峰浜村漁業協同組合、能代市浅内地区には能代市浅内漁業協同組合、浜口地区には八竜町漁業協同組合の4漁協、合計6漁協存在するが、大間越・峰浜村・能代市浅内・八竜町の4漁協は極めて規模が小さいうえに、沢目・能代市浅内・浜口地区には漁港・船溜まりも存在しない。産地卸売市場は岩崎・岩館・八森の3地区に立地するが、水揚量*は八森市場が最も多く、大間越地区では従来から八森市場に水揚げしている。

　男鹿半島地域は若美町（現男鹿市）若美と男鹿市北浦・畠・戸賀・船川・男鹿南（脇本・船越）[38]の6地区からなる。このうち、半島北岸部の北浦・畠・戸賀の3地区は、北浦地区に本所を置く男鹿市漁業協同組合（現秋田県漁業協同組合北浦総括支所）を組織している。一方、半島南岸部の船川地区には船川・椿・双六・台島・門前などの集落で組織する船川港漁業協同組合（現秋田県漁業協同組合船川総括支所）が存在し、男鹿市漁業協同組合とともに男鹿半島地域の漁業勢力を二分してきた。漁協本所が有る2地区を比較すると、様々な漁業が営まれる船川地区は、秋田県最大の漁獲量を有するほか、秋田県漁業振興センターや水産高校など、秋田県漁業に関わる中枢機関が立地する。それに対して北浦地区は、沿岸ハタハタ漁のモノカルチャー的構造を成すなど対照的である。その他、若美地区には野石漁業協同組合、脇本地区には脇本漁業協同組合、船越地区には船越漁業協同組合が存在したが、02年に県内の6漁協とともに秋田県漁業協同組合を組織し、今日に至っている。産地市場は北浦と船川・椿の3カ所に存在する。

　秋田県中央地域は、天王町（現潟上市）天王と秋田市の秋田・秋田南[39]の3地

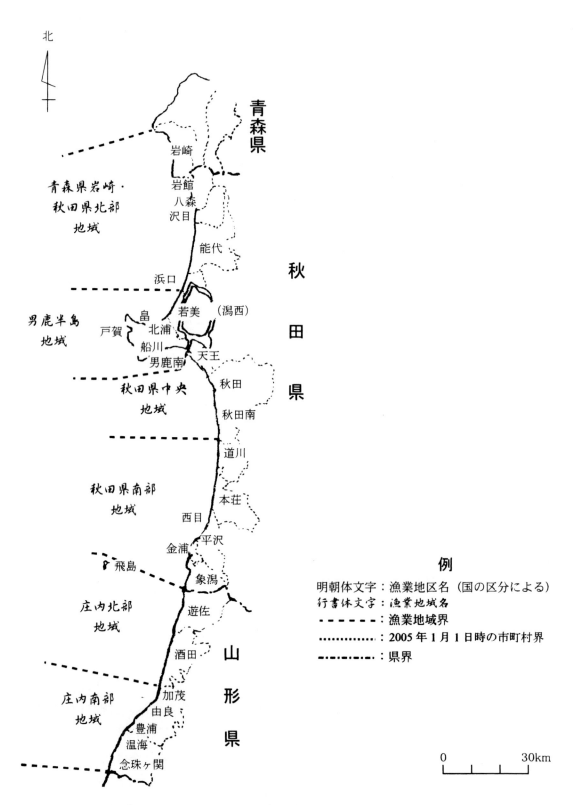

図1-1 研究対象地域とその地域区分および漁業地区(2009年)

表1-1 両羽海岸地域における6漁業地域の概要

漁業地域	漁業地区	中心的地区	中核漁港	産地市場	主な漁業種類	主要漁獲物	備考
青森県岩崎・秋田県北部地域	岩崎 岩館 八森 沢目 能代 浜口	岩崎 八森	八森	岩崎 岩館 八森	ベニズワイかご漁 底建網 底びき網	ベニズワイガニ ハタハタ	
男鹿半島地域	若美 北浦 畠 戸賀 船川 男鹿南	船川 北浦	北浦 船川	北浦 船川 椿	小型定置網	ハタハタ	秋田県水産振興センター 男鹿海洋高校
秋田県中央地域	天王 秋田 秋田南	秋田	なし	天王	その他の刺網	マアジ	秋田県漁業協同組合本所
秋田県南部地域	道川 本荘 西目 平沢 金浦 象潟	金浦	金浦	金浦 象潟	小型底びき網	ハタハタ タラ類	
庄内北部地域	遊佐 酒田 飛島	酒田	酒田	酒田	イカ釣り	スルメイカ	山形県漁業協同組合本所
庄内南部地域	加茂 由良 豊浦 温海 念珠ヶ関	由良 念珠ヶ関	念珠ヶ関	由良 念珠ヶ関	小型底びき網	タラ類 スルメイカ	山形県水産振興センター 加茂水産高校

筆者作成

※ 産地市場と備考は09年現在、その他の項目は05年現在のものである
※ 船川地区には船川市場と椿市場が存在する

区から成る。漁獲量は6漁業地域の中で最も少ない。3地区のうち、秋田地区における属地結果*の漁獲量は、属人結果*を大きく上回った時期もあったが、漁港法に基づく漁港が無いため、秋田港内の下浜(したはま)5m岸壁と呼ばれる旧雄物川の秋田運河右岸に設けられた「本港漁船溜まり」[40]を利用している。そこに隣接して秋田県漁業協同組合本所(2002年組織)、その南東数kmには秋田市中央卸売市場が存在する。天王地区には天王町漁協と産地卸売市場が有る。

秋田県南部地域は岩城町道川・本荘市本荘・西目町西目(以上3地区は現由利本荘市)・仁賀保町平沢・金浦町金浦・象潟町象潟(以上3地区は現にかほ市)の6地区から成る。中心的地位にある金浦地区[41]には、組合員数が県内最多の秋田県南部漁業協同組合本所(現秋田県漁業協同組合南部総括支所)が存在するうえに、59～62年には秋田県立西目農業高校定時制課程金浦分校に水産科が設置されていた。産地卸売市場は金浦地区と象潟地区に有る。

庄内北部地域は遊佐町遊佐・酒田市酒田・飛島の3地区から成り、両羽海岸地域では最大の酒田地区が中心である。酒田漁港は最上川右岸の河口近くに流れ込む新井田川右岸部に位置し、それを取り囲むように山形県漁業協同組合本所や仲卸市場・製氷所・漁業会社、および漁業関係施設や事業所が集中している。酒田漁港は他県の小・中型漁船にも利用されているため、酒田卸売市場の水揚量は両羽海岸地域の

中で最大である。両羽海岸地域で人が定住する唯一の島である飛島地区は、漁村的特色が強く、属人結果の漁獲量が山形県最大の時期もあったが、漁業の縮小と島の変容[42]が進んでいる。

　庄内南部地域は、鶴岡市の加茂・由良・豊浦と温海町（現鶴岡市）の温海・念珠ヶ関[43]の5地区から成る。漁獲量は念珠ヶ関と豊浦地区に多く、産地卸売市場と山形県漁協総括支所は念珠ヶ関と由良、山形県水産振興センターは豊浦地区三瀬、水産高校は加茂地区に立地するなど、漁業に関わる諸機関は分散している。加茂地区は北前船などの海運業で賑わった港町であったが、1922年に羽越本線羽前大山駅が開設されたことを機に、回船業者は蓄えた富を底びき網漁業に投資したことから[44]、山形県最大の漁業地区に発展し、酒田港が整備されるまでその地位に有った。同地区に水産高校が立地するのはそのような背景によるものである。豊浦地区以南は農地が少ないことから漁業に頼らざるを得ない状態にあった。豊浦地区の堅苔沢地区では、1890年（明治23）に堅苔沢漁業協同組合を組織して漁業の発展を図ったが、5～20トンクラスの漁船が利用できる漁港を築かなかったため、漁業を拡大させることができず、出稼ぎなどと組み合わせた兼業で行われた。今日、豊浦地区所属の漁船の中には、産地卸売市場が開かれる由良漁港を拠点とするものも多い。温海地区は山形県最少級の漁業地区であるか、あつみ温泉と深い関係を築いてきた。

第2章　漁獲量と男子漁業就業者の減少

I　漁獲量の減少と秋田県におけるハタハタ漁

1　漁獲量の減少とその要因

　70～05年における本地域の漁獲量を示したのが図1－2である。第一次石油危機前の70年は41,507㌧、72年は53,280㌧、危機後の74年は53,677㌧、75年はピークの56,231㌧と、増加傾向を示したが、76年以降は減少に転じ、95年は17,500㌧と、ピーク時の69％まで減少した。その後は20,000㌧弱で推移したが、漁業資源の枯渇化と長引く石油危機の影響、未成熟な幼・稚魚までも乱獲したこと、漁業就業者の高齢化などで回復することは無かった。

　ここで、漁獲量が前年に比べて2,000㌧以上減少した年と、主な出来事を重ね合わせてみると（表1－2）、前年比5,188㌧減の73年は（漁獲量48,092㌧、減少率9.3％）、基本的には漁業資源の枯渇化にあるが、沿岸諸国が200カイリを

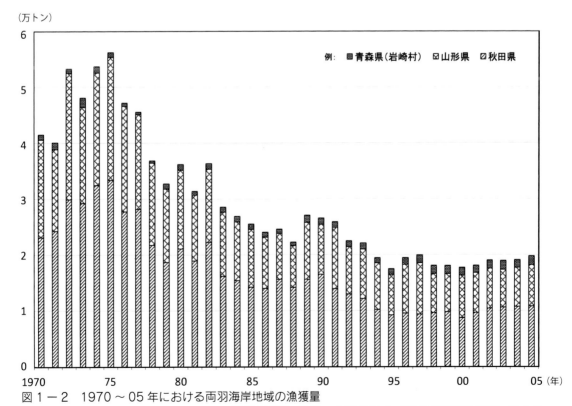

図1－2　1970～05年における両羽海岸地域の漁獲量
　　　　　　　　各年の青森・秋田・山形3県の「農林水産統計年報」による

表1-2　1953～2008年における本地域の漁業に関わる主な出来事

西　暦	事　　項
1953年	久六島が青森県に編入
55	山形県酒田市飛島に離島振興法適用
57～66	八郎潟干拓工事
61	秋田県船越水道に防潮水門完成、八郎潟残存湖が淡水化
65	山形県漁業協同組合成立
〃	秋田湾地区が新産業都市に指定
66	山形県吹浦バイパス完成
70	秋田湾地区が大規模工業開発候補地に採択
73	第一次石油危機
75	青森県岩崎～秋田県八森の国道101号整備終了
77	国連海洋法会議200カイリ設定
78	青森県岩崎地区周辺の国道101号整備終了
79	第二次石油危機
81	秋田県船川地区が国家石油備蓄基地の候補地に指定
82	同　　　　　立地決定
83	日本海中部地震
86	秋田県脇本バイパス完成
87	底びき網漁船を対象にした1回目の政策減船
89	秋田県船川地区に国家石油備蓄基地西基地完成
92～95	秋田県がハタハタ漁の全面禁漁を実施
92	底びき網漁船を対象にした2回目の政策減船
93	白神山地が世界自然遺産に登録
95	秋田県船川地区に国家石油備蓄基地東基地完成
2002	秋田県漁業協同組合成立
07～11	山形県小型機船底びき網漁業包括的資源回復計画
08	青森県の岩崎村漁協・艫作漁協・大戸瀬漁協が合併し、新深浦町漁業協同組合を組織

「秋田県史」「男鹿市史」「酒田市史」「岩崎村史」「山形県漁協資料」などによる

設定した影響を受けて、沖合・遠洋漁業部門の漁獲量が減少したこと、沿岸部の水質汚濁や漁場の劣化、およびブリ類・アジ類・ハタハタの大幅な減少などが要因であった。しかし、燃油代は上昇していなかったことから、第一次石油危機の影響は少なかったと思われる。

前年比9,060㌧減の76年は（漁獲量45,580㌧、減少率16.1％）、200カイリ問題の影響を受けて、沿海州周辺海域の操業を取りやめる経営体が居たことや、石油危機の影響による燃料費や資材費の高騰、人件費の増加などで経営を縮小させた経営体が増加したためである。また、ハタハタ漁の不振も大きかった。

前年比8,854㌧減の78年は（漁獲量36,825㌧、減少率20.2%）、ハタハタ漁の不振によって、漁業部門では沿岸漁業、漁業種類別では小型定置網[45]の不振が要因であった。

　前年比4,099㌧減の79年は（漁獲量32,726㌧、減少率11.1%）、第二次石油危機の影響と魚価の低迷によって、操業海域や操業時間を縮小させた経営体の増加が要因であった。例えば、秋田県金浦地区の小型底びき網[46]の場合、1回の操業でA重油を700㍑程度使っていたものが、石油危機以降は夜間操業を昼間操業に切り替えるとともに、操業海域を漁港から4時間程度の範囲に狭めて燃油使用量を節約した。

　前年比7,776㌧減の83年は（漁獲量28,529㌧、減少率21.4%）、5月26日に起きた秋田県能代沖約100kmを震源とするM7.7の日本海中部地震と、それに起因した津波が要因であった。地震は漁港やその関連施設、道路などに被害を与え、津波は沿岸部や海底に設置した消波堤ブロックを破壊した。八森地区の泊漁港では、係留漁船が転覆・流失したほか、秋田県南部地域の象潟地区小潟漁港は、津波による漂砂で漁港機能を失った。また、水産動物の産卵場所となる藻場が喪失するなど、地震と津波は秋田県沿岸地域を中心に甚大な被害を与えた。

　前年比2,302㌧減の88年は（漁獲量22,278㌧、減少率9.4%）、87年に行われた底びき網漁船を対象とした1回目の政策減船によって、底びき網経営体の減少が影響した。2回にわたって行われた政策減船は、52年の小型機船底曳網漁業整理特別措置法による減船以来戦後では2度目であった。82年は秋田県に底びき網漁船が76隻（全県比4.7%）、山形県には61隻（同8.2%）有り、両県の主要な漁業種類であった。1回目の時は秋田県では19隻（全体比25%）、山形県では10隻（同13.5%）、合計29隻（全体比19.3%）減船され、秋田県には57隻、山形県には64隻、合計121隻残った。その結果、底びき網漁船1隻平均の漁獲量は増加するものと期待されたが回復せず、減船の効果は少なかった。

　前年比3,411㌧減の92年は（漁獲量22,492㌧、減少率13.3%）、同年に実施された2回目の政策減船と、秋田県が行ったハタハタ漁の全面禁止が要因であった。2回目の減船によって、秋田県では14隻が減船されて残存漁船は43隻、山形県では48隻となった。

　前年比2,627㌧減の94年は（漁獲量19,459㌧、減少率11.9%）、減船の影響を受けて底びき網の漁獲量が減少したこと、ベニズワイガニかご漁やイカ釣り・エ

ビかご漁など、沖合漁業の不振が要因であった。秋田県では76年以来続いてきた沖合漁業（全体比41％）に代わって、沿岸漁業（同53％）の漁獲量が首位となり、変容が顕著となった。

この期間における秋田県と山形県の漁獲量を比較すると、秋田県の最多は75年の33,378㌧、最少は00年の8,727㌧、その差は24,651㌧、減少率は73.9％であった。それに対して、山形県の最多は73年の22,664㌧、最少は03年の6,720㌧、その差は15,944㌧、減少率は70.0％で、最多年の格差は1.5倍、最少年は1.3倍、減少量は1.5倍、減少率は3.9％と、いずれも秋田県の方が大きかった。しかし、海岸線の長さは、秋田県の200kmに対して山形県は90km、漁業地区数は秋田県の20地区に対して山形県は8地区と、秋田県の方が2倍以上有るにも拘わらず漁獲量等の格差が大きかったのは、後記するようにハタハタ漁の不振と小規模・零細な経営体が多かったためである。

2 1982年と2005年における漁獲量
(1) 1982年の漁獲量

本地域の漁獲量は、秋田県の22,388㌧(全体比61.4％)と山形県の13,108㌧(同35.9％)、青森県岩崎地区の1,002㌧(同2.7％)を合わせて36,498㌧、地域別には、多い順に男鹿半島地域9,927㌧（同27.3％）、庄内南部地域6,990㌧（同19.2％）、青森県岩崎・秋田県北部地域6,652㌧（同18.3％）、庄内北部地域6,118㌧(同16.8％)、秋田県南部地域5,756㌧(同15.8％)、秋田県中央地域1,055㌧(同2.9％)であった。

地区別には（図1－3）、船川地区の7,593㌧を最高に、酒田地区では3,424㌧、金浦地区では2,963㌧などを含めて、2,000㌧以上の地区が加茂・八森・岩館の6地区、2,000～1,000㌧は念珠ヶ関・飛島・象潟・豊浦・北浦・岩崎の6地区、1,000～500㌧は平沢・吹浦・由良・浜口・天王の5地区、最少は沢目と道川地区の11㌧、平均1,210㌧であった。最多地区と最少地区を比較すると、秋田県では船川地区と沢目地区の格差が690.3倍、山形県では酒田地区と西遊佐地区の格差が18.1倍と、秋田県の方が山形県を凌駕した。また、秋田県の地区平均漁獲量は1,109㌧、山形県は1,456㌧と、両県の差は347㌧有った。これは、山形県で最も少なかった西遊佐地区は189㌧であったが、秋田県には西遊佐地区より少ない地区が7地区、そのうち沢目・道川・本荘の3地区は50㌧未満であったためである。

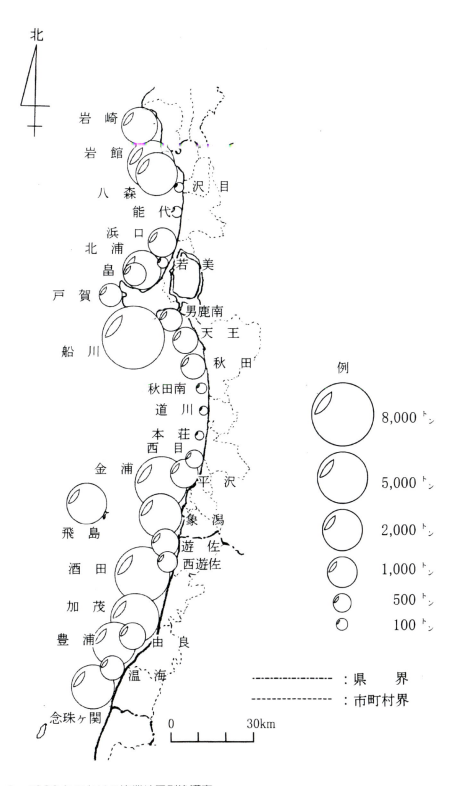

図1-3 1982年における漁業地区別漁獲高
青森・秋田・山形「農林水産統計年報」1982～1983による

(2) 2005年の漁獲量

　本地域の漁獲量は、秋田県の10,793㌧（全体比54.6％）と山形県の7,429㌧（同37.5％）、青森県岩崎地区の1,558㌧（同7.9％）を合わせて9,780㌧、地域別には、多い順に男鹿半島地域4,899㌧（同24.8％）、庄内南部地域4,660㌧（同23.6％）、秋田県北部地域3,718㌧（同18.8％）、秋田県南部地域2,829㌧（同14.3％）、庄内北部地域2,769㌧（同14.0％）、秋田県中央地域905㌧（同4.5％）であった。

　地区別には（図1-4）、船川地区の1,753㌧を最高に、念珠ヶ関地区では1,660㌧、岩崎地区では1,558㌧などを含めて、1,000㌧以上の地区が八森・北浦・金浦・象潟・酒田・豊浦の9地区、1,000～500㌧は飛島・由良・岩館・天王・戸賀・畠・加茂の7地区、最少は沢目地区の10㌧、平均682.1㌧であった。最多地区と最少地区を比較すると、秋田県では船川地区と沢目地区の格差が175倍、山形県では念珠ヶ関地区と温海地区の格差が9.7倍と、沖合漁業の漁獲量が減少したため格差が縮小した。また、秋田県の地区別平均漁獲量は540㌧、山形県は773㌧と、両県の差は233㌧有った。

(3) 1982年と2005年の比較

　ここでは、82年と比べ05年の漁獲量が多い場合は増加、少ない場合は減少と記すことにした。

　両年の漁獲量を比較すると、本地域では16,718㌧（減少率45.8％）、秋田県では11,595㌧（同51.8％）、山形県では5,679㌧（同43.3％）、地域別には、男鹿半島地域の5,028㌧を最高に（同-50.5％）、庄内北部地域では3,349㌧（同-54.7％）、青森県岩崎・秋田県北部地域では2,934㌧（同-54.1％）、秋田県南部地域では2,927㌧（同-50.9％）、庄内南部地域では2,330㌧（同-33.3％）、秋田県中央地域では150㌧（同-14.2％）と、全地域および18地区で減少した。

　減少量の最高は船川地区の5,840㌧、次いで加茂地区の2,181㌧で、そのほか2,000～1,000㌧減少した地区は酒田・金浦・岩館・八森の4地区、1,000～500㌧は飛島・吹浦・浜口・象潟の4地区、500～100㌧は平沢・秋田・男鹿南・念珠ヶ関の4地区、100㌧未満は西目・温海・秋田南・沢目の4地区と、秋田県には12地区、山形県には6地区有った。この結果、2,000㌧以上の地区は6地区から0、1,000㌧以上の地区は、岩館・飛島・加茂の3地区が下回ったため12地区から、船川・念珠ヶ関・岩崎・北浦・酒田・豊浦・八森・象潟・金浦の9地区と成っ

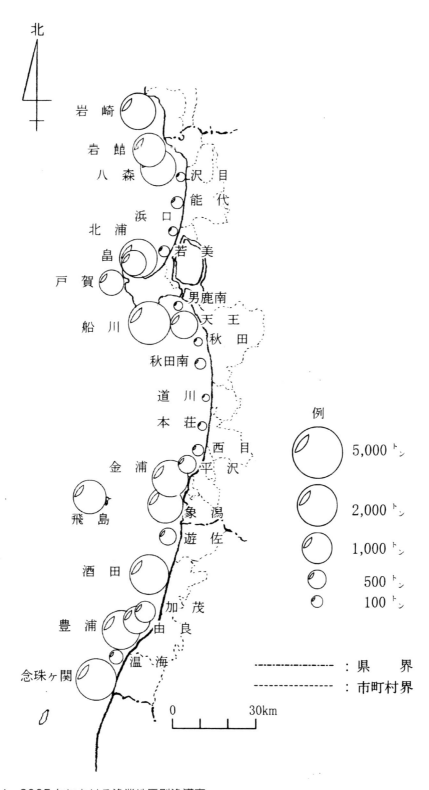

図1-4 2005年における漁業地区別漁獲高

青森・秋田・山形「農林水産統計年報」2005～2006による

た。また、山形県には無かった100㌧未満の地区は、秋田県では4地区から9地区に増えた。

　これらの中で、船川地区は遠洋まぐろ漁と底びき網・イカ釣り[47]が、200カイリ問題と長引く石油危機の影響、政策減船、漁価の低迷、沿岸の漁場が埋め立て工事で縮小したこと、ハタハタ漁の不振などによって減少した。加茂地区はサンマ棒受網が消滅したこと、金浦・八森・岩館・平沢・西目地区は政策減船、浜口地区は漁獲量の95％を占めたベニズワイガニかごが消滅したこと、秋田地区は沖合底びき網が消滅したことと埋立工事などが減少の要因であった。

　減少率は浜口地区の94.9％を最高に、50％以上の地区が秋田（94.3％）・男鹿南（82.4％）・加茂（78.4％）・遊佐（60.1％）・船川（76.9％）・岩館（65.4％）・金浦（63.7％）・酒田（55.8％）・八森（55.2％）・西目（50.0％）の11地区有った。

　その要因は、これまで記してきた事柄のほかに漁業就業者の高齢化、および沖合漁業者の減少と沿岸漁業を営む小規模・零細な経営体の割合が増加したことも指摘できる。例えば、82年は漁獲量のうち62.0％が沖合漁業、29.9％が沿岸漁業によるものであったが、05年には、沖合漁業が46.6％に低下し、沿岸漁業は46.4％に上昇したことが表している。そのほか、ハタハタ漁の不振も一因であった。

　増加した地区は、青森県岩崎地区のほか秋田県では能代・若美・北浦・畠・戸賀・天王・道川・本荘、山形県では由良と豊浦、合わせて11地区有った。この中で、岩崎地区は政策減船以降、岩崎地区沖合で秋田県の底びき網漁船が操業を自粛したことや、新しい漁業種類を導入したこと、経営の改善などが功を奏して、本地域最大の556㌧（増加率55.5％）増加した。そのほか、300～500㌧増加したのが戸賀・北浦・畠の3地区、100～300㌧増加したのが天王・由良の2地区、50～100㌧増加したのが能代地区、50㌧未満の増加は豊浦・若美・本荘・道川・沢目の5地区であった。この中で、北浦・能代・若美地区は沿岸ハタハタ漁が回復の兆しをみせたこと、畠・戸賀・天王・豊浦地区は定置網、由良地区は小型底びき網が好調であったこと、道川地区は殻付きで計量されるイワガキが増えたことによる。また、戸賀・北浦・畠・若美の4地区は男鹿半島北岸部に位置し、岩崎・北浦・豊浦の3地区は各地域の中核あるいはそれに準ずる地区である。ただ、秋田県の8地区の中で、天王地区を除く7地区は沿岸漁業のみの地区であった。

　地区間の格差が小さい山形県と大きい秋田県では、各種の取り組みに差が見られた。例えば、山形県は65年に全国最初の1県1漁協体制となる山形県漁協を組織

して以降、同漁協の主導の下で各事業を推進してきたが、秋田県では02年に9漁協が秋田県漁協を組織した際も、峰浜村漁協・八竜町漁協・能代市浅内漁協は加わらず、未だに1県1漁協体制が出来ていない事などである。

3　1982年と2005年における主要漁獲物・主要漁業種類の変化
(1)　主要漁獲物の変化
①1985年の主要漁獲物　85年の漁獲物は多種少量、且つ安価な漁獲物が多かった（表1-3）。その中で、ホッケは漁獲量が増えた訳ではなく、ハタハタが不漁であったためである。県別には、秋田県ではホッケとベニズワイガニ、山形県ではスルメイカとスケトウダラが多かった。

地域別にみると、秋田県では全地域がホッケ、山形県庄内北部地域ではスルメイカ、庄内南部地域ではスケトウダラが首位であった。

地区別にみると、秋田県ではホッケが20地区中6地区、サケが4地区、スルメイカが2地区で首位を占め、ハタハタが首位を占めたのは平沢地区のみであった。それに対して山形県ではスルメイカが4地区、スケトウダラが3地区、青森県岩崎地区ではベニズワイガニが首位であった。

男鹿半島南岸部の船越地区（男鹿南地区の南部）では、養殖ノリが首位を占めた。29地区の中で養殖物が首位を占めたのは船越地区のみであった。同地区のノリ支柱養殖は、68年に三重県から大潟村に入植したA氏が地区背後の山地が北西の風を防ぐ役目を果たすことに注目し、冬季間における就業の場を確保するため始めた。82年は11経営体で185㌧収穫*し、三重県や愛知県に出荷したが、85年以降は県内の農協とスーパーに出荷している。しかし、海岸線が単調であるため波浪の影響を受けやすいほか、韓国産ノリの輸入量が増加したこと、船川地区と秋田地区地先の埋立て工事などによって衰退傾向にある。

85年頃、秋田・山形両県の間で定置網によるサケの沖取りに関わる問題が起きた。82年における秋田県のサケの漁獲量は451㌧、そのうち定置網による量は365㌧（サケ漁獲量の80.9%）であったが、85年は561㌧のうち505㌧（90.0%）となった。一方、山形県では82年は424㌧のうち361㌧、85年は195㌧のうち139㌧と、いずれも減少した。秋田県に比べてサケの養殖規模や稚魚の放流数が多いにもかかわらず漁獲量が少ないのは、山形県沖に回帰する前に秋田県沖で獲るためという理由から、定置網によるサケの捕獲を制限してほしい旨を要望した。これに対して秋

表1-3 各漁業地区における上位3位までの漁獲物とその割合（1982年）（属人結果）

ゴシックは養殖。空欄は数値が極小のため省略。

県名	漁業地区名	漁獲量(トン)	第1位 漁獲物	率(%)	第2位 漁獲物	率(%)	第3位 漁獲物	率(%)
青森	岩崎	1,002	カニ類	37.7	タラ	17.4	その他の魚類	13.7
	岩館	2,449	ホッケ	37.2	スルメイカ	20.0	サメ類	8.5
	八森	2,486	ホッケ	28.8	ベニズワイガニ	19.7	スルメイカ	17.0
	沢目	11	その他の魚類	36.4				
	能代	92	スルメイカ	28.3	その他の魚類	13.0		
	浜口	612	ベニズワイガニ	91.8	その他のカニ	3.3	その他のカレイ	2.6
	若美	75	サケ	33.3	ハタハタ	28.0		
	北浦	1,133	スルメイカ	20.3	ハタハタ	19.9	サケ	6.5
	畠	368	サケ	18.8	サザエ	12.2	マス	10.3
	戸賀	326	マス	17.5	**ワカメ**	15.0	スルメイカ	12.6
	船川	7,593	ホッケ	46.6	マグロ類	10.0	ベニズワイガニ	8.2
秋田	男鹿南※	432	**ノリ**	42.8	その他のカレイ	11.8	その他の魚類	9.0
	天王	535	ブリ類	23.7	その他の魚類	18.3		
	秋田	418	ホッケ	77.0				
	秋田南	102	その他のカニ	23.5	その他の魚類	18.6	カレイ	18.6
	道川	11	サケ	23.7	その他のカニ	23.7		
	本荘	33	サケ	9.0	ブリ類	9.0		
	西目	188	その他のカニ	20.7	カレイ	13.8	その他の魚類	9.6
	平沢	923	ハタハタ	26.0	スルメイカ	10.3	ホッケ	7.3
	金浦	2,963	ホッケ	33.0	スケトウダラ	15.0	ベニズワイガニ	12.1
	象潟	1,638	ホッケ	24.8	その他の貝類	11.7	スルメイカ	10.7
秋田県計		22,388	ホッケ	37.7	ベニズワイガニ	9.8	スルメイカ	8.9
	吹浦	785	ホッケ	35.6	サケ	14.6	スケトウダラ	11.8
	西遊佐	189	スルメイカ	52.4	マス	20.1	サケ	18.5
	酒田	3,424	スルメイカ	47.7	ホッケ	11.2	その他のイカ	10.8
	飛島	1,720	スルメイカ	41.1	その他のイカ	15.9	ホッケ	6.9
山形	加茂	2,781	サンマ	36.8	その他のカニ	22.8	スケトウダラ	5.9
	由良	748	スケトウダラ	32.8	その他の魚類	13.4	ハタハタ	12.3
	豊浦	1,323	スルメイカ	30.8	マス	11.0	マカジキ	10.7
	温海	263	スケトウダラ	25.9	その他の魚類	14.1		
	念珠ヶ関	1,875	スケトウダラ	23.1	ホッケ	15.1	スルメイカ	10.8
山形県計		13,108	スルメイカ	24.2	スケトウダラ	9.2	ホッケ	9.1
両羽海岸地域 総計		36,498	ホッケ	22.6	スルメイカ	14.2	スケトウダラ	6.5

「青森農林水産統計年報」「秋田農林水産統計年報」「山形農林水産統計年報」による

※各地区の漁獲量は1トン未満を四捨五入したため、県計や総計とは一致しない。
※男鹿南の漁獲量は「海面漁業漁獲量計」と「海面養殖業収穫量計」を合計した数値、他は「海面漁業漁獲量計」である

田県では、サケの捕獲を規制することは定置網漁業の制限につながり、漁業者に与える影響が大きいという理由から難色を示し、妥協点を見つけることができなかった。秋田・山形両県の間で起きた国内版「サケ戦争」とも言えるこの問題は、漁業資源の枯渇化が招いた一例と捉えることができる。

② 2005年の主要漁獲物　05年も多種少量傾向が認められた（表1－4）。その中で多かったのはハタハタ（2,853㌧）、タラ類（2,708㌧）、スルメイカ（2,327㌧）などであった。秋田県ではハタハタ（2,402㌧）とタラ類（1,128㌧）が多く、山形県では82年と同様にスルメイカ（2,228㌧）とタラ類（993㌧）が多かった。

82年に比べ漁獲量が減少した主な漁獲物とその量は、ホッケが8,216㌧から662㌧（減少率91.9%）、イカ類が5,402㌧から2,499㌧（同53.7%）、タラ類が3,079㌧から2,141㌧（同30.5%）、その他の魚が1,732㌧から1,046㌧（同39.6%）、遠洋マグロ類が1,070㌧から273㌧（同74.5%）であった。このうち、秋田県で500㌧以上減少したホッケ（減少量：6,635㌧）・イカ類（同1,997㌧）・マグロ類（同618㌧）・タラ類（同532㌧）と、山形県で減少したホッケ（同919㌧）とイカ類（同906㌧）は、いずれも沖合漁業の底びき網・イカ釣り、および遠洋漁業の遠洋マグロはえ縄によるものであった。

船川地区の場合、82年の漁獲量第1位と2位はホッケ（3,541㌧）とマグロ類（920㌧）、85年はマグロ類（1,380㌧）とベニズワイガニ（1,008㌧）、95年はホッケ（521㌧）とベニズワイガニ（295㌧）、00年はベニズワイガニ（671㌧）とタラ類（179㌧）、05年はベニズワイガニ（438㌧）とタラ類（330㌧）に変わり、ホッケは82年の1/169、マグロ類は1/11と、大幅に減少した。

一方、秋田県ではハタハタが1,244㌧から2,402㌧に倍増し、岩館・八森・能代・浜口・若美・北浦・秋田・平沢・金浦・象潟では首位となったほか、ブリ類は509㌧から909㌧、タイ類は38㌧から175㌧に増えた。山形県ではブリ類が131㌧から504㌧、貝類が168㌧から376㌧、タイ類が225㌧から273㌧に増えた。

漁獲量の減少が著しい中で重要性を高めたのが、閑漁期の夏期に行われる採貝であった。82年と05年の両県を合わせた採貝量は826㌧から883㌧と6.9%、漁獲高は5.7億円から6.3億円と10.5%増加した。

82年の秋田農林水産統計年報では貝類をアワビ・サザエ・その他の貝類に分けてある。秋田県で最も多い天然イワガキ[48]（以下イワガキと記す）は、その他の貝類の中に含まれていたが、05年に独立した項目となった。ただ、82年はその他の

表1－4　各漁業地区における上位3位までの漁獲物とその割合（2005年）（属人結果）

空欄は数値が極小のため省略。

県名	漁業地区名	漁獲量(トン)	第1位		第2位		第3位	
			漁獲物	率(%)	漁獲物	率(%)	漁獲物	率(%)
青森	岩崎	1,558	その他の魚類※1	17.5	ブリ類	15.7	サケ	7.8
秋田	岩館	846	ハタハタ	27.8	スケトウダラ	12.2	その他の魚類	10.5
	八森	1,114	ハタハタ	19.3	ホッケ	18.1	スケトウダラ	15.6
	沢目	10	イワガキ	40.0				
	能代	159	ハタハタ	69.2	イワガキ	3.8		
	浜口	31	ハタハタ	41.9	シロギス	19.4		
	若美	96	ハタハタ	35.4	ブリ類	13.5		
	北浦	1,512	ハタハタ	45.6	マアジ	14.9	サケ	7.4
	畠	707	サケ	26.7	マアジ	12.2	タコ類	10.3
	戸賀	755	マアジ	39.2	ブリ類	31.7	ハタハタ	3.2
	船川	1,753	ベニズワイガニ	25.0	マダラ	15.2	ハタハタ	12.9
	男鹿南	76	イワガキ	39.5	ハタハタ	35.5		
	天王	783	ブリ類	44.8	マアジ	11.2	ハタハタ	10.7
	秋田	24	ハタハタ	25.0				
	秋田南	98	マアジ	41.8	スズキ	8.2		
	道川	14	イワガキ	42.9	ガザミ	14.3		
	本荘	47	サケ	21.3	マダラ	12.8		
	西目	94	マダイ	12.8	タコ類	11.7		
	平沢	486	ハタハタ	37.2	サケ	25.5	ホッコク赤エビ	5.1
	金浦	1,077	ハタハタ	26.4	タラ類	11.7	タコ類	7.1
	象潟	1,111	ハタハタ	19.7	サケ類	18.2	イワガキ	7.0
秋田県計		10,793	ハタハタ	22.3	ブリ類	8.4	マアジ	8.4
山形	遊佐※2	389	ホッケ	19.0	貝類	16.2	マダラ	13.9
	酒田	1,512	スルメイカ	63.6	マダイ	6.2	マダラ	5.7
	飛島	868	スルメイカ	74.7	マダラ	4.5		
	加茂	600	カニ類	64.3	メバチマグロ	8.7		
	由良	857	スルメイカ	32.7	ハタハタ	11.1	ブリ類	8.6
	豊浦	1,372	スルメイカ	23.6	ブリ類	22.6	サケ	15.8
	温海	171	マダイ	27.5	貝類	15.2		
	念珠ヶ関	1,660	マダラ	21.8	スケトウダラ	16.9	ハタハタ	12.8
山形県計		7,429	スルメイカ	30.0	マダラ	8.9	ブリ類	6.8
両羽海岸地域 総計		19,780	ハタハタ	15.0	スルメイカ	12.9	タラ類	11.2

「青森農林水産統計年報」「秋田農林水産統計年報」「山形農林水産統計年報」による

※各地区の漁獲量は1トン未満を四捨五入したため、県計や総計とは一致しない。
※1　岩崎地区のその他の魚類にはベニズワイガニが含まれる。
※2　遊佐地区とは吹浦と西遊佐地区が統合されてできた漁業地区である。

表1-5 1982年と2005年における秋田県の
　　　地区別採貝漁労体数・経営体数と採貝量

	1982年		2005年	
	採貝漁労体数	採貝量(トン)	採貝経営体数	採貝量(トン)
岩　館	23	2	1	30
八　森	12	2	7	71
沢　目	2	0	―	4
能　代	15	2	1	8
浜　口	6	2	2	0
若　美	12	3	―	0
北　浦	70	37	15	25
畠	57	46	13	19
戸　賀	72	39	12	23
船　川	63	162	34	115
男鹿南	10	1	8	31
天　王	―	―	―	8
秋　田	―	0	―	1
秋田南	―	1	2	4
道　川	―	―	5	6
本　荘	―	0	―	1
西　目	―	0	1	4
平　沢	6	51	2	14
金　浦	20	45	9	49
象　潟	56	265	53	98
合　計	424	658	165	507

各年の「秋田農林水産統計年報」による

※出典資料では、82年は漁労体数、05年は経営
　体数で示されている。漁労体と経営体の定義は
　用語解説で説明した。
※ここに示した漁労体数と経営体数は採貝を主と
　した数である。
※05年の地区別採貝量と合計が一致しないの
　は、1トン未満の地区があるためである。
※採貝量は殻付きで計量される。

貝類の85%がイワガキであった。ま
た、採貝高は記されていないため、
種類別採貝量に産地卸売市場価格*を
乗じて求めた和を採貝高とした。山
形農林水産統計年報では貝類をアワ
ビ・サザエ・アサリ・その他の貝類
に分けてあるが、関係者はその他の
貝類の殆どがイワガキと言うことか
ら、それに従って論を進めることに
する。

　82年と05年における秋田県の
採貝量を示したのが表1-5であ
る。82年は天王と道川を除く18地
区でその他の貝類を445トン（全体
比67.6%）、サザエを199トン（同
30.2%）、アワビを14トン（同2.1%）、
合わせて658トン採った。そのうち、
北部地域ではその他の貝類を6トン、
サザエを2トン、合わせて8トン、男鹿
半島地域ではその他の貝類を160トン、
サザエを128トン、合わせて287トン、
南部地域ではその他の貝類を279トン、
サザエを70トン、アワビを13トン、合
わせて361トンと、サザエが多い男鹿

半島地域とその他の貝類が多い南部地域に2極化していた。地区別には象潟地区（そ
の他の貝類192トン・サザエ65トン・アワビ8トン）と船川地区（その他の貝類142トン・
サザエ20トン）に多かった。ただ、男鹿半島北岸部ではサザエ、南岸部ではその他
の貝類が多かった。

　05年は全地区で、その他の貝類を415トン（全体比81.6%）、サザエを79トン（同
15.6%）、アワビを13トン（同2.6%）、合わせて507トン採った。しかし、82年に
比べその他の貝類は30トン、サザエは120トン、アワビは1トン、合わせて151トンの減

少であった。そのうち北部地域では、その他の貝類を92㌧、サザエを16㌧、アワビを2㌧、合わせて110㌧、男鹿半島地域ではその他の貝類を156㌧、サザエを55㌧、合わせて211㌧、南部地域ではその他の貝類を153㌧、アワビを10㌧、サザエを8㌧、合わせて171㌧と、地域の3極化が進んだ。採貝量が大きく増加した地区は八森と岩館の2地区、減少した地区は船川・象潟など8地区有ったが、採貝高は3.6億円から4.0億円に増加したため、漁獲高全体に占める割合は2.6%から3.3%に0.7%上昇した。秋田県でこの23年間に漁獲高の割合が上昇したのは採貝だけで、冬期のハタハタ漁とともに重要な漁業種類と成った。

　イワガキは内湾性のマガキに比べ身は弾力があって大きく、マガキの端境期に当たる夏期に旬を迎えるため需要が高まるとともに、秋田県の市場平均単価は82年が557円/kg、05年が492円/kgと、高値で取引された。県内屈指のイワガキの産地である象潟地区の採貝量は、82年が192㌧、05年が78㌧と、減少傾向にある。同地区のイワガキ漁は底びき網の休漁期における代替漁として始まり、沖合50～200mの水深3～8mの岩礁に付いたイワガキを素潜りで採る。80年頃の小売価格は80～120円/個であったが、ミネラル分を多く含んだ鳥海山の伏流水が湧出する海域に生息するため美味しいと、評価が高まるとともに「象潟のイワガキ」の名でブランド力を高めた。そのため、90年代中頃の小売価格は250円/個、05年は400円/個と、常に秋田県の平均価格に比べ100円/個程度高かった。漁期は7・8月の2ヶ月間であるが、その推定収入は、82年の23万円/人から00年は35.4万円/人、05年には42.4万円/人、中には100万円を超える人も居たと言われるなど、夏期における重要な収入であった。ただ、資源量が減少していることや、採った跡に稚貝が着くことは難しいと言われているため、資源管理のほかに岩盤清掃にも取り組み始めたところである。

　そのほか、市場価格が6,400～8,000円/kgと、常に最高値で取引されるアワビは象潟と八森地区で微増傾向にある。サザエは男鹿半島地域が全体の69.6%、中でも北浦地区は採貝量の100%、畠地区は83%を占めた。また、秋田南地区では海底に設置された消波堤ブロックに着いた放流アワビの成長貝を採り、天王と道川地区など砂浜海岸が広がる地区では、消波堤やテトラポットに着いたイワガキに漁業権を設定して始めたため、採貝は全地区に拡大した。

　山形県では全ての地区で採貝が行われた（表1-6）。82年の採貝量は168㌧、90年は392㌧、00年は308㌧、05年には376㌧と82年の2.3倍、漁獲高は

表1－6　1982年と2005年における山形県の
　　　　地区別採貝漁労体数と採貝量

	1982年		2005年	
	採貝漁労体数	採貝量(トン)	採貝漁労体数	採貝量(トン)
遊　佐	16	22	12	63
酒　田	14	14	9	14
飛　島	85	55	87	30
加　茂	22	23	29	39
由　良	30	5	27	50
豊　浦	21	3	31	31
温　海	28	8	24	26
念珠ヶ関	71	38	35	124
合　計	287	168	254	376

両年の「山形農林水産統計年報」による

※漁労体の定義は用語解説で説明した。
※採貝量は殻付きで計量した重量である。

1.7億円から2.3億円へと35％の増加、総漁獲高に占める割合も2.0％から8.2％に上昇した。このうち、庄内南部地域では79トンから05年には270トン、庄内北部地域では91トンから107トンに増加した。地区別には、念珠ヶ関・遊佐・由良・加茂・豊浦・温海の6地区は増加、飛島地区は減少、酒田地区は変化がなかった。種類別にはサザエが多かったが、81年以降はイワガキが多い。82年の種類別採貝量は、イワガキが94トン（貝類全体の60.0％）、サザエが58トン、アワビが15トン、05年はイワガキが278トン（同73.9％）、サザエが94トン、アワビが4トンなどであった。この中で、イワガキは念珠ヶ関と遊佐地区、サザエは由良と温海地区で増えた。ただ、サザエが貝類全体の50％を超えた地区は飛島と温海の2地区であった。82年の採貝高は1億6,500万円、85年は1億7,000万円、90年はピークの4億1,000万、95年は2億4,000万円、00年は2億7,000万円、05年は2億3,000万円で推移した。イワガキは、82年9,000万円、85年9,600万円、90年1億2,000万円、97年はピークの2億2,400万円、00年は1億7,000万円、05年は1億6,000万円で推移した。それを基に1経営体の採貝高を推定すると、82年は32.5万円（そのうちイワガキは21.5万円）、05年は59.6万円（そのうちイワガキは49万円）に上昇したと思われる。

　ただ、採貝漁は体力的負担が大きいため、05年の採貝者は82年に比べて秋田県では61％、山形県では12％減少するなど、高齢化による影響が見られた。

(2) 主要漁業種類の変化
　①1982年の主要漁業種類　82年における本地域の漁業種類別漁獲量は（表1－7）、小型底びき網（写真1－1）、沖合底びき網、イカ釣りの上位3漁業種類を合わせると21,069トンで、総漁獲量の58.8％を占めた。
　秋田県では底びき網が全体の52.9％、山形県では小型底びき網とイカ釣りで全体の56.8％を占めた。

表1－7　各漁業地区における漁獲量上位3位までの漁業種類とその割合（1982年）

ゴシックは養殖。空欄は数値が極小のため省略。

県名	漁業地区名	第1位 漁業種類	率(%)	第2位 漁業種類	率(%)	第3位 漁業種類	率(%)
青森	岩崎	その他の漁業※1	40.4	その他の刺網	20.6	大型定置網※2	17.3
秋田	岩館	沖合底びき網	52.5	小型底びき網	17.8	イカ釣り	16.8
	八森	沖合底びき網	35.1	ベニズワイかご網	19.7	小型底びき網	19.0
	沢目	その他の小型定置網	72.7	その他の刺網	27.3		
	能代	その他の刺網	45.7	イカ釣り	28.3		
	浜口	ベニズワイかご網	91.8	その他の刺網	7.4		
	若美	その他の小型定置網	61.3	その他の刺網	22.7		
	北浦	ハタハタ小型定置網	23.2	イカ釣り	22.9	その他の刺網	16.7
	畠	その他の小型定置網	35.6	大型定置網	24.7	その他の刺網	16.0
	戸賀	大型定置網	35.3	その他の釣り	20.9	その他の刺網	12.9
	船川	沖合底びき網	47.1	小型底びき網	13.7	遠洋マグロはえ縄	13.0
	男鹿南※	その他の小型定置網	48.9	**ノリ養殖**	42.8	その他の刺網	26.4
	天王	その他小型定置網	74.8	その他の刺網	20.6		
	秋田	沖合底びき網	95.9	その他の刺網	3.8		
	秋田南	その他の刺網	85.3	その他の小型定置網	6.9		
	道川	その他の刺網	54.5	その他の小型定置網	36.4		
	本荘	その他の刺網	42.4	その他の小型定置網	27.3		
	西目	その他の刺網	56.4	小型底びき網	25.5	その他の小型定置網	6.4
	平沢	小型底びき網	42.8	ハタハタ小型定置網	17.4	イカ釣り	14.4
	金浦	小型底びき網	53.9	沖合底びき網	30.2	ベニズワイかご網	12.1
	象潟	小型底びき網	43.8	採貝	15.0	イカ釣り	10.7
秋田県計		沖合底引き網	31.7	小型底びき網	21.2	ベニズワイかご網	9.2
山形	吹浦	小型底引き網	71.1	小型定置網	13.5	その他の刺網	9.9
	西遊佐	イカ釣り	52.3	サケ・マス流し網	20.1	小型定置網	16.9
	酒田	イカ釣り	47.8	小型底びき網	18.5	その他の刺網	16.3
	飛島	イカ釣り	43.3	その他の刺網	25.1	小型底びき網	10.3
	加茂	サンマ棒受網	36.3	その他の漁業	23.4	小型底びき網	15.0
	由良	小型底びき網	82.6	イカ釣り	5.0		
	豊浦	イカ釣り	31.0	その他の刺網	22.9	小型底びき網	18.3
	温海	小型底びき網	60.5	その他のはえ縄	12.9	小型定置網	5.7
	念珠ヶ関	小型底びき網	75.7	イカ釣り	10.9	その他のはえ縄	3.0
山形県計		小型底びき網	32.2	イカ釣り	24.6	その他の刺網	11.5
両羽海岸地域　総計		小型底びき網	24.6	沖合底びき網	20.1	イカ釣り	14.1

「青森農林水産統計年報」「秋田農林水産統計年報」「山形農林水産統計年報」による

※男鹿南地区は「海面漁業漁獲量計」と「海面養殖業収穫量計」の合計した数値、他は「海面漁業漁獲量計」である。
※1　岩崎地区のその他の漁業にはベニズワイガニかご漁が含まれる。
※2　岩崎地区の大型定置網による漁獲量比のほとんどが大型底建網によるものである。

写真1-1 2010年頃の男鹿半島沖合における小型底びき網漁
写真から昼間操業であることと魚類が少ないこと、乗組員数が撮影者を含めて少なくても6人であることが読み取れる
秋田県水産振興センター提供

地域別にみると、青森県岩崎・秋田県北部地域では沖合底びき網とベニズワイガニかご、および底建網の漁獲量が多く、男鹿半島地域では沖合底びき網と定置網、秋田県南部地域では小型底びき網の漁獲量が多かった。イカ釣り漁の拠点となっている庄内北部地域の酒田漁港は（写真1-2）、県外の漁船にも利用されるため、水揚量は両羽海岸地域で最も多かった。庄内南部地域では小型底びき網、サンマ棒受け網、イカ釣りの順に多かった。このことから、山形県の主要漁業種類は、庄内北部地域ではイカ釣り、庄内南部地域では底びき網と分けることができた。

秋田県で底びき網の漁獲量が首位を占めた地区は、八森・岩館・船川・秋田・平沢・金浦・象潟の合計7地区、山形県では吹浦・由良・温海・念珠ヶ関の4地区、そのうち由良・温海・念珠ヶ関の3地区は庄内南部地域に位置する。中でも、念珠ヶ関地区は、小型底びき網の漁獲量が地区全体の75%を占めた。

そのほか、能代と北浦はイカ釣りが首位であったが、北浦地区は沿岸ハタハタ漁の不振が原因で、イカ釣りが好調であったためではなかった。飛島のイカ釣り漁労体数は山形県全体の43.9%と最も多かったが、イカ釣り漁師の多くが酒田港を拠点としたため、飛島地区の属地結果による漁獲量は属人結果の48.5%であった。

ベニズワイガニかご漁は、青森県の岩崎地区と秋田県の八森・浜口・船川・金浦地区の5地区で行われた。そのうち、八森地区の漁獲量は490トン、浜口地区は562トン、船川地区は625トン、金浦地区は359トン、合計2,036トンで秋田県全体の9.2%を占めた。ただ、八森地区は能代市場、浜口地区と金浦地区は秋田市消費地市場に水揚げしたため、属地結果は能代・船川・秋田地区に計上された。しかし、84年頃に八森地区、90年頃に金浦地区、04年に浜口地区のベニズワイガニかご網漁は消滅した。

写真1－2　酒田漁港に停泊するイカ釣り漁船
中央左の船体が白色の漁船は冷凍用スルメイカ漁を営む150㌧級の漁船、右側の建物は山形県漁業協同組合本所の一部である
2009年6月　筆者撮影

　秋田県のベニズワイガニかご網は、65年（昭和40）頃に秋田県水産試験場が試験操業するため新潟県から導入したことを機に始まった。漁期は9～6月の10ヶ月間、男鹿半島周辺の水深1,000～1,300mの泥または砂泥質の海底を漁場として、80～100㌧の漁船に8～12人乗り組み、昼に出港、翌日帰港する操業体制が執られた。かご数は450個までと制限されていたため、110～120個のかごを繋いだ連を4連準備し、漁場に着くと2日前に投下した1連を揚げ、新たに1連を投下した。つまり、籠は2日間鎮めて置くわけであった。餌のサバは1かごに6尾付け、1回の操業で300kg使った。漁獲量は1連平均250～1,500kg、多い時は2,750kg獲れたと言う[49]。

　加茂地区のサンマ棒受網は、120㌧級の漁船1隻で8月頃は北海道東部沖、10～11月は三陸沖、12月は鹿島灘と南下し、最寄りの市場に水揚げした。97年、この経営体は廃業した。

　岩崎地区の主要漁業種類は、漁獲量全体の37.7％を占めたベニズワイガニかご網と定置網を改良した底建網（底定置網）であった。底建網は63年頃に導入され[50]、改良を加えて漁獲量の増加に結びつけた。同漁は従来の定置網に比べ、人件費や資材費が安いうえに1㌧程度の小型漁船に1・2人乗り込んで操業できることや、網は海底に設置されるため波浪の影響や流失の恐れが無い利点がある。漁獲物はサケ・マス等が多かった。なお、大型底建網ではマグロ類も獲れた。80年以降、漁獲量が増加した要因は、ベニズワイガニかご網と底建網が定着したことにある。

　沿岸漁業に頼る地区ではその他の刺網が支配的であった。漁獲量が100㌧に満たない能代・秋田南・道川・本荘・西目地区では、その他の刺網[51]でサケ・マス・キス・カレイなど、カニ刺網でその他のカニ[52]、タコ縄でイイダコを獲った。

　②2005年の主要漁業種類　漁業種類別漁獲量は（表1－8）、小型定置網（3,698

表1-8　各漁業地区における漁獲量上位3位までの漁業種類とその割合（2005年）

※　空欄は数値が極小のため省略。

県名	漁業地区名	第1位 漁業種類	率(%)	第2位 漁業種類	率(%)	第3位 漁業種類	率(%)
青森	岩崎	大型定置網※1	32.9	沿岸イカ釣り	9.8	その他の漁業※2	7.0
秋田	岩舘	沖合底びき網	30.3	ハタハタ定置網	13.2	その他の刺網	12.8
	八森	沖合底びき網	52.2	ハタハタ定置網	14.1	その他の刺網	10.3
	沢目	その他の刺網	50.0				
	能代	その他の刺網	22.0	その他の釣り	3.8		
	浜口	その他の刺網	80.6				
	若美	小型定置網	90.6				
	北浦	ハタハタ小型定置網	45.3	小型定置網	19.8	その他の刺網	7.6
	畠	小型定置網	46.3	その他の刺網	24.7	ハタハタ定置網	5.8
	戸賀	その他の刺網	58.0	ハタハタ定置網	3.1		
	船川	ベニズワイかご網	28.0	小型底びき網	12.0	その他の刺網	8.7
	男鹿南	採貝	40.8	ハタハタ定置網	30.3	その他の刺網	22.4
	天王	小型定置網	68.6	その他の延縄	9.1	ハタハタ定置網	8.9
	秋田	その他の刺網	54.2				
	秋田南	その他の刺網	21.4				
	道川	採貝	42.9	その他の刺網	35.7		
	本荘	その他の刺網	34.0				
	西目	その他の刺網	54.2	船ひき網	13.8		
	平沢	小型底びき網	29.8	ハタハタ定置網	26.5	小型定置網	26.5
	金浦	沖合底びき網	37.6	小型底びき網	32.0	小型定置網	21.2
	象潟	小型定置網	27.4	小型底びき網	19.0	ハタハタ定置網	15.1
秋田県計		小型定置網	33.0	ハタハタ定置網	16.4	沖合底びき網	15.4
山形	遊佐※3	小型底びき網	37.4	採貝	16.0	その他の刺網	7.2
	酒田	小型底びき網	13.7	沿岸イカ釣り	7.9	その他の刺網	5.6
	飛島	沿岸イカ釣り	75.0	その他の刺網	10.0	その他のはえ縄	4.4
	加茂	その他の漁業	63.8	採貝	6.3		
	由良	小型底びき網	38.7	採貝	5.5		
	豊浦	小型定置網	45.6	小型底びき網	17.3	その他のはえ縄	4.1
	温海	その他のはえ縄	32.2	採貝	15.2		
	念珠ヶ関	小型底びき網	82.2	採貝	6.9	その他のはえ縄	4.0
山形県計		小型底びき網	31.9	近海イカ釣り	15.8	沿岸イカ釣り	14.9
両羽海岸地域　総計		小型定置網	18.7	小型底びき網	18.5	イカ釣り	12.7

「青森農林水産統計年報」「秋田農林水産統計年報」「山形農林水産統計年報」による

※1　岩崎地区の大型定置網による漁獲量比のほとんどは大型底建網によるものである。
※2　岩崎地区のその他の漁業にはベニズワイガニかご漁が含まれる。
※3　遊佐地区とは吹浦と西遊佐が統合されてできた漁業地区である。

ト）、小型底びき網（3,659トン）、イカ釣り（2,512トン）の順に多かった。小型定置網が首位となったのは、ハタハタ資源が回復傾向を示したことが大きかった。大型定置網は173トンから513トンと増加した一方で、小型底びき網とイカ釣りの漁獲量が8,956トンから05年は3,659トンに減少した一因は、漁業資源の枯渇化と魚価の低迷が大きかった。

　秋田県の漁獲量は小型定置網（3,561トン）、ハタハタ定置網（1,770トン）、沖合底びき網（1,662トン）の順に多かった。82年に全体の52.9%を占めた底びき網の割合は34.3%に低下した。山形県では82年と同様に小型底びき網とイカ釣りが多く、地域別には庄内北部地域では小型底びき網とイカ釣り、庄内南部地域では小型底びき網の漁獲量が多かった。

　82年と05年における大型定置網の経営体数は、秋田県では13から7、漁獲量の全体比は3.4%から2.4%に減少、山形県では両年とも営まれなかった。

　漁獲量が大幅に減少した船川地区の漁業種類別漁獲量を時系列に示すと、82年は沖合底びき網と小型底びき網の漁獲量が多かったのが、85年は遠洋マグロはえ縄とベニズワイガニかご漁、00年はベニズワイガニかご漁と沖合底びき網、05年はベニズワイガニかご漁と小型底びき網に変わった。なお、遠洋マグロ類の漁獲量は、82年が984トン、85年は1,387トンと増加したものの、98年は122トン、00年は76トン、05年は83トンと大幅に減少するとともに、魚労体も4統から1統となった。また、ベニズワイガニかご漁は、秋田県船川と青森県岩崎の2地区で行われた。

　金浦地区における底びき網の漁獲量は、82年の2,491トン（地区比84.1%）から610トン（同56.6%）と、23年間で75%減少した。底びき網の1操業平均網揚げ回数は、エビひき網では3回、魚ひき網では数回程度であるが、網揚げの合間に仕分けや箱詰めなどの作業も行うため、体力的負担が大きく、55歳以上層には不向きと言われている。しかし、若・壮年層の新規漁業就業者の確保が難しくなるとともに、乗組員の高齢化が進み、底びき網は変容を余儀なくされている。

　山形県の小型底びき網は、漁港から4時間程度沖合の最上礁や2時間程度の大瀬周辺を漁場としている。操業は、それまでの夜間操業から、午前2時頃出港して午後4時に帰港する昼間操業に切り替える経営体が増えるなど、操業形態が変化した。

　温海地区のその他のはえ縄とは、同地区の米子漁港を拠点とするマダイ釣りのことである。

　近年、定置網の拡大が図られている。定置網は操業水域が漁港に近いため、底び

き網やイカ釣りなどに比べ、燃油使用量を抑えることができる。本地域ではこの利点を生かしてマダイやクロソイ・クルマエビなどの稚魚放流と中間放流の拡大を通して漁獲量の確保に努めている。例えば、70年における船川地区の大型定置網は、4経営体で地区全体の3.4%の漁獲量であったが、地区内に立地する秋田県水産振興センターと連携してマダイ・クルマビ・ハタハタなどの稚魚放流や中間放流を拡大させて「とる漁業からつくり育てる漁業」への転換を図った。その結果、00年は経営体は3に減少したものの、漁獲量全体に占める割合は9.0%へと上昇した。また、豊浦地区では、70年の小型定置網漁労体*は3統、漁獲量は168㌧、漁獲量比は5.9%であったものが、イカ釣りから小型定置網に切り替えを進めた結果、00年は小型定置網漁労体が9統、漁獲量は246㌧、漁獲量比は16.3%に上昇した。

4 漁獲量と漁業部門からみた秋田県と山形県における漁業構造の変化と漁業規模

秋田県と山形県における漁業は、沿岸漁業と沖合漁業で構成される。この2部門による82年と05年における漁獲量と経営体の構成比から本地域の漁業構造をみると、沿岸漁業の漁獲量は全体の29.9%から46.4%へと、16.5%増加したのに対して、沖合漁業は62.0%から46.6%に15.4%減少した。また、沿岸漁業部門ではその他の刺網と採貝を合わせた経営体が全体の37.1%から45.6%に8.5%増加したのに対して、沖合漁業は13.2%から5.1%に8.1%減少した。このことから、82年は、漁獲量では沖合漁業が多く、経営体は沿岸漁業が多いという二重構造が認められたが、05年は沿岸漁業の漁獲量比と経営体比が上昇した一方で、沖合漁業は下降したことから、二重構造の格差は縮小したと判断される。

05年における秋田県と山形県の漁業規模を、沿岸漁業ではその他の刺網、沖合漁業では底びき網（山形県は底びき網とイカ釣り）を例に比較すると、秋田県ではその他の刺網の漁獲量と経営体の全県比は、6.3%と28.3%であったのに対して、底びき網はそれぞれ52.9%と2.9%であった。山形県では、その他の刺網の漁獲量と経営体の全県比は11.5%と21.2%であった。それに対して、底びき網は、それぞれ32.2%と2.6%、イカ釣りは24.6%と14.5%、両者を合わせるとそれぞれ56.8%と17.1%であった。ここでイカ釣り経営体の全てが沖合漁業部門に含まれると仮定すれば、沿岸漁業部門と沖合漁業部門の格差は、秋田県のほうが大きく、山形県のほうが小さいことから、漁業規模は山形県の方が秋田県より大きかったことが分る。

5　秋田県におけるハタハタ漁

(1) ハタハタと県民生活

古くからハタハタは秋田県民に馴染みが深く、正月魚としてきた地区もある。ハタハタは安価であったため大量に購入され、煮る・焼く、干す・塩蔵・飯鮨などで食されたほか、魚醤の「しょっつる」は鍋物の味付けに利用されるなど、秋田県における食文化の一翼を担ってきた魚である。

ハタハタは（Arctoscopus joponicus）、すずき目はたはた科に属し、漢字で「鰰」あるいは「鱩」、英語でJapanese SandfishあるいはSandfishと記される鱗と浮き袋のない魚である。生息域はアラスカから北海道・東北地方に至る太平洋と、山陰地方沖合を南限とする日本海である。普段は水深300～400mの砂泥質の海底に生育し、沿岸の水温が生息域の水温と同じ10℃前後となる11～12月に、産卵のため群れをなして押し寄せ、600～2,300粒の卵をゴルフボール程度の1塊にして、水深1～3mに生育するホンダワラ・オホバモク・アカモクなどの海藻に生み付ける。産卵から約2ヶ月で孵化すると、3～4ヶ月で沖合に移動し、2～5年で体長20～25cm程度の親魚に成長する。

わが国最大の産卵場所と言われる男鹿半島沿岸部では、米の代りに年貢を納めることが許された魚で、「鰰」と表記されるのもそのような意味も有ると言われている。しかし、漁は佐竹藩から曳き網漁業の株を授けられた一部の網元や商人に独占されていたため、漁師達は自由に操業することができなかった。また、明治～大正期の北浦地区では、漁業税を課したことも有った。

ハタハタは肥料としても重要な資源であった。「ハタハタ」[53]によると、1838年（天保9）に佐竹藩は乾燥させたハタハタ（ハタハタ干鰕（ぼしか））を専売制として、その権利を一部の商人に付与した。同年、その商人達は金額にして5,627両に相当するハタハタ干鰕を藍栽培の肥料として上方に販売したところ、高い評価を得て巨額の富を得たという。1893年（明治26）、秋田県は東京帝国大学農科大学（現東京大学農学部）にハタハタ干鰕の成分分析を依頼したところイワシやニシンの干鰕を上回る優れた肥料であることが分かり、稲作用の肥料としても重要な役割を果した。

(2) ハタハタ漁とその特色

ハタハタ漁は、沖合ハタハタ漁と沿岸ハタハタ漁（季節ハタハタ漁）[54]に分けられる。前者は底びき網で行われ、そのハタハタを沖合ハタハタと呼び、後者は小

型定置網（ハタハタ定置網）や刺網などで行われ、そのハタハタを沿岸ハタハタ（季節ハタハタ）と呼ぶ。元来、ハタハタ漁とは沿岸ハタハタ漁のことを言い、漁獲量は沿岸ハタハタの方が多かった。

　①**沖合ハタハタ漁**　盛漁期は11月である。沖合ハタハタは成熟前であるため沿岸ハタハタに比べ市場価格は安いが、味が濃いと評価する人も居る。

　②**沿岸ハタハタ漁**　沿岸ハタハタ漁は、海底が砂質と岩礁が混在する男鹿半島地域や秋田県北部地域の八森・岩館地区、秋田県南部地域の平沢・金浦・象潟地区で盛んである。漁期は11月中旬から1月上旬までの50日前後であるが、盛漁期は12月中・下旬の7〜10日間程度と極めて短い。それでも、正月前の極めて重要な収入源であった。初漁日は海水が撹乱されて海水温が10℃程度に下がった時であるため、漁師達は雷鳴がとどろく大時化の来るのを待った。ハタハタを「鱩」とも表記するのはそれが理由で、天気が急変して事故が起きたこともあった[55]。

　小型定置網は水深2〜10m程度の海中に設置されるが、他の定置網と違って移動させることができる。身網（先端部の袋）に入ったハタハタは、そのまま船に揚げられるため効率的である。63〜75年の豊漁期には、身網の中で圧死状態となったハタハタを、漁師達が身動きできない状態になるまで船に積み帰港した。港に着くと岸壁に揚げる作業を行い（写真1-3）、それが済みしだい網に引き返した。漁師達は食事を取ることも寝る暇も無い忙しさであった。ハタハタで埋め尽くされた岸壁では、昼夜を問わず家族や手伝人が選別場に運ぶ作業、雌雄と大きさを分ける作業、それを箱に入れる作業、荷捌き所に運ぶ作業などを行い、荷捌き所は買受人達の売買交渉で活気に溢れた。また、時化た翌日の浜辺は打ち上げられたブリコで埋め尽くされるなど、不漁期にある今日では想像できない賑わいを呈した。

　小型定置網は5〜6人で行われた。従業者は毎年同じ網主に雇われ、漁港近くに建てられた「番屋」（ハタハタ番屋）で寝食を共にし、何時出漁してもよい状態で待機した。北海道からの出稼ぎ者は（ハタハタ漁出稼ぎ）、ハタハタ漁が終わるとニシン漁のために帰ったが、その際、寝食を共にした地元の漁師を同行させた人もいた[56]。

　刺網は漁業規模の小さい地区になるほど卓越していた。網は水深1〜3mの海底に設置され、1〜2人で行なわれた。網揚げは1日2〜3回行われたが、豊漁時は2〜3時間毎に取り込む事も有った。ハタハタは網に絡んだ状態で揚げられるため、網から外す作業は多くの人を必要とした。しかし、外す時に傷が付くとか、

写真1-3 豊漁期の秋田県北浦漁港における漁船から箱に積み替えたハタハタを降ろす作業風景
写真から多くの人達が陸揚げ作業に従事していることや、船は木造の無動力船であること、右上にはハタハタの番屋の建っていることなどが読みとれる
小瀬信行氏（千葉県在住）1970年12月撮影

作業する人の手の熱で質が下がるという理由から、定置網のハタハタに比べて安価であった。そのため、北浦地区では、販売用のハタハタは小型定置網、自給目的のハタハタは小型定置網漁が終わってから刺網で獲ったが、最近は刺網でも販売目的のハタハタを獲っている。

沿岸ハタハタは産卵直前の成熟した状態で獲られるため、沖合ハタハタに比べて市場価格が高く、中でも、産卵直前のブリコ[57]と呼ばれる球状の卵塊を抱いた雌が高い。そのため、漁期が10日程度と短いとは言っても沿岸ハタハタ漁は正月前の極めて重要な収入源であった。

藻場の狭い砂浜海岸で行われたハタハタ地びき網は、小型定置網や刺網に比べて多くの人手が必要であったことや、効率が悪かったことなどから83年に消滅した。その他、すくい漁（昆虫網に似た直径1m強のタモに長さ5m程度の柄を付けてすくい上げる漁）や、ワッカ漁（直径50cm程度の輪に網袋を付け、沖合数mに投げて捕獲する漁）、起網漁（魚群が大量に押し寄せた時代の漁法で、2隻で網の両端を支えながら綱に包んだ石を繰り返し投げてハタハタを網の上に集めて獲る漁）・岩館地区の輪壁網（網の口を木の輪で広げた小型定置）などは、80年代前半には消滅もしくは禁止され、ハタハタ漁を目的とした大型定置網も83年以降行われていない。

最近になって、砂浜海岸に建設された漁港や波消しブロックに藻類の生育が見られる地区では、沿岸ハタハタ漁が復活した。

(3) 輸送手段の変遷

沿岸ハタハタの輸送手段は、馬による駄送から鉄道輸送、そして自動車輸送へと変化した。それにともない、駄送時は藁で作った袋状の「かます」や竹製の「籠」が容器に使われ、鉄道輸送に変ると秋田天杉の端材で作られた11kg入れの木箱

58)、自動車輸送に変わると 3〜4kg 入れの発泡スチロール製容器となった。

　男鹿半島南岸部の場合、馬の背には 6 駄から 8 駄（480kg）、馬車にはその 2 倍積んだ。ハタハタ漁の漁期は農閑期であったため、馬は近在の農家から安く借りることができた。中には、馬主を運び人として馬とセットで雇い入れた販売業者も居た。輸送ルートは（図 1 − 5）、椿・台島・女川・増川　南平沢・船川・金川から羽立・脇本を経由して船越に運び、そこから船で土崎・秋田に輸送した。途中、羽立と脇本を分ける標高 100m 程度の茶臼峠を越える時は、道路一面に滴り落ちた魚体を包むヌメリで滑り難渋したと言う[59]。1916 年（大正 5）に船川線（現 JR 男鹿線）が全通すると、船川・増川・女川・台島・椿など船川以西の地区は船川駅（現 JR 男鹿駅）、以東の金川地区は羽立駅から秋田駅に輸送した。ただ、貨車の準備ができない時は、駄送より遅く秋田市場に着くことがあったため、65 年頃まで駄送と鉄道輸送の 2 方法を併用した。

　鉄道が敷設されなかった男鹿半島北岸部の北浦・畠・相川・安田(あんでん)地区では、寒風山の北側を通って八郎潟西岸の福川に運び、そこで潟船に積み替えて多くは南岸部の天王、一部は東岸部の一日市（現八郎潟町）と鹿渡(かど)（現三種町）に輸送した。天王に運ばれたハタハタは海路もしくは陸路で土崎・秋田に輸送、一日市と鹿渡に

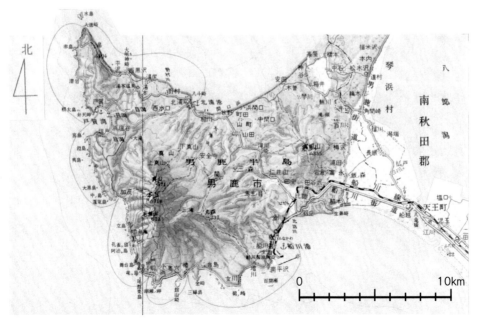

図 1 − 5　男鹿半島の地勢図　　　国土地理院　昭和 37 年発行地勢図「男鹿島」図幅による

運ばれたハタハタは奥羽本線で秋田県の内陸北部や青森県弘前方面に出荷された。65年頃に自動車輸送に変わると全てが秋田市場に輸送された[60]。

五能線開通前の八森地区では、駄送や担夫手段で能代に運び、そこから二ツ井（ふたつい）や鷹巣（たかのす）・大館などの米代川中・上流地域に輸送した。ただ、藤里地区には白神山地の南麓を通って人の背で運んだという伝聞が残っている。1926年4月、五能線能代駅～椿駅（現八森）、同年11月椿駅～岩館駅の開通を機に、輸送手段は鉄道に変わった。ただ、開業前の1925年12月1日～20日に、八森村漁業組合の求めに応じて、椿駅から能代駅に1日2便ハタハタを輸送したことがあった[61]。わが国で開業前に鮮魚を輸送した例は他にはない。

船川線と五能線の各駅から積み出されるハタハタは極めて多かったため、着駅や荷受人のはっきりしないことも有ったことから、1925年11月に秋田鉄道管理局は事故を未然に防ぐため、ハタハタは木箱もしくは樽に入れ、横1条、縦3条の掛縄で梱包することと経木（きょうぎ）で作った荷札を2枚以上添付することを義務づけた。その際、五能線八森駅（現東八森駅）と椿駅（現八森駅）で積むハタハタには青色、船川線の船川駅では紫色、羽立駅では赤色、その他の駅ではこれらと異なる色の掛縄を使うことも義務づけた[62]。

70年代中頃の最遠輸送地は、羽越本線では鶴岡駅、奥羽本線では北は弘前、南は新庄であった。

70年代後半になると、氷が融解しない設備を持った保冷車が普及したことや、一般道および自動車専用道などの整備が進んだことから、輸送手段は自動車、容器は発泡スチロール製の箱に変わり、出荷先は新潟・首都圏・名古屋市場に拡大した。また、宅配便で直送される量も増えているが、消費者はハタハタに郷愁心を持つ秋田県関係者が多く、需要の拡大に至っていないのが現状であろう。

(4) 漁獲量と漁獲高

①漁獲量の減少　第二次大戦後の45年は825㌧、50年は525㌧、55年は562㌧と漁獲量は低迷した。55～05年の沖合ハタハタと沿岸ハタハタ、および全体に占めるハタハタの割合を示したのが表1－9である。それによると、漁獲量は年を追う毎に増加し、10,000㌧を超えた63～75年の13年間は豊漁期と呼ばれ、ピークは66年の20,607㌧であった。この時期の漁獲量全体に占める割合は、最高が66年の66.3％、最低が73年の39.1％、平均は52.3％と、ハタハタのモノカルチャー構造を成していた。そのため、浜値が付かない時は沖止めの措置が執

表1－9 1955～2005年における漁業種類別ハタハタ漁獲量等

年	沖合ハタハタ	沿岸ハタハタ		総漁獲量に占める ハタハタ占有率	備考
		小型定置網	刺網		
1955	350トン	212トン		5.5%	
56	616	1,381		11.9	
57	855	783		10.8	
58	692	1,193		11.9	
59	2,472	4,308		33.2	
60	1,298	2,536		29.3	
61	1,605	4,136		39.7	
62	1,590	6,315		34.0	
63	2,992	9,011		52.8	
64	2,314	8,036		48.9	
65	2,723	13,881		65.7	
66	2,261	18,346		66.3	明治以降のピーク
67	2,549	15,975		59.3	
68	3,206	17,065		60.4	
69	3,106	10,080		51.4	
70	1,162	11,842トン	11トン	49.9	
71	2,331	10,359	33	47.0	
72	2,359	12,011	30	39.7	
73	1,436	12,407	27	39.1	
74	4,376	13,951	4	51.1	
75	4,208	12,935	14	48.1	
76	2,484	7,246	33	32.4	
77	1,286	3,274	1	15.5	
78	1,139	2,300	42	16.0	
79	744	638	8	6.5	
80	489	1,371	37	9.0	
81	963	963	13	10.4	
82	777	460	14	5.2	
83	303	36	15	2.0	
84	72	2	0	0.5	
85	154	44	5	1.5	
86	268	73	32	2.8	
87	204	65	17	1.7	
88	158	67	22	1.6	
89	130	49	29	0.4	
90	69	32	50	0.2	
91	55	7	9	0.1	
92	37	0	3	0.1	10月より全面禁漁
93	－	－	－	－	全年全面禁漁
94	－	－	－	－	全年全面禁漁
95	53	64	26	1.6	9月まで全面禁漁
96	86	129	29	2.6	
97	166	201	101	5.0	
98	158	317	114	6.1	
99	149	381	200	7.5	
2000	161	792	131	12.4	
01	456	956	157	16.2	
02	479	1,463	17	20.3	
03	961	1,813	19	27.9	
04	780	2,257	22	30.3	再開後のピーク
05	488	1,765	149	22.3	

秋田県農政部水産漁港課：平成6年度秋田県水産関係施策の概要、および
秋田県農林水産部水産漁港課：平成27年度秋田県水産関係施策の概要による

られた。

　76年に10,000㌧を割ると、77年は4,562㌧、80年は1,897㌧、83年は354㌧、91年には71㌧[63]と、急激に減少するとともに全体に占める割合も77年は15.5％、83年は2.0％、91年には0.1％まで落ち込み、存亡に関わる深刻な状況に陥った。部門別にみると、70年は沿岸ハタハタの11,853㌧に対して沖合ハタハタは1,162㌧と、10倍の格差があったが、75年は12,949㌧に対して4,208㌧、80年は1,408㌧に対して489㌧と、漁獲量の減少とともに差は縮小し、82年に逆転した。沿岸ハタハタ漁においても小型定置網が刺網を凌駕してきたが、90年に逆転された。

　漁獲量の減少要因には、豊漁期と不漁期があるという周期説、成魚前の小型ハタハタも獲ったとする乱獲説、産卵前のハタハタを底びき網で獲ったとする産卵前漁獲説、河川上流部に砂防ダムを建設した際に流れ出た土砂が原因とする水質汚濁説、生活排水や農薬などが原因とする水質汚染説、漁港や防波堤・護岸堤・埋立工事等が産卵場所を縮小させたとする漁場縮小説、海岸浸食や漂流物による産卵場所の劣化・消滅説、スケトウダラやホッケが稚魚を食べたという食餌説、海水温の上昇による生育域の環境変化説、日本海中部地震とそれに伴う津波が原因とする説など諸説あるが、現在のところ明確なことは不明と言わざるを得ない。ただ、太陽の黒点が原因とする説[64]には、ほかの魚類に触れていないことから疑問である。

　同資源の著しい減少に対して、92年10月1日から95年9月末日まで、全てのハタハタ漁を禁止する措置が執られた[65]。禁漁前（82年）と再開後（05年）における沿岸ハタハタ漁の地区別漁獲量と漁業種類を示したのが表1－10である。それによると、操業地区は16地区から沢目・秋田・秋田南・本荘地区が加わり全地区に拡大し、漁獲量は475㌧から1,914㌧に増えた。小型定置網は15地区から14地区に減り、逆に刺網は8地区から18地区に増えた。詳しく見ると、小型定置網のみを行った地区は8地区から平沢地区だけとなり、刺網のみの地区は道川と西目の2地区から沢目・浜口・道川・本荘・西目の5地区、小型定置網と刺網を行った地区は3地区から13地区に増えた。中でも、男鹿半島地域の全地区が小型定置網から小型定置網と刺網に変わった。さらに、能代と浜口地区の地びき網と岩館地区の輪壁網は消滅した。

　②漁獲高と産地市場価格の変化　76～82年の漁獲高は10億円を超え、魚種別には第1位であった。中でも77年は、漁獲量が5,000㌧を割ったにもかかわらず、

表1-10 地区別沿岸ハタハタ漁獲量とハタハタ漁獲量に占める沿岸ハタハタの割合、およびその漁業種類

上段：1982年 下段：2005年

	沿岸ハタハタ漁獲量(kg)	ハタハタ漁獲量に占める割合(%)	沿岸ハタハタ漁の漁業種類
岩 舘	6,469	0.3	小型定置網 刺網 輪壁網
	177,916	21.0	小型定置網 刺網
八 森	956	3.8	小型定置網 刺網
	190,139	17.1	小型定置網 刺網
沢 目	－	－	
	1,000	10.0	刺網
能 代	3,312	3.6	小型定置網 刺網 地びき網
	108,719	68.4	小型定置網 刺網
浜 口	451	0.1	小型定置網 刺網 地びき網
	12,560	40.5	刺網
若 美	20,790	27.7	小型定置網
	29,179	30.4	小型定置網 刺網
北 浦	225,324	19.9	小型定置網
	685,199	45.3	小型定置網 刺網
畠	1,650	0.4	小型定置網
	40,548	5.7	小型定置網 刺網
戸 賀	0	0.0	小型定置網
	22,971	3.0	小型定置網 刺網
船 川	166	0.0	小型定置網
	83,174	4.7	小型定置網 刺網
男鹿南	22	0.0	小型定置網
	22,503	29.6	小型定置網 刺網
天 王	5	0.0	小型定置網
	68,962	8.8	小型定置網 刺網
秋田・秋田南	－	－	
	4,369	3.6	小型定置網 刺網
道 川	1,000	9.1	刺網
	1,000	7.1	刺網
本 荘	－	－	
	2,000	4.3	刺網
西 目	4,166	2.2	刺網
	5,000	5.3	刺網
平 沢	170,224	18.4	小型定置網 刺網
	138,832	28.6	小型定置網
金 浦	2,935	0.0	小型定置網 刺網
	84,546	7.9	小型定置網 刺網
象 潟	38,984	2.4	小型定置網
	211,185	19.0	小型定置網 刺網

1982年および2005年の「秋田農林水産統計年報」と、
平成6年度および平成27年度の「秋田県水産関係施策の概要」より作成
※資料には秋田と秋田南は一括して記されている
※能代地区と浜口地区で行われた地びき網は83年に消滅した
※岩舘地区で行われた輪壁網とは、網の口を木の輪で拡げた小型定置網のことで、85年に消滅した

表1-11 1980～2005年における秋田県のハタハタ漁獲高と全体に占める割合

年	ハタハタ漁獲高(億円)	全体比(%)
1980	11.1	11.7
81	14.7	15.1
82	11.1	10.7
83	3.8	4.7
84	0.9	1.2
85	2.6	3.6
86	5.5	7.7
87	4.4	6.4
88	4.7	7.3
89	4.2	6.2
90	3.7	5.5
91	1.6	2.3
92	0.4	0.6
93	—	—
94	—	—
95	4.4	8.0
96	5.0	9.1
97	8.2	14.7
98	6.5	12.3
99	8.1	15.5
2000	7.8	16.9
01	11.4	22.7
02	9.3	20.1
03	11.3	24.2
04	10.3	24.1
05	7.7	19.4

各年の「秋田農林水産統計年報」による

産地市場価格は466円/kgと高値で取引されたため、20億7000万円とピークに達した。しかし、83年以降は10億円を割り込み、92年には4,000万円と、大幅に落ち込んだ。

83～92年における漁獲高の全対比は、最高が86年の7.7%、平均4.6%と、秋田県漁業に占めるハタハタ漁の地位低下は明らかであった。このことは、83年は総漁獲高80億1300万円のうちハタハタは3億8000万円と、魚種別順位はスルメイカ・マグロ・ヒラメなどよりも下位の7位に落ち、翌84年には日本海中部地震の影響もあって9,100万円と、23位に落ちたことが示している。

産地市場の平均価格は、漁獲量が10,000トンを超えた63～75年の最低は、67年の25円/kg、最高は75年の132円/kg、平均43円/kgと、平均価格が箱代（70円/箱）より安い年が11年有った。(1箱11kg入れ) 10,000トンを割り込んだ76年は181円/kg、77年は466円/kg、82年は892円/kg、83年には1,067円/kgと、初めて1,000円を超え、90年には禁漁前では最高の2,439円/kgまで上昇した。再開後は漁獲量が少なかったため、95年は3,597円/kg、00年は942円/kgと好調であったことから、漁獲高はそれぞれ4.4億円と7.8億円であった。雌雄別には雌ハタハタが高く、1尾の小売価格が500円（1990年）を超えた時は、山陰地方や韓国・北朝鮮の輸入ハタハタが出回り、秋田県産のハタハタが食卓を賑わすことはなかった。しかし、漁獲量の減少が産地市場価格と小売価格を押し上げたため、全体に占める割合は、97～00年は10%台、01年以降は20%台に上昇した（表1-11）。

小規模・零細な漁業を営む沢目・能代・若美・男鹿南・秋田・秋田南・道川地区の98年におけるハタハタの漁獲量は、多い順に若美では15トン、能代では4トン、

沢目と男鹿南では、それぞれ1㌧、秋田・秋田南・道川の3地区は1㌧に満たなかった。同年の産地市場価格（1,403円/kg）から7地区の漁獲高を推計すると、若美は2,105万円、能代は561万円、沢目と男鹿南はそれぞれ140万円、1㌧未満の秋田・秋田南・道川の漁獲量を0.5㌧とすれば、それぞれ70万円となる。全経営体が沿岸ハタハタ漁を営んだと仮定して、第10次漁業センサスから沿岸ハタハタ漁による1経営体平均漁獲高を推計すると、少なくても、若美地区では70万円（全体に占める割合は31.3%）、沢目では46万円（同x%）[66]、能代では38万円（同24.2%）、秋田では15万円（同16.3%）、男鹿南では13万円（同9.8%）、道川では12万円（同x%）、秋田南では11万円（同4.5%）有ったと思われる。沿岸ハタハタ漁は11月下旬から12月下旬まで行われるが、時化た時は出漁できないことや、接岸の時期は12月の僅か数日間に限られることから、実質的な操業日数は多くても10日間程度と思われる。この短期間に漁獲高の4～30%/年を占めるハタハタは、小規模・零細な漁業者には貴重な収入源であった。しかしながら、直接取引した量は不明であるため、実際はその数倍あったと思われる。このことが秋田県に小規模・零細な漁業地区が多い一因であると思われる。

6　漁獲量からみた地区別漁業部門構成の変容

　82年と05年の漁獲量を比較すると、増加した地区は11地区、減少した地区は18地区有った。増加した地区の中には、漁業部門構成は変容することなく増加した地区と、漁業部門構成が変容した地区があり、前者を増加型の地区、後者を変容増加型の地区と名付けた。同様に、減少した地区の中にも、漁業部門構成が変容することなく減少した地区と、漁業部門構成が変容した地区があり、前者を減少型の地区、後者を変容減少型の地区と名付け、それを示したのが表1－12である。

　その際、漁業部門を沿岸漁業、沖合漁業、定置網漁業、海面養殖業、放流事業の5部門に分けた。ここで、沿岸漁業とは共同漁業権海域で営む漁業、沖合漁業とは10㌧以上の漁船で行う漁業のうち、県知事あるいは農林水産大臣が許可・承認した漁業とした。定置網漁業については、漁業権別には大型定置網と小型定置網・ハタハタ定置網に分けるべきと思うが、ここでは漁業種類が同じという理由から一括して定置網漁業とした。また、本地域には完全養殖による水産物は無いことから、ここでは、種苗育成から収穫まで行った海藻類を海面養殖業とした。放流事業は稚魚と稚貝など種苗生産したものを放流する種苗放流と、ある程度まで養育（中間育

表1-12 1982年と2005年の漁獲量および漁業部門の組み合わせからみた地区別漁業形態の変容

増加型：漁獲量増加・漁業部門構成は変容しなかった地区とその組み合わせ

		1982年における漁業部門の組み合わせ	2005年における漁業部門の組み合わせ
青森県	秋田県		
	能代 道川	沿岸漁業	
	戸賀	沿岸漁業主 定置網漁業従 海面養殖・放流事業従	
		沖合漁業主 沿岸漁業従	
岩崎	由良	定置網漁業主 沿岸漁業従	
		定置網漁業主 沖合漁業主	

変容増加型：漁業量増加・漁業部門構成が変容した地区とその組み合わせ

青森県	秋田県	山形県	1982年における漁業部門の組み合わせ	2005年における漁業部門の組み合わせ
	本荘		沿岸漁業	沿岸漁業主 沖合漁業従
	若美 北浦 天王		沿岸漁業主 定置網漁業従	定置網漁業主 沿岸漁業従
		豊浦	沖合漁業主 沿岸漁業従	定置網漁業主 沿岸漁業従

減少型：漁獲量減少・漁業部門構成は変容しなかった地区とその組み合わせ

青森県	秋田県	山形県	漁業部門の組み合わせ
	秋田南		沿岸漁業
	男鹿南		沿岸漁業主 海面養殖漁業従
		酒田 念珠ヶ関	沿岸漁業主 沖合漁業従
	平沢		沖合漁業主 沿岸漁業従 定置網漁業従

変容減少型：漁獲量減少・漁業構成部門が変容した地区とその組み合わせ

青森県	秋田県	山形県	1982年における漁業部門の組み合わせ	2005年における漁業部門の組み合わせ
沢目			沿岸漁業主 定置網漁業従	沿岸漁業
西目			沿岸漁業主 沖合漁業従	沿岸漁業
		温海	沿岸漁業主 沖合漁業従 放流事業従	沿岸漁業主 沖合漁業従 放流事業従
金浦			沖合漁業主	沿岸漁業主 沖合漁業従 定置網漁業従 放流事業従
浜口	秋田		沖合漁業主	沿岸漁業主
		飛島	沖合漁業主	沖合漁業主 沿岸漁業従
		加茂	沖合漁業主 沿岸漁業従	沖合漁業主 沿岸漁業従 海面養殖・放流事業従
		遊佐	沖合漁業主 沿岸漁業従	沖合漁業主 沿岸漁業従 放流事業従
岩館 八森 船川			沖合漁業主 沿岸漁業従	沖合漁業主 沿岸漁業従 定置網漁業従 放流事業従
象潟			沖合漁業主 沿岸漁業従 定置網漁業従	定置網漁業主 沿岸漁業従 放流事業従

両年の青森・秋田・山形県3県の「農林水産統計年報」と現地調査による

成）して放流する中間放流に分けられるが、ここでは両者を合わせて放流事業とした。さらに、海面養殖業と放流事業の両方が行われた地区を海面養殖・放流事業と記した。なお、放流事業は全地区で行われたが、ここでは漁獲高に占める割合が増加した地区とした。

　詳しくみると、増加型には岩崎・能代・道川・戸賀・畠・由良の6地区該当した。この6地区を漁業部門構成の組み合わせをもとに細分すると5つに分けることができた。すなわち、漁業部門を変えることなく沿岸漁業のみ行った地区は、能代と漁業規模が最小級の道川地区であった。沿岸漁業を主とし定置網漁業と海面養殖・放流事業従の戸賀地区は、波浪の影響が少ない湾内に位置するため、秋田県では早くから海面養殖業が行われてきた。沖合漁業を主とし沿岸漁業従の由良地区は、イカ類と沖合ハタハタの漁獲量が多かった。定置網漁業を主とし沿岸漁業従の畠地区は、定置網漁業が好調で、漁獲量は82年の368トンから05年には707トンに増え、増加率は戸賀地区の236.1%に次ぐ192.1%であった。定置網漁業を主とし沖合漁業と沿岸漁業従の岩崎地区は、05年の着業統数が青森県全体の40%を占めた底建網（操業統数40）と、ベニズワイガニかご漁の漁獲量が多かった。

　変容増加型には本荘・若美・北浦・天王・豊浦の5地区該当した。この型はさらに3つに細分することができた。沿岸漁業のみ行った本荘地区は、05年に小型底びき網とイカ釣り経営体が各1参入したことから、沿岸漁業を主とし沖合漁業従の地区に変容したが、漁獲量は50トンに満たなかった。沿岸漁業を主とし定置網漁業従から、定置網漁業を主とし沿岸漁業従に変容した若美・北浦・天王の3地区のうち、砂浜海岸が広がる若美地区は、82年に漁港の建設を始めたが、完成後も漁獲量は100トンに満たなかった。北浦地区はハタハタ資源が回復の兆しを示したことから、定置網を主とする漁業が復活した。天王地区は定置網漁業が好調であったため、漁獲量は533トンから783トン（増加率46.4%）に増えた。沖合漁業を主とし沿岸漁業従から、定置網漁業を主とし沖合漁業と沿岸漁業従に変容した豊浦地区では、漁業資源の減少対策や燃油代を節減するため、定置網の着業統数を増やしたことが漁獲量の増加に繋がった。

　減少型には秋田南・男鹿南・平沢・酒田・念珠ヶ関の5地区該当した。この型はさらに4つに細分することができた。沿岸漁業のみを行った秋田南地区の漁獲量は100トン程度と少なかった。沿岸漁業と海面養殖業が行われた男鹿南地区はノリの収穫量*を除くと漁獲量は少なく、八郎潟の干拓によって農業地区に変容した。沖合

写真1-4 船外機付き船を海に降ろす・海から引き上げる地先を整備する秋田県沢目地区の漁師 同地区に漁港がないためこの作業は頻繁に行なわれた
2000年9月 筆者撮影

漁業を主とし沿岸漁業従の酒田地区は、両羽海岸地域最大級のイカ釣り漁業地区を形成している。庄内南部地域では最大規模の念珠ヶ関地区は、採貝が増加傾向にあった。平沢地区は、1911年（明治44）に秋田県で最初の動力船を導入、戦後は沿岸ハタハタを鉄製パイプで吸い上げる方法を試みるなど、先駆的な風土を持つ地区であるとともに、秋田県南部地域における沿岸ハタハタ漁の中心的な地区である。

変容減少型には、沢目・西目・金浦・浜口・秋田・岩館・八森・船川・象潟・温海・飛島・加茂・遊佐の13地区該当した。この型はさらに10に細分することができた。沿岸漁業を主とし定置網従から、沿岸漁業のみに変容した沢目地区は（写真1-4）、増加型の道川地区とともに本地域最小級の地区である。沿岸漁業を主とし沖合漁業と放流事業従から、沿岸漁業のみへと変容した西目地区は、政策減船によって沖合漁業と西目漁港内で行われたクルマエビの放流事業が消滅した。金浦地区は沖合漁業に偏った漁業構成であったが、石油危機や政策減船などの影響を受けて、沖合漁業を主としつつもそれに従として沿岸漁業と定置網漁業、および放流事業を付加した地区に変容した。しかし、今日においても本地域最大級の底びき網が営まれている。浜口地区はベニズワイガニかご漁が消滅したため、沖合漁業を主とし沿岸漁業従から、沿岸漁業のみに変容した。秋田地区は沖合底びき網が消滅したことから、小規模な沿岸漁業を営む地区に変容した。沖合漁業を主とし沿岸漁業従から、沖合漁業を主とし、それに従として沿岸漁業と定置網漁業、および放流事業を加えた地区に変容したのは岩館・八森・船川の3地区であった。石油危機以前の3地区は、前記の金浦地区とともに沖合漁業が支配的であったが、石油危機以降、船川地区では大型定置網の地位が高まった一方、岩館・八森地区ではハタハタ資源の減少と、政策減船によってハタハタ漁の地位が低下し、ヒラメやアワビなどの放流事業が拡大した。沿岸漁業

を主とし沖合漁業従から、沿岸漁業を主としつつも、それに従として沖合漁業と放流事業を加えた地区に変容した温海地区は、念珠ヶ関漁港と堅苔沢漁港に拠点を置く底びき網の漁獲量が多かったが、05年以降アワビとサザエの放流事業が本格化した。沖合漁業を主とし沿岸漁業従から、沿岸漁業を主とし沖合漁業と海面養殖・放流事業従に変容した飛島地区は、山形県内では最大級の海面養殖業と放流事業が行われている。加茂地区はサンマ棒受網が潰滅したため、沖合漁業を主とし沿岸漁業従から、沿岸漁業を主とし沖合漁業従に変容した。沖合漁業を主とし沿岸漁業と定置網漁業従から、沖合漁業を主とし沿岸漁業従に変容した遊佐地区は、採貝の割合が高まった。沖合漁業を主とし沿岸漁業従から、定置網漁業を主とし沖合漁業・沿岸漁業・放流事業従に変容した象潟地区は、定置網漁業によるハタハタとサケ類の漁獲量と天然イワガキの採貝が多かった。

　漁業資源の枯渇化が著しい中で、増加型と変容増加型に該当する11地区のうち、ハタハタ資源の回復がみられた北浦と若美地区では定置網漁業が復活、畠・天王・豊浦地区では定置網漁業が定着した。

　漁獲量が減少した18地区のうち、金浦・秋田・岩館・八森・船川・象潟・飛島・加茂・遊佐の9地区では、沖合漁業部門に他の漁業種類や定置網漁業・放流事業・採貝漁などを組み合わせた経営体と、沿岸漁業に転換した経営体がみられた。さらに、82年と05年の両年とも沿岸漁業のみ行った地区は、山形県には無かったが、秋田県では能代・秋田南・道川・本荘の4地区から、沢目・能代・浜口・秋田・秋田南・道川・西目の7地区に増えた。このことから、漁業経営の縮小と変容は、漁業部門では沖合漁業、県別には秋田県の方が山形県より大きかったと言える。

Ⅱ 男子漁業就業者の減少と後継者不足

1 男子漁業就業者の減少と年代別・地区別構成の変化
(1) 男子漁業就業者の減少
①83年と03年の比較と減少要因　農林水産統計年報に漁業就業者数は記載されていないため、82年と05年に直近の第7次漁業センサスと第11次漁業センサスで比較した（表1－13）。

それによると、本地域では4,761人から2,174人に2,587人の減少、減少率は54.3％であった。そのうち、秋田県では2,879人から1,306人に1,573人の減少、減少率は54.6％、山形県では1,654人から737人に917人の減少、減少率は55.4％で、減少は全地域・全地区に及んだ。

地域別には、男鹿半島地域では1,422人から610人に812人減少したのを最高に（減少率57.1％）、秋田県南部地域では883人から351人に532人の減少（同60.2％）、庄内南部地域では938人から418人に520人の減少（同55.4％）、庄内北部地域では716人から319人に397人の減少（同55.4％）、青森県岩崎・秋田県北部地域では690人から348人に342人の減少（同49.6％）、秋田県中央地域では213人から128人に85人の減少（同39.9％）であった。

地区別には、船川地区の370人を最高に、西目地区では200人、加茂地区では190人、畠地区では164人、飛島地区では152人など、100人以上減少した地区は10地区有った。しかし、岩崎地区では97人、能代地区では70人、岩館地区では69人、八森地区では69人と、青森県岩崎・秋田県北部地域に100人以上減少した地区は無かった。また、漁業就業者が100人以上居た地区は21地区から8地区に減少した一方で、山形県に無かった就業者が50人未満の地区は、秋田県では3地区から7地区に増えた。なお、03年の就業者は船川地区の194人が最も多く、最少は沢目地区の5人であった。

減少率は西目地区の78.7％を最高に、平沢地区では69.6％、由良地区では68.3％などと、60％以上の地区が11地区有った。逆に、象潟地区は39.4％、念珠ヶ関地区は40.5％、岩崎地区は42.5％と、9地区が50％未満であった。

本地域における漁業就業者の減少要因は、基本的には漁業資源の枯渇化や長引く石油危機の影響、漁価の低迷などによる漁業不振にあるが、後記するように政策減船や漁業収入が増えないこと、高齢者が廃業したこと、漁業後継者難に有ること

表1-13
1983年と2003年にににおける漁業地区別男子漁業就業者数（人）

	1983年	2003年
岩　崎	228	131
岩　館	138	69
八　森	143	74
沢　目	20	5
能　代	111	41
浜　口	50	28
若　美	58	35
北　浦	237	133
畠	256	92
戸　賀	192	97
船　川	564	194
男鹿南	115	59
天　王	103	56
秋　田	29	19
秋田南	81	53
道　川	30	17
本　荘	60	41
西　目	254	54
平　沢	115	35
金　浦	203	70
象　潟	221	134
秋田県	2,879	1,306
遊　佐	180	64
酒　田	283	154
飛　島	253	101
加　茂	304	114
由　良	199	63
豊　浦	161	76
温　海	84	52
念珠ヶ関	190	113
山形県	1,654	737
本地域	4,761	2,174

第7・11次「漁業センサス」による

のほか、西目地区は北洋出稼ぎが消滅したこと、船川・秋田・能代・酒田地区は地先の埋め立て工事が要因であった。そのほか、産業間格差と地域間格差が拡大したことから若・壮年層が都市部に流出したこと、高校進学率の向上、新規学卒者が労働環境の整備された業種を志向したことなど、社会環境の変化も大きく作用した。

底びき網漁業が支配的な金浦地区には203人の男子漁業就業者が居たが、1回目の政策減船後の88年には150人、2回目実施後の93年には103人、03年には70人と、20年間で133人減少した（減少率65.5％）。そのうち40歳未満層は48人から10人に80％減少した[67]。通常、底びき網は5人で操業するため、6隻減船された1回目の政策減船で30人程度減少するだろうと予測されたが、実際はその1.8倍の53人であった。このことは、地区内にTDKの関連会社など受け皿となる事業所が多く存在したことが、漁業離れを促したとも言える。

小規模な沿岸漁業が支配的であった旧八郎潟周辺地域は、農業地区に変容したことから浜口地区では50人から28人、若美地区では58人から35人、男鹿南地区では115人から59人、天王地区では103人から56人と、合わせて326人から178人となった。

そのような状況が続く中で、新規漁業参入者は60歳以上層に多かったため、全体に占める60歳以上層の割合が高まるとともに、漁業経営の小規模化・零細化が進んだ。それでも石油危機以降、本地域には漁業が消滅した地区は存在しないことから、漁業生産力の低い沿岸漁業に

頼る地区では、体力が衰えてもある程度の漁業は維持できる[68]、と言われてきたことを裏付けている。

　②船川地区における減少とその要因　本地域最大の漁獲量を有する船川地区には、船川や南平沢集落などが拠点とする船川漁港（1968年の所属漁船134隻）と、台島・椿・双六集落などが拠点とする椿漁港（同154隻）が存在する。

　船川地区の男子漁業就業者数は（図1－6）、第一次石油危機前の68年には673人居たが、78年は日本鉱業船川精油所地先の埋立てにともなう補償が絡んだことから678人とピークに達した。83年は埋立て工事によって、漁業を廃業した人が多かったことから564人に減少し、2回目の政策減船が行われた翌年の93年は266人、98年は184人、03年は194人となった。漁業を離れた人の多くは船川漁港を拠点とする人達であった。

　漁業就業者数の減少は、漁業資源の枯渇と漁業維持費の高騰が漁業経営を圧迫し続けたことを最大要因とするが、船川地区では地先の埋立てによる漁場の縮小と劣化、およびハタハタ漁の不振によるところも大きかった。

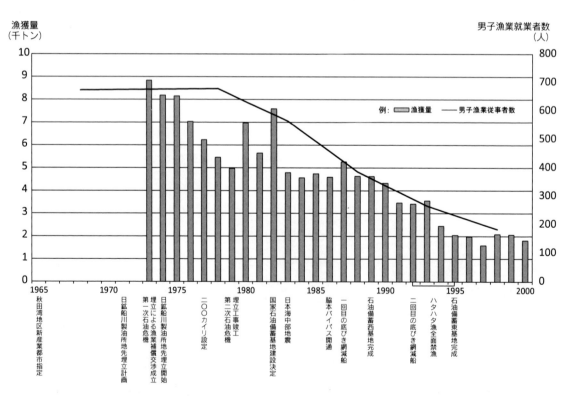

図1－6　船川地区における漁獲量（左縦軸）と男子漁業従事者数（右縦軸）の推移および主な出来事
　　　　各年の「秋田農林統計年報」、第5～10次「漁業センサス」、「男鹿市史」による

同地区における漁業は、「藩政時代に魚問屋と網問屋から苛酷な支配を受けたことが男鹿漁民の隷属制の原因となって、先進的な漁業地区を形成することはなかったようだ」という記録や、漁業種類については「大正年間に青森県と石川県の人が大謀網を伝え、底曳き網は但馬の人が伝えたが、その操業は集落単位で行われたために漁獲量もさして増加していないことから、男鹿の漁業は資本を掛けないでの日暮らしのものであり、経済的にも厳しい状況にあったように思われる」[69]とあることから、漁業の近代化が遅れたことも船川地区の発展を滞らせた一因であったと考えられる。

　そのため、後に初代男鹿市長に就任する中川重治は、船川港を拠点とした開発を進めた。その一つが大正年間に始めた船川地先の埋立て工事で、初期の埋立て地に旧国鉄の船川駅（現JR男鹿駅）が建てられた。埋立ては1939年の日本鉱業株式会社船川精油所の立地を機に本格化し、戦争による中断時期を除いて年を追う毎に拡大したため（図1－7）、沿岸漁業者は廃業・縮小を余儀なくされた。

　一方、底びき網や遠洋マグロはえ縄などは拡大が進んだことから、小規模な沿岸漁業と商業的な沖合・遠洋漁業の2極化が明確になった。

　65年、秋田市から男鹿市に至る2市4町1村が新産業都市に指定されたことを受けて、秋田県は船川港北部地先を埋立て、その造成地に木材コンビナートを計画した。70年、国土総合開発審議会が「秋田湾地区大規模工業開発構想」候補地に指定したことを機に、日鉱船川精油所地先の埋立てが計画された。さらに81年には「国家石油備蓄基地」の候補地に指定されたことから、埋立て工事は一気に拡大した。今日、埋立て地は金川から南平沢まで繋がり（図1－8）、その中には沿岸ハタハタ漁場として評価の高かった地先も含まれている。また、埋立て工事は沿岸流や表層地下水に影響を与えるばかりでなく、磯焼けや藻場を消滅させる可能性があると指摘されたように[70]、沿岸近くの漁場価値を低下させたほか、漁業就業者数を減少させた要因となった。

　70年の漁獲量は5,552㌧[71]、73年は8,837㌧とピークを迎えたが、船川製油所地先の埋立て工事が終了した79年は4,971㌧、石油備蓄基地の建設が始まった83年は4,790㌧、西基地が完成した89年は4,626㌧、東基地が完成した95年は2,044㌧と、埋立て工事の拡大に平行するかのように減少した（図1－6）。他方、漁獲量の減少は、沖合漁業の不振も大きく影響した。すなわち、底びき網と遠洋マグロはえ縄の漁獲量をみると、80年は底びき網の漁獲量が3,185㌧、遠洋マグロ

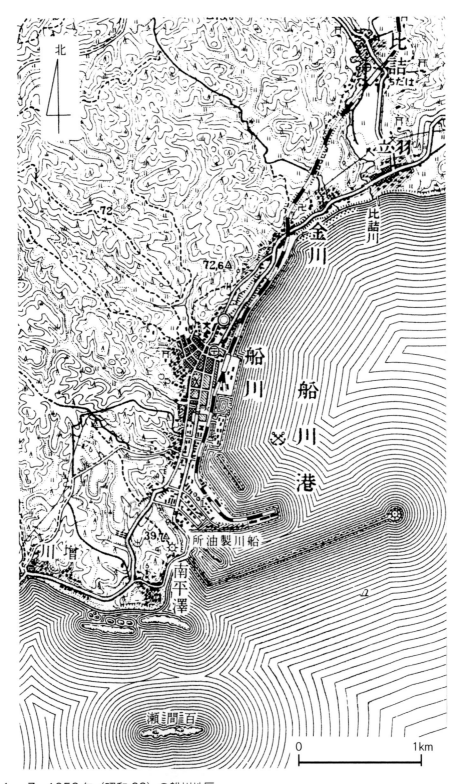

図1－7　1953年（昭和28）の船川地区
　　　　国土地理院　昭和36年発行　1：50,000地形図「船川」による

図1-8　1990年（平成2）の船川地区
　　　　国土地理院　平成5年発行　1：25,000地形図「船川」による

はえ縄が969㌧、合計4,154㌧あったものが、98年には底びき網が731㌧、遠洋マグロはえ縄が107㌧、合計838㌧と、1/5に減少した。それに平行して、底びき網は16経営体から3経営体、遠洋マグロはえ縄は4経営体から1経営体に減少したため、多くの雇われ漁業者が漁業を離れた。つまり、船川地区における男子漁業就業者の減少は、沿岸漁業では地先の埋立てによる漁業権の放棄とハタハタ漁の不振、沖合・遠洋漁業では漁業資源の枯渇化や石油危機、200カイリ問題などが要因であった。このことは、80年に10㌧以上の漁船が31隻、10㌧未満は206隻有ったものが、98年には10㌧以上が11隻、10㌧未満は71隻に減少したことからも判断できる。

　国家石油備蓄基地を建設する際は、漁業を離れた人が作業員（最多時は1,500人）に雇われるなど受皿の役割を果たした。また、86年に船川地区と秋田地区を結ぶバイパス道路が開通したことによって、秋田市中心部と1時間で結ばれたため秋田地区に通勤が便利になったことも減少した一因であった。

(2) 年代別構成と地区別構成の変化

①年代別構成の変化　石油危機以降における男子年代別漁業就業者数をみると（表1－14）、78年は40歳代が全体の30.4％と最も多かったが、83年と88年は50歳代（同29.4％と32.1％）、93年以降は60歳代以上と成り、その割合も93年は41.1％、98年は50.6％、03年は54.5％と上昇が続いた。しかも、60歳以上に占める70歳以上の割合は、98年は31.9％、03年は40.5％に増加するとともに、小規模な漁業を営む沿岸漁業層が増えた。このことが、漁業就業者の高齢化と漁業経営の縮小を促したことは明らかである。

　県別にみると（表1－15）、78年は秋田・山形両県とも40歳代、83年と88年は50歳代が秋田県ではそれぞれ30.7％と33.5％、山形県では27.9％と30.2％と、最も多かった。93年以降は60歳以上層が最も多く、そのうち70歳以上が、秋田県では98年の239人から03年には312人、山形県では148人から166人に増加した。

　ここで、30歳未満を漁業後継者層、30～59歳を漁業担い手層と分けてみると、78年における本地域の漁業後継者は822人、83年は431人（全体比9.1％）、88年は67人、93年は47人と、大幅に減少した。そのため両県では継続的に漁業就業者の確保・育成事業を行った結果、98年は74人、03年は80人と、10年間に33人増加した。県別にみると秋田県では、78年が512人（全体比14.5％）

表1-14 両羽海岸地域における男子年代別漁業就業数の推移

	1978年	83年	88年	93年	98年	03年
～19歳	54人	32人	16人	1人	7人	9人
20～29	768	399	151	46	67	71
30～39	1,018	801	499	237	134	95
40～49	1,729	1,216	773	563	412	264
50～59	1,163	1,398	1,149	803	612	551
60～	957	915	997	1,152	1,262	1,184
(うち70歳以上)					(403)	(497)
計	5,689人	4,761人	3,585人	2,802人	2,494人	2,174人
1978年比		83.7%	63.0%	61.1%	54.4%	38.2%
60歳以上率	16.8%	19.0%	27.8%	41.1%	50.6%	54.5%

第6～11次「漁業センサス」による

※70歳以上については第10次漁業センサスから記載されている

表1-15 秋田県と山形県における男子年代別漁業就業数の推移

	秋 田 県					
	1978年	83年	88年	93年	98年	03年
～19歳	30人	14人	8人	1人	5人	3人
20～29	482	235	75	21	25	34
30～39	627	479	303	147	69	51
40～49	1,102	753	464	362	258	150
50～59	734	883	719	492	381	345
60～	547	515	579	688	751	723
(うち70歳以上)					(239)	(312)
計	3,522人	2,879人	2,148人	1,711人	1,489人	1,306人
1978年比		81.7%	61.0%	48.6%	42.3%	37.1%
60歳以上率	15.8%	17.9%	27.0%	40.2%	50.4%	55.4%

	山 形 県					
	1978年	83年	88年	93年	98年	03年
～19歳	19人	15人	6人	0人	2人	5人
20～29	261	147	72	24	36	32
30～39	332	283	179	77	56	39
40～49	547	405	262	170	131	90
50～59	379	462	387	265	185	169
60～	350	342	376	422	454	402
(うち70歳以上)					(148)	(166)
計	1,888人	1,654人	1,282人	958人	864人	737人
1978年比		87.6%	67.9%	50.7%	45.8%	39.0%
60歳以上率	18.5%	20.7%	29.3%	44.1%	52.5%	54.5%

第6～11次「漁業センサス」による

※70歳以上については第10次漁業センサスから記載されている

83年は249人、88年は83人、93年には最少の22人となった後は、98年は30人、03年は37人と、10年間で15人増加した。山形県では、78年が280人（全体比14.8%）、83年は162人、88年は78人と、10年間で202人減少し、93年には最少の24人となった。その後、98年は38人、03年は37人と、10年間で13人増加した。地区別にみると、青森県岩崎地区では5人、八森地区では3人、船川地区では2人、金浦地区では4人、酒田地区では5人、念珠ヶ関地区では2人など12地区で増加した。彼らは底びき網やイカ釣りなどに雇われた人と親の手伝い、漁業研修中の人に分けられた。また、天王地区にはイワガキ漁を行うため始めた人が居た。

　本地域の漁業担い手層は、78年には3,910人（全体比68.7%）居たが、88年は2,471人（同67.5%）、03年は910人（同41.9%）と、25年間で3,000人減少し、減少数全体の85.3%を占めた。その中で、秋田県では2,463人から546人と1,917人減少し、全体の86.5%、山形県では1,258人から298人と、960人減少し、全体の83.4%を占めた。このことから、漁業担い手層の大幅な減少が漁業就業者を減少させた最大要因であったことが分かる。

　一方、30歳代と40歳代で始めた人は、農業や商業・大工などの自営業であったが、50歳代で始めた人は定年間近の会社員が多く、いずれも船外機付き船で第二種兼業の漁業を行った。60歳を超えてから始めた人は会社員や団体職員・公務員を定年退職した人が多かった。

　②地区別構成の変化　漁業後継者と高齢化を促している年齢層の動態を見るため、83年と98年における30歳未満と55歳以上の地区別男子就業者の増減を示したのが表1－16である。なお、高齢化現象は65歳以上の就業者が増加しているためであるが、新規漁業就業者は定年間近の55～60歳と60歳以上の定年退職者に多かったことから、ここでは55歳以上を取り上げた。また、83年を取り上げたのは研究の目的と方法に記した通りであるが、98年を取り上げたのは、船川地区に国家石油備蓄基地が完成した95年以降、漁業就業者を減少させる大きな出来事が無かったためである。

　その結果、30歳未満と55歳以上がともに増加した地区、言い換えれば高齢化の進行が遅かった地区と、30歳未満は減少・55歳以上は増加した地区、すなわち、高齢化が顕著な地区、および、30歳未満と55歳以上がともに減少した地区、つまり、就業者の減少が著しい地区に分けることができた。それらをそれぞれⅠ型・Ⅱ型・

Ⅲ型と呼ぶことにした。なお、30歳未満は増加、55歳以上は減少したⅣ型に該当する地区は無かった。

詳しく見ると、Ⅰ型には岩崎と秋田南地区が該当した。この中で、岩崎地区の30歳未満層はベニズワイガニかご、あるいは底建網に雇われ、秋田南地区では親と共同する第二種兼業者であった。

Ⅱ型には岩館・八森・浜口・若美・北浦・畠・戸賀・男鹿南・天王・秋田・道川・本荘・象潟・酒田・飛島・豊浦の16地区該当した。秋田県にこの型が多いのは、若美・男鹿南・本荘など漁獲量が100㌧に満たない地区や、浜口・秋田・道川など最小級の地区が有るためである。ここで、55歳以上を50歳に置き換えてみると、Ⅱ型には浜口・若美・北浦・畠・戸賀・秋田・道川・象潟・酒田の9地区が該当し、他の7地区はⅢ型となる。また、55歳以上を60歳以上に置き換えると、Ⅱ型には秋田県の秋田南・沢目・能代・船川を除く16地区と、山形県の豊浦地区が該当する。このことは、年齢層が高くなるとともに漁業就業者が増加することを表している。

Ⅲ型には沢目・能代・船川・西目・平沢・金浦・遊佐・加茂・由良・温海・念珠ヶ関の11地区該当した。これらのうち沢目を除く10地区は沖合漁業・遠洋漁業な

表1-16 1983年と1998年における漁業地区別男子漁業就業者構成の変化

男子漁業就業者数	減　　　少		
30歳未満層 55歳以上層	増加 増加	減少 増加	減少 減少
型	Ⅰ型	Ⅱ型	Ⅲ型
地域名	青森県岩崎・秋田県北部地域	岩崎	岩館　八森　浜口	沢目　能代
	男鹿半島地域		若美　北浦　畠 戸賀　男鹿南	船川
	秋田県中央地域	秋田南	天王　秋田	
	秋田県南部地域		道川　本荘　象潟	西目　平沢　金浦
	庄内北部地域		酒田　飛島	遊佐
	庄内南部地域		豊浦	加茂　由良　温海 念珠ヶ関

「第7次漁業センサス」と「第10次漁業センサス」による

どを行っていたが、船川・平沢・金浦の3地区は政策減船で底びき網漁業が縮小、西目地区は消滅した地区である。能代地区はイカ釣りの消滅と能代火力発電所の建設、および能代港を整備するため地先が埋め立てられたこと、沢目地区は高齢者の自然減少が一因であった。山形県にⅢ型が多かったのは政策減船とイカ価格が低迷していることから、沖合漁業経営体・漁労体がともに半分以下に減少したためであった。ここで、55歳以上を50歳以上に置き換えてみると、Ⅰ・Ⅱ型に変わる地区は無かったが、55歳以上を60歳以上に置き換えてみると、Ⅲ型に残るのは沢目・能代・船川・温海の4地区、西目・平沢・金浦・遊佐・加茂・由良・念珠ヶ関の7地区はⅡ型となる。しかし、新たにⅢ型に成る地区は無かった。

ただ、小規模・零細な漁業地区に共通することは、60歳以上層が漁業を支えていたことであった。

2 漁業後継者不足

高度経済成長期前、本地域では漁業経営の中核を担った昭和1桁生まれの世代（1983年頃は50歳前後）は、中学を卒業すると父と一緒に漁業をした人や北洋漁業に出稼ぎした人が多かった。高度経済成長期以降は、高校進学率の向上とともに漁業を継がない子弟が増えた。水産高校に進んだ生徒の中には労働条件の良い県外のカツオ釣り漁船に就職した生徒や、漁業とは無縁の業種に就職したため、漁業を継ぐ生徒は極めて少なく、漁業後継者不足が顕著になった。

戦前から70年代中頃まで北洋に多く出稼ぎした西目地区海士剥集落では、当時の村長が甲板長や通信士などの資格取得講習を行い、資格を取らせて出稼ぎに送り出した[72]。彼等は出稼ぎで得た資金で「出稼ぎ御殿」と呼ばれた自宅を新築した。40歳代半ばで出稼ぎをやめると、農業と兼業しながら刺網などを行ったが、子息が漁業に就くことはなく、漁業就業者の高齢化と後継者不足が著しい。

金浦地区の小型底びき網漁業者（1938年生）は、「私は何の疑問もなく父の船に乗った。当時はそれが当然のことであった。しかし、漁業は私の代で終わってもよい」と話すなど他地区同様、子供に漁業を継がせることに消極的な漁業者が多い。一方、子ども（1961年生れ、78年当時は高校生）は「漁業は厳しい。地区内の会社は給料が高い。陸上勤務者と生活のリズムが異なる。友達と合う機会がない」などと漁業を継ぐ意志が薄く[73]、地区内のTDK、あるいはその関連工場に就職を希望する生徒が多かった。この背景には漁家所得の間口を広くしたいという思惑も

感じ取られた。

　水産高校が立地する船川地区でも同じ傾向がみられた。イカ釣り漁業者は漁獲量の減少に加えて燃油代や材料費等の高騰、イカ価格の低迷、労働の厳しさなどから子どもに漁業を継がせないと言い、子どもも継がないと言う。船川水産高校には90年代後半まで三重県のカツオ漁会社に就職する生徒が1～2人居たが、卒業と同時に地区内で漁業に従事した人は居なかった[74]。

　本地域では30歳未満層が僅かに増加しているとはいえ、3地区の事例から分かるように漁業後継者不足が続いている。

第3章　漁家経済の低迷と漁業経営の変化

I　漁獲高の減少

　70年以降における秋田県と山形県の漁獲高をみると（図1－9）、秋田県では77年の140億円をピークに、00～04年は40億円台、05年には39.6億円と、40億円を割った。山形県では82年の82.2億円をピークに、92～03年は30億円台、04年以降は30億円を下回っている。漁獲高がピーク時の50％以下に減少したのは、秋田県では87年、山形県では92年のことで、両県に差があるのは主要漁獲物の産地価格に差があったためである。すなわち、山形県では産地価格が好調なタラ類（82年469円/kg、95年629円/kg）やスルメイカ（同、783円/kg、同707円/kg）が多かったのに対して、秋田県では安価なホッケ（77年86円/kg、95年26円/kg）やハタハタ（77年257円/kg）、サバ類（95年35円/kg）などが多かったためで、漁獲量と漁獲高のピーク時が一致しないのも魚価の変動が原因であった。

　ピーク時と00年を比較すると、秋田県は45.5億円とピーク時の32.4％、山形県は32.0億円とピーク時の38.9％であった。同様に、05年を比較すると、秋田県は39.6億円とピーク時の28.3.％、山形県は28.4億円とピーク時の34.3％で、両県とも65％～70％の減少であった。

　83年と98年における個人経営体の漁獲高を100万円未満、100～500万

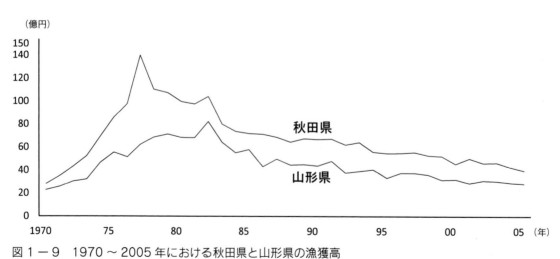

図1－9　1970～2005年における秋田県と山形県の漁獲高
　　　　　秋田県と山形県の「農林水産統計年報」による

円、500〜1,000万円、1,000万円以上の4階層に分けてみると、秋田県には100万円未満の経営体が、83年は375人（全体の44.0%）、98年は289人（同42.4%）居た。そのうち、0〜30万円は214人から143人に減少した一方で、0円は3人から58人と、55人増えた。山形県では、それぞれ204人（同32.5%）と154人（同28.1%）居たが、0〜30万円は67人から55人に減少したものの、0円は9人から21人と、12人増えた。ただ、両者を合わせた経営体数に大きな変化が見られなかったことから、漁獲高0円の経営体が増加したことが分かる。100〜500万円は、秋田県では両年とも37.7%、山形県では47.0%と45.8%で最も高かった。500〜1,000万円は、秋田県では7.6%から10.1%、山形県では10.7%から14.2%に上昇したが、これは経営体総数の減少によるもので、この階層の経営体が増加した訳ではなかった。1,000万円以上は、秋田県では10.7%から9.8%に低下、山形県では9.9%から11.9%に上昇した。このように、秋田県では100万円未満、山形県では100〜500万円の割合が最も高かったうえに、500万以上は山形県の方が秋田県より2〜6%高かった。これは、山形県に零細な漁業地区が少なかった事や、自給的な漁業を営む経営体が少なかったためと思われる。

　漁業種類別にみたのが表1−17である。秋田県の漁獲高第1位は、沿岸ハタハタ漁が好調であったことから定置網であったが、85年には小型底びき網、90年にはその他の刺網[75]に変った。第3位までをみると、80年までは小型底びき網と沖合底びき網など沖合漁業が全体の20〜30%程度を占めていたが、85年以降はその他の刺網と定置網が増加し、漁業部門別漁獲高の首位は、沖合漁業から沿岸漁業・定置網漁業と成った。

　山形県では、70年の漁獲高第1位は、底びき網が全体の19.9%、イカ釣りが18.9%であったが、85年はイカ釣りが17.7%、小型底びき網が11.9%、05年は小型底びき網が34.5%、イカ釣りが22.5%と、常にこの2漁業種類が支配的であった。そのため、漁獲物はスルメイカとスケトウダラが多かった。

　本地域の中で漁獲量が多い岩崎・八森・船川・金浦・酒田・飛島・念珠ヶ関地区における83年から5年ごとの1経営体平均漁獲高を示したのが図1−10である（ただし、ここに記した岩崎地区とは岩崎村漁協管内[76]を指す）。83年に比べて03年の漁獲高が唯一増加した岩館地区は、底建網漁とベニズワイガニかご漁が定着したことと漁業経営の改善が功を奏したことから、435万円から88年には

表1-17 秋田県と山形県における総漁獲高および上位3位までの漁業種類別漁獲高の割合とその変化

秋田県　　　単位　総漁獲高：億円、漁業種類別漁獲高の割合：%　　各年の「秋田農林水産統計年報」による

	1970年	75年	80年	85年
総漁獲高	28.1	85.9	99.7	72.0
1位	定置網　30.6	定置網　33.4	定置網　23.6	小型底　18.0
2位	はえ縄　14.5	小型底　11.6	小型底　16.9	他の刺網　15.3
3位	他の刺網　11.8	沖合底　11.1	沖合底　15.5	定置網　13.8

	1990年	95年	00年	05年
総漁獲高	66.9	54.8	46.1	39.6
1位	他の刺網　17.3	他の刺網　25.5	他の刺網　40.4	小型底　20.6
2位	小型底　14.9	小型底　14.9	定置網　24.0	他の刺網　17.7
3位	遠洋マグ　12.0	大型底　13.0	小型底　15.8	沖合底　13.7

山形県　　　単位　総漁獲高：億円、漁業種類別漁獲高の割合：%　　各年の「山形農林水産統計年報」による

	1970年	75年	80年	85年
総漁獲高	22.8	55.5	68.2	58.0
1位	イカ釣り　18.9	他の刺網　19.1	イカ釣り　30.5	イカ釣り　17.7
2位	小型底　17.5	小型底　18.7	小型底　23.3	小型底　11.9
3位	遠洋マグ　10.1	イカ釣り　18.0	他の刺網　15.4	他の刺網　6.8

	1990年	95年	00年	05年
総漁獲高	43.9	33.2	32.0	28.4
1位	小型底　22.0	小型底　33.1	小型底　32.8	小型底　34.5
2位	イカ釣り　21.2	イカ釣り　23.8	イカ釣り　25.0	イカ釣り　22.5
3位	他の刺網　12.5	他の刺網　13.3	他の刺網　9.0	定置網　8.5

※表中、定置網とは大型定置網と小型定置網を合わせたものであり、小型底とは小型底びき網漁、沖合底とは沖合底びき網漁、遠洋マグとは遠洋マグロはえ縄漁、他の刺網とはその他の刺網のことをいう。
※2：山形県における採貝漁による漁獲高の全県比は、00年は8.1%で4位、05年は7.7%で6位であった

448万円、93年には455万円、98年には533万円、03年には678万円と増加した。一方、減少した地区を減少率の大きい順にみると、飛島地区では、生活拠点を酒田地区に移した漁業者が多かったため、980万円から03年には222万円と、77.3%減少した。酒田地区でも2,550万円から、スルメイカ価格の低迷などによって88年は971万円、03年は613万円と、76.0%減少した。金浦地区では2,917万円と、本地域最大であったが、政策減船などで底びき網漁が縮小したことから93年は1,021万円と、1/3程度に落ち込み、一時的に改善されたものの03年には再び1,329万円と、83年に比べて45.6%の減少であったが、それでも本地域では最大であった。船川地区では漁獲量の減少と魚価の低迷などによって、910万円から03年には482万円と47.0%の減少、念珠ヶ関地区では921万円から707万円と23.2%の減少、八森地区では832万円から792万円と4.8%減少した。

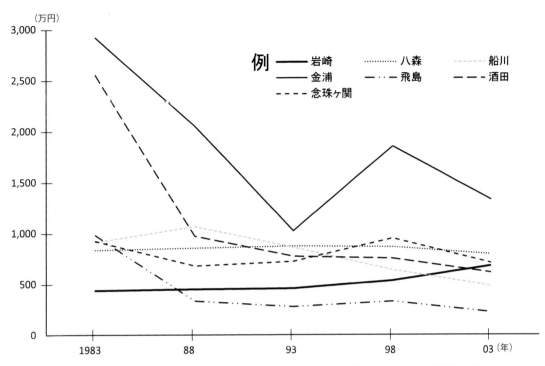

図1-10 主な漁業地区における1漁業経営体平均漁獲高の変化（1983～2003年）
第7～11次「漁業センサス」による

Ⅱ 産地卸売市場価格の低迷と漁家経済の変化

1 産地卸売市場価格の低迷

　わが国の産地卸売市場価格＊は（以下産地価格と記す）、1975年頃に動物性タンパク質の取得対象が水産物から畜産物に移ったことで低迷が始まり、水産物の輸入量が減少に転じた96年以降も回復しなかった[77]。本地域では全国の動きに10年程度遅れて、秋田県では86年、山形県では88年頃から下落に転じ、今日においても水揚量＊やブランド力を持つ水産物が少ないため低迷が続いている。

　75年以降の秋田県における産地市場＊の平均価格は[78]、漁獲量がピークの75年は233円/kg、77年は371円/kg、85年は424円/kgへと上昇が続いた。その後は価格の安いホッケ（41円/kg:87年）やマイワシ（12円/kg:93年）、サバ（96円/kg:98年）などの漁獲量が増えた一方で、価格の高い水産物が少なかったことから、87年は356円/kg、95年は361円/kg、00年は210円/kg、05年には

228円/kgと、低迷が続いた。

　山形県では[79]スルメイカの価格が好調であったため、75年は363円/kg、77年は521円/kg、85年は613円/kgと上昇したが、87年には563円/kgと下落に転じ、95年は205円/kg、00年は235円/kg、05年は367円/kgと、変動幅が大きかった。ちなみに、生スルメイカは75年が323円/kg、85年は754円/kg、翌86年にはピークの860円/kgと好調であった。しかし、95年は207円/kg、00年は282円/kg、05年は337円/kgと低迷が続いた。

　一般に産地価格は購入する量が多い買受人＊（仲買人）ほど影響力は大きくなる。小売価格は産地市場価格や消費地市場＊価格を経由して形成される。最近の消費者は捌く手間のない切り身やパック詰めなどに調理・加工された水産物を購入するため、調理前の状態で販売されるのは小形魚など僅かであることから、捌いた手間賃や容器代などが小売価格に上乗せされるのが一般的である。そのため、小売価格が鮮魚で販売するより割高となることを防ぐには産地価格を押さえる必要があった。また、品揃えが難しいことやブランド力を持つ水産物が少ないことも産地価格の低迷が続く一因であった。

　例えば、本荘地区ではマダイ釣りを行っているが、金浦市場には1～2尾単位で水揚げされることが多く、00年6月に0.5kgのマダイが2尾水揚げされ、410円/kgで取引きされた。一方、船川市場には大型定置網によるマダイが18㌧水揚げされ、金浦市場の2.5倍高い1,044円/kgで取引きされた。この違いは、水揚量の多寡が市場価格に影響を与えていることを表している。

2　漁業所得の低迷と漁業維持費の上昇

　70年以降、数値が公表されている98年[80]までの5年毎における、秋田県の漁家1戸平均漁業所得＊と漁家所得＊などを示したのが図1－11である。

　石油危機前の70年における漁業収入＊は140万円であった。それに対して、漁業支出＊は82万円、漁業収入から漁業支出を差し引いた漁業所得は58万円であった。漁家所得（108万円）に占める漁業所得の割合、すなわち、漁業依存度＊は53.7％と、家計の半分は漁業所得が支えていた。主な漁業支出は、雇用労賃（22万円）と漁具代（16万円）が多く、燃油代は6万円（支出額の7.3％）と少なかった。

　75年においては、漁業収入が260万円、それに対して漁業支出は92万円、漁業所得は168万円、漁家所得（266万円）に占める漁業依存度は63.0％であった。

主な漁業支出は、漁具と漁網費を合わせて27万円（前年比－18%）、減価償却費15万円（同－29%）であったが、燃油代は石油危機の影響から13万円と、58%増加した。

80年においては、漁業収入が245万円、それに対して漁業支出は108万円、漁業所得は137万円、漁家所得（359万円）に占める漁業依存度は38.2%で、初めて50%を割り込んだ。主な漁業支出は、減価償却費が55万円（全体比51.2%）と最も多く、次いで燃油代が22万円（同20.4%）で、石油危機前に比べて4倍に増え、石油危機の影響が拡大した。

85年においては、漁業収入が415万円、それに対して漁業支出は236万円、漁業所得は179万円で、漁家所得（388万円）に占める漁業依存度は46.1%と、80年に続き家計の50%以上が漁業外収入で賄われた。主な漁業支出は、減価償却費55万円、雇用労賃42万円、燃油代33万円と、この3項目で支出総額の55.1%を占め、80年に比べて雇用労賃と燃油代の増加が著しかった。

90年においては、漁業収入が427万円、それに対して漁業支出は240万円、漁業所得は187万円、漁家所得（507万円）に占める漁業依存度は36.9%であった。主な漁業支出は、減価償却費68万円、漁船代43万円、燃油代24万円、雇用労賃20万円であったが、燃油代は操業形態を縮小して節約し、雇用労賃は家族労働に切り替えて削減した。

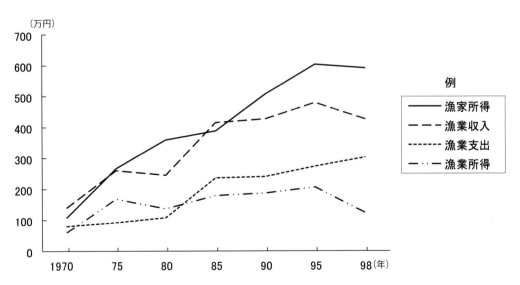

図1－11　秋田県における漁家1戸平均の漁家経済の変化（1979～1998年）
　　　　　　　　　　　　　　　　　各年の「秋田農林水産統計年報」による

95年においては、漁業収入が479万円、それに対して漁業支出は273万円、漁業所得は206万円であった。漁業所得が200万円を超えたのは、漁業支出を削減したためであった。漁家所得（603万円）に占める漁業依存度は34.2％と、家計を支える主たる収入源になっていなかった。主な漁業支出は、漁船・漁具代が61万円と最も多く、次いで雇用労賃35万円、燃油代26万円などであった。

　98年においては、漁業収入が426万円、それに対して漁業支出は302万円、漁業所得は124万円、漁家所得（591万円）に占める漁業依存度は21.0％であった。主な漁業支出は、雇用労賃59万円、減価償却費48万円、燃油代27万円などであった。燃油代は節約した効果で20万円台で落ち着いていたが、これ以上節約することは難しいと思われる。逆に、増えたのが雇用労賃と減価償却費であった。

　このように、漁業収入は28年間で3.8倍増加したのに対して、燃油代は4.5倍、雇用労賃は5.9倍、減価償却費は4.3倍に上昇するなど、漁業支出の増加が漁業所得の低迷を招く要因であった。漁業収入に占める燃料費の割合は、78年は6.1％であったものが82年には11.8％に増加し、78年の燃油代を100とした指数でみると、82年には224.1と、燃油代の上昇が漁業経営を圧迫したことは明らかであった。

　漁業収入の低迷・減少と漁業支出の上昇によって、80年に漁業依存度は50％を切り、97年（23.4％）以降は20％程度まで落ち込んでいることや、漁家所得と漁業所得の差が拡大していることからも判断できるように、家計は漁業外所得*で支えられる。

　燃油代や漁具・漁網の購入・修繕費などの漁業支出の他に、漁協に納める費用なども有る。例えば、秋田県南部地域で沿岸漁業を営む個人経営体は、漁協加入時は10万円の加入金を納めるほか、毎年、増資金2万円、5㌧未満の漁船1隻につき2万円、営む漁業種類1統ごとに1,050〜10,500円/統の行使権料*などを納める。例えば、イワガキの採貝（5,250円/年）と小型定置網（10,500円/年）、ハタハタ刺網（10,500円/年）を営む経営体の行使権料は26,250円/年である。また、漁獲物を水揚げした時は販売手数料*（販売価格の7％）と魚箱に入れる氷代（126円/箱）、箱代（箱代は買受人の負担であるが、漁師は10円/箱を拠出）などが課せられる。さらに、漁船保険など諸費用の負担も漁業収入を低迷させた一因であった。

　山形県の場合（図1－12）、70年においては、漁業収入が144万円であった。

それに対して漁業支出は56万円、漁業所得は88万円、漁家所得（142万円）に占める漁業所得の割合、すなわち漁業依存度は62.0%であった。主な漁業支出は、雇用労賃9万円、漁具代6万円、漁船代5万円、燃油代4万円などであった。

75年においては、漁業収入が410万円、それに対して漁業支出は161万円、漁業所得は249万円、漁家所得（360万円）に占める漁業依存度は69.2%であった。主な漁業支出は、雇用労賃（31万円）、漁具代（16万円）が増えたほか、燃油代は石油危機前の70年に比べて5倍の20万円に増えた。

80年においては、漁業収入が469万円、それに対して漁業支出は226万円、漁業所得は243万円、漁家所得（456万円）に占める漁業依存度は53.3%であった。主な漁業支出は、減価償却費51万円、雇用労賃40万円、燃油代は47万円で70年に比べて12倍、75年に比べて2.4倍に増加した。

85年においては、漁業収入が688万円、それに対して漁業支出は413万円、漁業所得は275万円、漁家所得（512万円）に占める漁業依存度は53.7%であった。主な漁業支出は減価償却費165万円、漁船・漁具代57万円、販売手数料29万円などであった。燃油代はスルメイカの価格が好調であったため、操業範囲と出漁時間を拡大させたことから70～98年の間では最高の96万円となった。

90年においては、漁業収入が737万円、それに対して漁業支出は432万円、漁業所得は305万円、漁家所得（657万円）に占める漁業依存度は46.4%と初

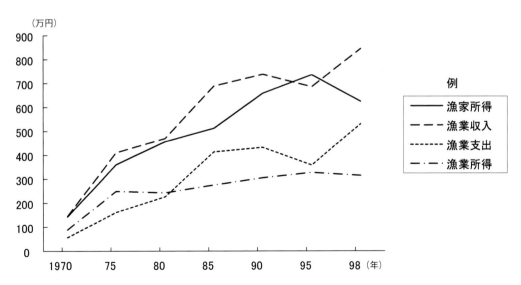

図1－12　山形県における漁家1戸平均の漁家経済の変化（1979～1998年）
　　　　　　　　　　　　　　　　　　　各年の「山形農林水産統計年報」による

めて50%を割り込んだ。主な漁業支出は減価償却費167万円、漁船代62万円、燃油代57万円で、この3項目で全支出額の66%を占めた。

　95年においては、漁業収入が685万円、それに対して漁業支出は358万円、漁業所得は327万、漁家所得（735万円）に占める漁業依存度は44.5%であった。主な漁業支出は減価償却費76万円、漁船代44万円、燃油代40万円などであった。

　98年においては、漁業収入が844万円、それに対して漁業支出は530万円、漁業所得は314万円、漁家所得（623万円）に占める漁業依存度は50.4%であった。主な漁業支出は減価償却費128万円、漁船代59万円、燃油代57万円などであった。

　山形県では燃油代を節約するため、イカ釣りではこれまで使用してきた集魚灯を放電灯に切り替え、底びき網では漁船の航行速度を落としたほか、夜間操業を昼間操業に切り替えて対応した。

　両県の漁家経済を比較すると、95年を境に秋田県では漁業収入・漁業所得とも減少に転じたが、山形県では漁業収入は上昇、漁業所得は横ばい傾向を示す。山形県が秋田県に比べて漁業収入と漁業支出が多かったのは、秋田県は沿岸漁業が支配的であるのに対して、山形県は沖合漁業の割合が高いためである。このことは、05年に漁獲量が1,000㌧以上の地区が、山形県には8地区中3地区有ったのに対して、秋田県には20地区中2地区と少なく、逆に100㌧に満たない地区は、山形県には無かったが、秋田県には9地区有ったことからも判断できる。

　両県の漁業関係者は、沖合で操業すればある程度の漁獲量は確保できると思うが、燃油代をカバーできる確証がないと言う。また、雇用労賃は家族労働に切り替えて対応した。それにもかかわらず、燃油代や材料費・漁業維持費などの支出が嵩み、漁業経営を改善するには至らなかった。

Ⅲ　流通経路と活魚販売の拡大
1　流通経路と道川地区の事例

　水産物の流通は多様且つ複雑であるが、大きくは市場を経由する系統流通（系統販売）と、経由しない（させない）系統外流通（系統外販売）に分けられる。前者は正規流通（販売）、後者は非正規流通（非正規販売）・市場外流通（市場外販売）とも言われ、最近拡大傾向に有る直接販売もこれに含まれる。本地域で確認できた6経路をそれぞれア型・イ型・ウ型・エ型・オ型・カ型と名付け、それを簡略に示

したのが図1-13である。この中で、ア～エ型は系統流通、オ型とカ型は系統外流通に属するが、系統外流通の全容を把握することは困難である。

ア型は最も基本的な型で、産地市場から消費地市場、小売店を経由して消費者に渡る経路である。なお、本地域の小売店はスーパーマーケットが多く、個人経営の小売店は僅かである。また、スーパーマーケットの店頭に並ぶ水産物は他県産、もしくは他県の消費地市場から入ってきた水産物が多い。この経路は産地市場の卸人と仲買人（買受人）、消費地市場の卸人と仲買人、そして小売店を経由するため流通を複雑にしているほか、それぞれの所で手数料と利益などが付加されるため、産地価格と小売価格に大きな差が生じている原因で有った。

イ型は、産地市場・小売店を経由して消費者に渡る経路である。産地市場を持つ地区の中には、買受人と行商を兼ねる主婦がリヤカーで地区内の家庭に売り歩く姿が見られた。この時の水産物は小振り・不揃い・少量であるため、購入量の多い買受人が買い控えた物が多かったが、その場で捌いてもらえることや新鮮で安かったことから消費者には貴重であった。しかし、スーパーマーケットの出現や彼女たちの高齢化とともに、秋田県南部地域では90年代末に消滅した。また、09年に食品衛生法が改正されたことを機に、自動車を利用した鮮魚移動販売業者の多くが廃業した。

ウ型は、生産者が消費地市場に水揚げする経路である。これには、産地市場を持たない秋田地区や、秋田港に入港した他県のまき網漁船が秋田市中央卸売市場に水揚げする例や、能代市場の閉鎖、および能代市浅内漁協と八竜町漁協が荷受け業務

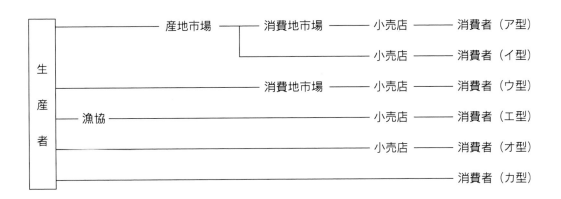

図1-13　本地域における水産物の流通経路
　　　　農林統計協会（平成5年）：「改訂農林水産統計用語事典」と現地調査による

を廃止したことを機に、両漁協の水産物は秋田市に本社を置く M 水産物卸売業社の能代市店に持込むように成った。

エ型は、市場設置者の漁協が直接小売店に販売する経路である。00 年代後半に山形県漁協が売買参加人*の資格を持つ大手スーパーマーケットと取引した時は、スーパーマーケット側の意向が強く、県漁協が考えた漁価に至らなかったと言われている。ただ、この経路に買受人が介在していないため、系統外流通と捉えられがちであるが、市場設置者の漁協が荷受けしたこと、販売手数料が納付されたことから、系統流通であると判断できる。

水産物は市場を経由させる系統流通が原則である。しかし、秋田県には共販制度が導入される以前に行われたイサバによる販売の名残りと思える系統外流通（販売）と、規制緩和などによる系統外流通が確認できた。沿岸ハタハタは前者、量の少ない水産物は後者で取引されていたが、その量は少なかった。ただ、系統外流通は現金で即時決裁されること、容易に取引できること、荷受けや仕分けの時間が軽減できること、販売手数料や氷代などの諸費用が節約できること、漁獲量が少量でも利益を得ることが可能であることから、小規模・零細な漁業者には都合が良かった。また、生産者が小売店や消費者に働きかけて販売する形態と、その逆の形態が見られた。09 年の系統外流通量は秋田県全体の 10％程度、魚種別には沿岸ハタハタが多かったと思われる[81]。

しかし、系統外販売を認めると産地市場の存在意義が薄れるとともに、販売手数料が入らなくなるため市場設置者の漁協は経営を圧迫されることになる。それでも、零細な漁業者と沿岸ハタハタに頼る漁業者を護るため、秋田県には系統販売を規定量以上行うこと、あるいは、販売手数料に相当する金額を漁協に納めることを条件に、系統外販売を認めてきた総括支所が有る。

オ型は漁業者が小規模な個人小売店に販売する経路である。しかし、取引量は少なかった。近年は漁業者の家族が水産物を提供する飲食店を経営する例や、漁業者と専属契約を結ぶスーパーマーケット、漁船を所有する大手スーパーマーケットなど、オ型の変形と思われる経路も存在する。

カ型は、漁業者が直接消費者に販売する経路である。沿岸ハタハタの漁期には、幹線道路沿いに簡易な Road side shop を建てハタハタを販売する例や、水産加工業者あるいは消費者が港に出向いて買う姿も見られる。最近はネット販売が増加傾向にあると言われている。

これらの系統外販売は、漁業は生産活動という従来の概念に、商業活動を加えた新たな形態と捉えることができる。

　道川地区にはア型の系統販売とオ・カ型の系統外販売が存在した。同地区を所管する秋田県漁協南部総括支所では30万円/年以上水揚げすること、言い換えれば、販売手数料に相当する21,000円/年以上納付することを条件に系統外販売を認めてきた。道川地区は金浦市場に40km離れているうえに、水産物を2箇所で積み替えられる不利な位置にある。00年は漁獲量9㌧のうち、ガザミとマアジが各1㌧獲れた。ガザミの市場単価は579円/kg、マアジは262円/kgであったことから、ガザミは1人平均23,160円/年、マアジは6,550円/年売り上げたことになる。仮にそれを30日間で獲ったとすると、ガザミの水揚量は1日1.3kg、水揚高は772円、マアジは1.3kgと218円になる。これを、それぞれ1箱に入れて水揚げしたとすれば、ガザミで得た収入は、772円から販売手数料54円（772円x7/100）と氷代126円/箱、箱代10円/個を差し引いた582円/日となり、マアジから得た収入は151円/日となる。これから、燃油代や労賃などを引くと、マアジから利益を得ることは難しいため、系統外販売されることが多かった。この時の販売価格は市場単価を参考としたが、売上高は少額であっても貴重な収入であった。また、沿岸ハタハタは系統販売と系統外販売で処理された。言い換えれば、道川地区に系統外販売の存在したことが、漁業が存続してきた一因と思われる。このことは沢目・能代市浅内・秋田南など零細な地区にも共通することである。

2　活魚販売の拡大

　近年、漁獲物の付加価値を高めるため始めた活魚販売*が拡大傾向にある。秋田県の場合、93年に天王地区では46経営体（地区比89%）、秋田南地区では39経営体（同68%）、本荘地区では33経営体（同83%）、北浦地区では30経営体（同25%）、船川地区では25経営体（同13%）、象潟地区では23経営体（同20%）、西目地区では23経営体（同66%）、岩館地区では19経営体（同37%）、八森地区では13経営体（同20%）など、県全体の24%に相当する308経営体が活魚販売を行った[82]。漁業種類別にはその他の刺網・その他のはえ縄・定置網、魚種別にはタイ類とフグ類などが多かった。活魚販売は出荷時期を調整できる利点はあるが、輸送される殆どが海水であること、輸送コストが高いこと、買い手の多くが首都圏などの飲食店に限られていたことなどが課題である。

Ⅳ 漁業経営の変化

1 個人漁業経営体の減少と専・兼業別構成の変化

78年以降における両羽海岸地域の個人漁業経営体は（以下個人経営体と記す）、2,584人から98年には1,631人、03年には1,495人と、25年間で1,089人減少した（減少率42.9％）[83]。そのうち、秋田県では1,647人から88年には1,258人、98年には1,018人、03年には909人と、25年間に738人（同44.8％）、山形県ではそれぞれ764人、638人、523人、482人と282人減少した（同46.9％）（表－18）。このような減少は全地区にみられた。

秋田県の主要5地区をみると（表1－19）、船川地区では331人から03年には139人と、25年間で192人（減少率58.0％）、八森地区では78人から46人と32人（同41.0％）、金浦地区では54人から29人と25人（同46.3％）、象潟地区では135人から92人と43人（同31.9％）、北浦地区では141人から98人と43人減少し（同30.5％）、この5地区合計で秋田県全体の45.4％を占めた。個人経営体の減少はこれまで述べてきたように、漁業資源の枯渇化や長引く石油危機の影響、魚価の低迷などによる漁業不振、および政策減船などに起因する直接的な要因と、他産業の発達による産業間格差の拡大、地先の埋立て、八郎潟の干拓など、社会環境の変化に起因する間接的な要因によるところが大きかった

98年における秋田県の1,018個人経営体の中で、漁船を使用しない経営体と無動力船を使用する経営体、および5㌧未満の漁船を使用する経営体は全体の87.5％を占めたが、その階層による漁獲量は全体の25.9％に過ぎなかった。また、漁家所得に占める漁業所得の割合、すなわち漁業依存度の29.1％は日本海北区平均の39.8％、全国平均の43.9％と比べても低いほか、漁船を使用する漁家の平均漁業所得も21.0％と、日本海北区の27.0％、全国平均の37.8％を下回った。しかも、個人経営体の81.3％が兼業であったことは、秋田県に小規模・零細な漁業を営む個人経営体が極めて多かったことを示している。

両羽海岸地域の漁業専業率は、78年の8.2％から88年には10.1％、98年には17.5％、03年には21.3％[84]に上昇した。県別にみても（表1－18）、秋田県では7.2％から03年には21.7％、山形県では12.8％から19.3％に上昇した。漁業専業とは漁業を専門の職業として生計を立てることであるが、専業率の上昇は地先で小規模・零細な漁業を営む高齢者専業型と称することのできる個人経営

表1-18 秋田県と山形県における個人漁業経営体とその専・兼業別構成

	秋　田　県				山　形　県			
	経営体数	専業	第一種兼業	第二種兼業	経営体数	専業	第一種兼業	第二種兼業
1978年	1,647	118	617	912	764	90	389	285
83	1,494	158	601	735	705	96	312	297
88	1,258	132	418	708	638	60	262	316
93	1,202	139	340	723	610	99	209	302
98	1,018	190	300	528	523	79	229	215
03	909	197	334	378	482	93	175	214

第6～11次「漁業センサス」による

体が増えたためである。秋田県では家計維持の中心者が漁業を営む率は33.1％であったが、その多くは漁業収入が100万円/年に満たない60歳以上の沿岸漁業者で、この年代が多い地区ほど専業率が高かった。逆に、漁業で家計を維持する専業率は数％程度と推測されるが、沿岸漁業者は皆無であった。秋田県の主要5地区においても（表1－19）、78年における八森地区の専業率は15.4％であったが、03年は23.9％、北浦地区では2.8％から6.1％、船川地区では13.6％から35.3％、金浦地区では7.4％から24.1％、象潟地区では3.7％から12.0％に、いずれも上昇した。これは高齢者専業型の増加にともなうもので、全ての地区に共通することであった。本地域の専業は、漁業所得で生計を維持する極少数の沖合漁業者と、年金収入と僅かな漁業所得に頼る多数の高齢者専業型に分けることができたが、本地域では後者の増加が専業率を高めた要因であった。ただ、由良地区の漁業就業者は鶴岡市や酒田市などの第二・三次産業に吸収されたことから、統計上は専業者の居ない地区となった。

専業から第一種兼業に移行した経営体が多い八森・金浦・象潟・飛島・由良・念珠ヶ関地区は、底びき網とイカ釣りなど沖合漁業が支配的であった。そのうち、漁業を生業とした飛島地区では1人平均の漁業収入が500万円を割り、底びき網が主体の八森と念珠ヶ関地区では採貝の地位が高まった。金浦と象潟では地区内に立地するTDKとその関連企業の発展によって、50歳未満の沿岸漁業者を中心に兼業化が進んだ。

第二種兼業率を見ると、本地域では51.7％から88年は39.0％、98年は34.8％、03年は43.1％で推移した。県別にみると、秋田県では55.4％から88年は56.3％、98年は51.9％（うち60歳以上の個人経営体は63％）、03年は

表1−19　秋田県の主要5漁業地区における個人漁業経営体とその専・兼業別構成

	八森地区				北浦地区			
	経営体数	専業	第一種兼業	第二種兼業	経営体数	専業	第一種兼業	第二種兼業
1978年	78	12	51	15	141	4	79	58
83	84	19	45	20	129	12	72	45
88	78	19	44	15	117	15	44	58
93	62	6	31	25	111	20	35	56
98	55	15	27	13	103	12	43	48
03	46	11	24	11	98	6	62	30

	船川地区				金浦地区			
	経営体数	専業	第一種兼業	第二種兼業	経営体数	専業	第一種兼業	第二種兼業
1978年	331	45	92	194	54	4	31	19
83	277	41	88	148	44	5	33	6
88	212	35	43	134	40	5	27	8
93	187	27	34	126	53	8	23	22
98	120	40	20	60	34	8	14	12
03	139	49	20	70	29	7	19	3

	象潟地区			
	経営体数	専業	第一種兼業	第二種兼業
1978年	135	5	101	29
83	121	7	106	8
88	123	9	59	55
93	109	8	68	33
98	94	15	44	35
03	92	11	55	26

第6〜11次「漁業センサス」による

　41.6％で推移した。山形県では37.3％から49.5％の間で推移したが、98年は41.1％のうち60歳以上の個人経営体は52.5％と、半数以上占めた。このことは、第二種兼業の減少と高齢者専業型の増加は表裏の関係にあることを意味している。このことが漁業規模が縮小した要因であった。

　第二種兼業率は沿岸漁業に頼る地区や、小規模な漁業を営む経営体が多い地区ほど高くなる傾向を示すが、漁獲量が増加した青森県岩崎地区（1998年：57.8％）と漁業規模が大幅に縮小した船川地区（同：50.0％）でも高かった。中でも船川地区の第二種兼業経営体が、194人から03年には70人に63.9％減少したのは、地先の埋立てやハタハタ漁の不振、漁業就業者の高齢化などによって、第二種兼業の沿岸漁業者が漁業を廃業したためであった。北浦地区ではハタハタ資源が多いと予想された年は第一種兼業が多くなり、少ないと予想された年は第二種兼業が多く

なる傾向を示した。

2　兼業形態の変化

　高度経済成長期以前における漁業は出稼ぎと組み合わせた兼業が多かった。ただ、岩崎地区と秋田県では北海道や北洋に漁業出稼ぎ[85]、農地が狭いうえに、中型底びき漁船の利用できる港が無かった庄内南部の小波渡(こばと)や堅苔沢(かたのりざわ)地区では大工、油戸(あぶらと)地区では船員、早田(わさだ)・小岩川(こいわがわ)地区では屋根葺き[86]と組み合わせるなど、兼業対象に違いがみられた。

　98年における本地域の兼業形態は、水産加工・民宿・遊魚案内業など漁業に関係ある業種と組み合わせた兼業（12.4％）と、農業・商業・大工など自営業や会社員などと組み合わせた兼業（58.2％）、およびイカ釣りや底びき網、あるいは他の漁業に雇われる兼業（21.3％）に分かれたが、出稼ぎと組み合わせた兼業は存在しなかった。

　漁業部門別にみると、沖合漁業者は出勤前、あるいは帰宅後に漁業を営むことが難しいため、過去には漁業出稼ぎなど場所を変えて漁業を行ったが、今日では漁家収入の拡大を図るため、漁期に合わせて数種類の漁業種類を営むなど、漁業経営の多様化が進んでいる。

　沿岸漁業者は漁業収入の目減りを補うため、操業日数や操業時間・操業海域などを縮小させ、積極的に兼業を行っている。第二種兼業には会社員（98年の全体比41.7％）や農業（同13.3％）・商業など自営業者が多く、中には漁業を副業的に営む経営体も存在する。言い換えると漁業と関係の薄い農業・商業・会社員などと組み合わせた第二種兼業が、小規模・零細な沿岸漁業を存続させてきた一因と言えよう。

　兼業の中で重要性を高めているのが潮干狩りや観光地びき網・磯釣り、船上釣りなど、遊魚者から料金を徴収して漁場に案内する遊魚案内である。ここでは日本標準産業分類に従って、磯釣り者を船で島に渡す業務と船上釣り者に船を利用させる業務を遊魚案内とした。遊魚案内者は必ずしも漁業経営体とは限らないが、遊魚案内で得た収入が漁業収入を上回る人も居た。83年に本地域で遊魚案内を営んだ漁業者は29人居たが、その後は砂浜海岸が広がる地区にも拡大し、98年には58人と、2倍に増えた。秋田県では6地区16人から8地区31人、山形県では4地区13人から6地区27人に増えた。その中で、秋田県では戸賀・道川など6地区で

増加、減少したのは岩館・北浦・金浦の3地区であった。山形県では飛島・加茂・由良・豊浦・温海・念珠ヶ関の6地区で増加したが、減少した地区は無く、酒田地区には存在しなかった（表1－20）。

　00年の飛島遊覧船組合資料によると、日中に釣り人を沖合の島に渡す場合の料金は1船当たり3人まで10,000円、島を変える時と弁当を届ける時は1人に4,800円加算された。9～19馬力の漁船で午前4時間もしくは午後4時間船上釣りする時は18,000円、20～29馬力の漁船では19,000円、30馬力以上の漁船では20,500円、午前・午後を通して利用する時はその2倍徴収された。その他に、釣竿や道具を借りる時も料金が加算された。釣客は5月上旬～9月の連休や週末に

表1－20　1983年と1998年の秋田県と山形県における漁業地区別遊魚案内業および民宿業を営む個人漁業経営体数

	1983年			1998年		
	個人経営体数	うち遊魚案内業	うち民宿業	個人経営体数	うち遊魚案内業	うち民宿業
岩　館	50	2	1	47	0	0
八　森	84	0	0	55	0	1
北　浦	129	5	0	103	4	0
畠	83	0	1	81	1	0
戸　賀	123	2	16	95	10	10
船　川	277	0	5	120	2	3
男鹿南	57	3	0	40	5	0
天　王	72	0	0	41	1	0
秋　田	16	0	0	14	0	1
秋田南	67	0	1	58	0	0
道　川	24	3	0	22	7	0
金　浦	44	1	0	34	0	0
象　潟	121	0	0	94	1	0
秋田県合計	1,494	16	24	1,018	31	15
遊　佐	91	0	0	67	0	2
飛　島	145	7	16	105	10	21
加　茂	69	0	0	48	5	1
由　良	57	1	3	39	2	3
豊　浦	63	4	0	51	5	0
温　海	59	1	0	40	3	0
念珠ヶ関	100	0	0	74	2	0
山形県合計	705	13	19	523	27	27
両県合計	2,199	29	43	1,541	58	42

「第7次漁業センサス」と「第10次漁業センサス」および現地調査による

※記載がない地区は、遊魚案内および民宿を営んだ漁業経営体が存在しなかった地区である。

多く、夏期は若干少なかった。また、冬期に磯釣りする人も居た。釣客は宿泊がともなうため宿泊費と弁当代のほかに、保険に入ることも課せられた。飛島では遊魚案内による収入が100万円／年を超える人も珍しくないといわれ、遊魚案内業は極めて重要な兼業対象であった。

09年の調査によると、秋田県南部地域では昼間6時間の乗船代は1人8,000円、夜間は10,000円であった。釣客は春から秋の週末や休日・祝祭日に多く、冬期にマダラ釣りする人も居た。同地域では休漁日を土曜日に設定しているため、遊魚案内を行うには都合が良かった。通常1隻に数人の釣客を乗船させるため、1回平均3万円を超える収入を得た。

民宿は交通アクセスの不便な地区に多い。83年と98年を比較すると（表1-20）、本地域では43人と42人で大きな変化は無かったが、秋田県では八森と秋田地区で各1人増えたものの、戸賀と船川地区合わせて8人減少したほか、岩舘・畠・秋田南で消滅したため5地区24人から4地区15人となった。山形県では飛島・由良の2地区19人から、飛島で5人増加したほか、遊佐で2人、加茂で1人始めたことから4地区27人となった。

6人減少した戸賀地区は、同地区に通じる道路が整備されたこと、5人増加した飛島地区は交通アクセスの不便さが要因であった。また、酒田地区には存在しなかった。

第4章　漁業経営の改善を目指した取り組み

Ⅰ　漁業資源管理とその効果

1　底びき網漁船を対象とした政策減船
(1) 底びき網漁業の発達と政策減船に至る経緯

わが国では 1913 年に島根県と茨城県の業者が発動機船による手繰網漁に成功して以来、動力船による底びき網漁業が始り、1917 年に島根県で動力による網巻揚機が考案されたことを機に主要漁業に成長した。秋田県では 1919 年（大正8）に始まり、1923 年以降急速に発達した。

底びき網漁業は急速に発達したことから、沿岸の資源を荒廃させたとして、沿岸漁業者が底びき網漁船を流失・破壊する事件や、底びき網漁業者が沿岸部で操業したとして送検される事件など、全国各地で紛争が起きた。政府は紛争を解決するため、1933 年に底びき網漁業の許可権限を大臣に一本化することや、操業許可件数を制限することを目的に旧漁業法を改正した。1937 年には機船底曳網漁業整理規則を制定して、底びき網漁船を減船する措置も執った。

その3年前の 1934 年には、日本海近海の底びき網漁場が狭隘なことが対立の原因として、秋田・石川・京都など日本海沿岸8府県は新漁場を開発するため沿海州沖合を調査したこともあった。

戦争によって壊滅状態になった漁業は、50 年代に魚群探知機や化学繊維製漁網が開発されたことを機に復興が進み、70 年代には好調な漁価と低廉な燃油代・材料費などに支えられて「わが国漁業の最盛期」を迎えるに至った[87]。その一翼を担ったのが底びき網漁業であった。

その一方で、海域の低層や中層に棲む水産動物を一網打尽的に捕獲する底びき網は資源枯渇の原因とか、資源回復が遅い底魚を捕るため資源管理が難しいので、何らかの規制が必要であると言われてきた漁業種類である。漁業資源の減少が著しくなると、目合の小さい網で操業するなど資源の枯渇化をさらに早めた。このことは、沖合底びき網の漁獲量が 77 年の 130 万㌧から 85 年には 69 万㌧、小型底びき網でも 50％以下の 35 万㌧に減少したことが示している。

そのような状況に対して、国は漁業資源の保護と漁業経営の改善を図るため、底びき網漁船を減船する措置を執った。減船は 1937 年と 1952 年にも行われたが、

3度目の今回は87年と92年の2回に分けて行われた。1回目は漁業資源枯渇防止と底びき網漁業の安定を図るため「特定漁業生産構造再編事業」に位置付け、2回目は「資源管理型漁業構造再編緊急対策事業」に位置付けて行われた。

減船実施前の85年と実施後の93年におけるわが国の底びき網漁船数を比較すると、沖合底びき網漁船は491隻から425隻に66隻減少（減少率13.5％）、小型底びき網漁船は14,960隻から13,144隻に1,816隻減少（同12.1％）、合わせて15,451隻から13,569隻に1,882隻減少（同12.1％）した。

(2) 本地域における政策減船

①秋田県の場合　秋田県では岩館・八森・船川・秋田・本荘・西目・平沢・金浦・象潟の9地区で底引き網が行われ、その漁獲量と全県比は、75年が9172㌧（全県比27.5％）、80年は8,988㌧（同42.6％）、85年は5,678㌧（同39.9％）と、秋田県を代表する漁業種類の一つであった。しかし、75年の漁獲量を100とした指数でみると、80年は98.0、85年は61.9に低下した。そのため、減船は止むを得ないことであったとは言え、漁業の主力を成していたことや、1経営体1漁船方式で行われてきたことから、大きな影響を受けることは必須であった。

減船隻数は国が各県に割り当て、県はそれを各漁協に割り当てる方法が執られ、減船に応じた経営体は漁船を廃棄することが義務づけられた。

87年に実施された1回目の時は、76隻のうち19隻対象となった。内訳は沖合底びき網漁船は29隻中9隻（減船率31.0％）、小型底びき網漁船は47隻中10隻（21.3％）で、15隻がスクラップ、4隻が魚礁造成のため沈船処理された。

地域別にみると、北部地域では17隻中3隻（沖合11隻中3隻、小型6隻中0）、男鹿半島地域では14隻中7隻（沖合9隻中5隻、小型5隻中2隻）、南部地域では44隻中9隻（沖合8隻中1隻、小型36隻中8隻）と、北部地域と男鹿半島地域では沖合底びき網漁船、南部地域では小型底びき網漁船が多かった。その結果、沖合底びき網漁船が20隻、小型底びき網漁船が37隻、合計57隻残った。

減船数が最も多かった南部地域を地区別にみると、西目地区では1隻中1隻、平沢地区では9隻中1隻、金浦地区（写真1-5）では26隻中6隻、象潟地区では8隻中1隻減船され、5隻がスクラップ、4隻が魚礁用に沈められた。減船した金浦地区の経営体の中には補償金で仕出し屋などを開業した人が居た。また、雇われ漁業者の中には地区内のTDK関連工場に転職した人もみられ、83年に203人居た男子漁業就業者は、93年には103人に100人減少した。

写真1-5 政策減船実施前における金浦漁港の底びき網漁船
1983年2月 筆者撮影

1回目の補償総額2億7,842万円のうち、沖合底びき経営体には1億9,952万円（1隻平均2,222万）が国4/9、県2/9、市町1/12、漁協1/12、残存者1/6の割合、小型底びき経営体には7,889万円（同790万円）が国1/3、県1/3、市町1/12、漁協1/12、残存者1/6の割合で支払われた。残存者とは底びき網漁業を継続した経営体のことで、彼らには1経営体平均120万円程度の「とも補償」と呼ばれた補償金の拠出が義務づけられた。2回目の時は10隻（沖合5隻、小型5隻）減船され、平均1,589万円の補償金が支払われた[88]。

②**山形県の場合**　底びき網は全地区で行われた。75年の山形県における底びき網の漁獲量は12,098トン（全県比55.0％）であったが、80年は3,910トン（同27.7％）、85年は3,090トン（同29.9％）と、減少が続いた。それでも底びき網はイカ釣りとともに山形県の主要な漁業種類であった。ただ、75年に漁獲量が多かったのは、80年に廃業した遠洋底びき網（北転船）の漁獲量7,710トンが含まれていたためである。1回目の時は74隻中10隻、2回目の時は2隻対象となり、それに対する補償額と負担割合は秋田県と同じであった。

(3) 政策減船実施後の状況

減船後も本地域の漁獲量は、93年の6,499トンから98年は4,862トン、05年は5,202トンと、93年に比べ20％の減少で減船前に回復することはなかった。秋田県では3,979トンから2,806トン、2,831トンと76％の減少、山形県でも2,520トン、2,056トン、2,371トンと48％の減少であった。82年と05年を地区別に比較すると、船川地区では5,610トンから211トンと96％減少したのを最高に、岩館地区では1,723トンから332トンに81％、酒田地区では890トンから207トンに77％、金浦地区では2,491トンから750トンに70％、八森地区では1,345トンから582トンに57％、念珠ヶ関地区では1,420トンから1,265トンに11％、豊浦地区では242トンから237トンに2％減少す

るなど、減少は全ての地区に及んだ。これは漁業資源の枯渇化が減船の効果を上回ったためと思われるが、ただ、由良地区では採貝・小型定置網・はえ縄などを取り入れて総漁獲量を100㌧増やし、豊浦地区では定置網の拡大を図った結果、その漁獲量が108㌧から625㌧に増えた。

　秋田県の操業地区と経営体を減船前と比較すると、秋田と西目地区では消滅、本荘地区では自主廃業したため、9地区から6地区に減少するとともに、沖合底びき網は29経営体から14経営体、小型底びき網は46経営体から22経営体と、いずれも半数以下になった。山形県では消滅した地区は無かったものの、自主廃業や沖合底びき網から小型底びき網に切り替えた経営体が有ったため、沖合底びき網は2経営体から1経営体、小型底びき網は105経営体から48経営体となった。

　秋田・山形両県の底びき網経営体のほとんどが所有する漁船は1隻のため、政策減船は底びき網経営体と漁業就業者を減少させる一因となった。その一方で、由良と豊浦地区のように、経営方法を見直す機会と捉えて漁獲量を増加させた地区もある。

　減船後は、①夜間操業を昼間操業に切り替え、②操業海域を漁港周辺の前沖に縮小、③休漁期は採貝、④他の漁業種類を取り入れた多角経営、⑤他の漁業種類の拡大を図るなど、縮小と変容をもたらした。それでも底引き網は依然として主要な漁業種類であることに変わりはなかった。

2　秋田県におけるハタハタ漁の全面禁漁
(1)　全面禁漁にいたる経緯

　これは秋田県が行った資源管理である。

　図1-14に示したように、52～05年における秋田県のハタハタ漁獲量は、58年頃までは1,000～2,000㌧程度であったが、63～75年の13年間は10,000㌧を超え、豊漁期と呼ばれた。その後は減少に転じ、83年には357㌧、91年には70㌧と、ピーク時（66年：20,607㌧）の0.3%まで大幅に減少し、秋田県漁業のシンボル的存在のハタハタ漁は壊滅的な状態に陥った。そのため、同資源の回復を図る一助として、84年にハタハタ稚魚の放流を始めたほか、94年にはその放流数を500万尾/年に増やすとともに藻場の造成と整備を進めた。しかし、回復することは無かった。

　このような事態に対して、秋田県は92年から3年間に渡ってすべてのハタハタ

漁を禁漁とする、過去に例をみない措置を執った。

　その経緯を『県民魚「ハタハタ」の資源管理』[89]から引用する。ハタハタ資源の枯渇化対策は92年1月10日の秋田県漁業協同組合連合会（以下県漁連と記す）理事会で「ハタハタ資源増大対策」を協議したことから始まった。それを受けて、2月10日の緊急漁協組合長会議で「ハタハタ漁の全面禁漁を含めて可能な限りの資源管理対策の実施」の検討を始めた。全面禁漁が議題となったのはこの時が最初であった。その際、各地区のハタハタ漁を把握するため、秋田県は県漁連と合同の地区説明会・検討会を開催することを決めた。説明会は92年4月18日の秋田県南部漁協管内の金浦地区を皮切りに、平沢・西目地区、象潟地区、船川港漁協管内、男鹿市漁協管内、そして5月9日の秋田県北部漁協管内まで6カ所で行われた。

　ハタハタ漁が盛んな男鹿半島地域の説明会は、男鹿半島南岸地区で組織する船川港漁協では4月25日、男鹿半島北岸地区を所轄する男鹿市漁協では5月2日に開かれた。しかし、船川港漁協管内では沿岸ハタハタ漁と沖合ハタハタ漁の両方が営まれてきたのに対して、男鹿市漁協管内では沿岸ハタハタ漁のみが行われてきた

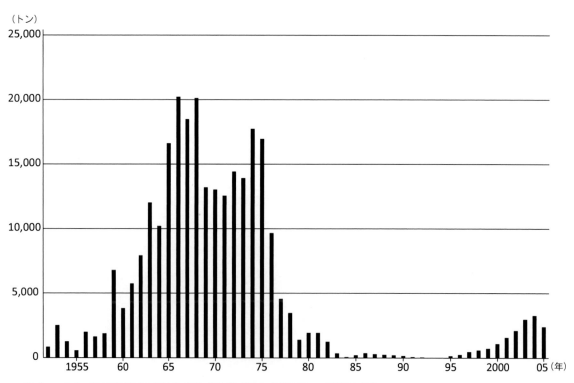

図1-14　秋田県におけるハタハタの漁獲量（1952～2005年）
　　　　東北農政局秋田統計情報事務所：各年の秋田農林水産統計年報より作成

ため、意見調整に手間取ることが多かった。また、沿岸ハタハタ漁業者と沖合ハタハタ漁業者の間にも、成熟前のハタハタを獲る底びき網を禁止すべきとか、刺網を禁止すべきという意見や、資源枯渇の原因は沿岸ハタハタ漁、あるいは沖合ハタハタ漁の乱獲にあるなどと対立することも多く、説明会を開く趣旨が理解されていないことも有ったと言われている。そのような中で、船川港漁協管内の南平沢地区で行われる刺網は、共同制と輪番制を併用していることや、沿岸ハタハタ漁のモノカルチャー的構造を示す男鹿市漁協管内の北浦地区では、小型定置網は時化に弱い構造になっているため無理な操業は行っていないこと、網目の大きさを制限していること、刺網は産卵群に与える影響が大きいことなどを説明すると、県関係者は初見のことと応えるばかりで、漁業者と県関係者の間に知識の差があることが分った。

　説明会で出された意見が多岐に及んだことから、県と県漁連では「全面禁漁ができるのか」とか、「実施した場合の問題点とその対策をどうするのか」、「県の具体的な支援項目」などの議論が繰り返えされるばかりで、全面禁漁を実施することは困難だろうとの思いが強かったと言う。

　この頃、秋田県水産振興センターでは、全面禁漁を実施した場合、資源量は3年間で2.1倍、5年間で3.2倍、10年間で9.9倍に回復するとの予測を出した。このことが契機となって、協議会は「全面禁漁を実施する」方針を固めた。その根拠となったのが、この予測が精緻で説得力を持っていたためであり、禁漁期間を3年間とした根拠もこの予測結果によるものであった。

　同じ頃、東北農政局秋田統計情報事務所能代出張所はハタハタに関する秋田県民の意識調査を行っている。その結果を同所編集の「ブリコハタハタの海」から引用すると、ハタハタを食べると回答した家庭は全体の92.8%、そのうち、価格が高くても買うとしたのは7.3%、購入量を減らすとしたのが28.2%、サイズの小さい安価なハタハタを買うとしたのが8.2%、合計43.7%が購入すると回答した。産地別には秋田県産のハタハタを食べるとしたのは51.8%、意識しないが19.1%、合計70.9%が食べると回答し、秋田県民の食生活に定着した食材であることが示された。さらに、回答者の95.5%が資源の管理は必要であると回答するなど、全面禁漁策を支持していたことも示された。

　漁業関係者に対するアンケートでは「思い切った漁獲規制が必要である」との回答が多かったことを根拠に、7月8日以降の漁業業種別会議と地区説明会には全面禁漁を行う方針で臨み、8月29日の全県組合長会議で決定することにした。沖合

ハタハタ漁が始まる2日前のことであった。後は県および県漁連と底びき網業者・沿岸ハタハタ業者との最終調整を残すのみとなり、休漁期が9月1日に開ける底びき網漁業者とは8月31日、沿岸ハタハタ業者とはその後に行い、両者から合意を得た上で正式に決定する運びとなった。

しかし、8月31日に予定された秋田県北部漁協所属の底びき網業者との調整会議は、当日の朝刊に禁漁実施の記事が掲載されたため、底びき網業者は会議が開かれる前に記事が出たことに反発し、不調に終わった。そのうえ、10月1日まで県と底びき網業者の間で、全面禁漁に対する支援策などの協定を締結しなければ全面禁漁は認められないという意見が出されたため、禁漁は先送りされることとなった。

協定締結までの猶予は1ヶ月間と限られたことから、県漁連は禁漁を実施した場合の具体的な支援項目について調査を行い、その結果をもとに後記するような要望案を作成し、9月29日の組合長会議で承認された。このような経緯を経て、県と県漁連は、10月1日付けで92年（平成4）10月1日から95年（平成7）6月30日[90]まで、秋田県地先海面におけるすべての漁業種類において、ハタハタの採捕を禁止するという「はたはた資源管理」協定を結んだ。

秋田県の動きに1年余り遅れた93年（平成5）3月15日、水産庁はハタハタ漁に関わる秋田・山形・新潟・青森4県による第1回協議会を開催した。この協議会は同漁が再開されるまで7回開かれたが、協議内容は秋田県の資源管理に他の3県はどのような協力が出来るか、ということに有った。3県からハタハタ漁の地位は秋田県のように高くないこと、漁獲量は少ないうえに多くは底びき網によるものであること、ハタハタに寄せる県民の意識は高くないことなどから、禁漁することは困難であるが、秋田県の全面禁漁には協力するとの確約を得たため、国は秋田県の計画を了承した。

(2) 資源管理案の策定と沖合部会および沿岸部会の対応

①**資源管理案決定までの経緯**　92年3月30日の漁協参事・担当課長に対する説明会では、資源管理の基本方針や進め方などを協議する予定であった。しかし、禁漁によって年末の収入が絶たれる沿岸ハタハタ漁業者への対応や、漁期の異なる沿岸ハタハタ漁と沖合ハタハタ漁との調整、ハタハタ漁の実態が地区毎に異なることなど、解決すべき課題が多かった。そのため、資源管理計画の策定は底びき網漁業者・沿岸漁業者・各漁業地区代表者と協議を重ねながら進めることにした。

策定作業は地区毎にハタハタ漁の歴史や操業形態が異なるため、各地区の実態を

把握することから始めた。この実態把握は、県と漁業関係者の間にみられた知識の格差を埋める役割も果たした。

　資源管理計画は「獲りながら資源を増やす」ことを大前提に、毎年実施する各種の調査を基に資源量を推定し、その半分を漁獲可能量[91]と定め、その範囲内で漁獲枠を決めることになった。同時に、底びき網のハタハタ漁経営体を1/3、定置網を1/5、刺網を2/5削減することも盛り込むことになった。この管理計画で示された漁獲可能量とは、国連海洋法で義務付けられた生物資源の漁獲可能量（TAC:Total Allowable Catch）に従ったもので、秋田県版TACと位置付けられるものであった。解禁初年のハタハタ資源量は360㌧と推定されたことから、漁獲可能資源を180㌧としたうえで漁獲枠を170㌧と定め、沖合漁業地区委員会（以下沖合部会）と沿岸漁業地区委員会（以下沿岸部会）にそれぞれ85㌧配分したほか、漁獲量がそれを超えた時は、事前に設定した＋α、つまり漁獲可能資源量（180㌧）―漁獲枠（170㌧）＝10㌧の中で対処することにした。

　禁漁期間中の問題点として、①収入が減少すること、②底びき網はハタハタ生育域の操業が制限されるため操業海域が狭められること、③浅海域資源への影響、④不要漁具の処理、⑤就労の場が喪失することなどが指摘された。それを踏まえ、漁師側からは、資金融資や養殖業への転換支援、他県への協力要請、代替漁業の申請は速やかに対処して欲しいことなど、漁協からは販売事業と解禁後の健全経営に向けた融資、不要漁具等の買い上げ助成などが要望された。また、県漁連は底びき網漁業に関する再編整備などを要望した。

　これに対して県は、①禁漁による漁業者の減収を補う融資を行う。②収入減には資金を低利で長期貸付する。③沖合ハタハタ漁で不要になった漁船・漁具の処理等に助成金を交付する。④禁漁で不要になる沿岸ハタハタ漁の漁具を買い取る漁協に費用を助成する。⑤沿岸ハタハタ漁の代替漁としてヤリイカの底建網を試験導入することなどを回答した。その中で、①と②については禁漁中の貸付利率を0％、解禁後は3％、償還期限を7年（うち3年は据え置き）とし、国と県の事業に位置付ける。③の費用は、国が4/9、県が2/9、小型底びき網業者が1/3を負担することにした。そのほかの要望事項は県が支援する。その他にも、マダイやヒラメの放流事業を拡充させること、ハタハタ種苗生産および藻場の造成事業など、支援範囲を拡げて、漁業者の不安解消に努めることにした。

　②沖合部会の対応　沖合部会は岩館・八森・船川・西目・平沢・金浦・象潟の7

地区、41経営体で構成された。

　県漁連は沖合部会に92年の漁獲枠を85㌧、12月31日まで操業期間とすることを提案した。これに対して、八森、岩館地区ではハタハタ漁場が狭いため、漁獲量が制限されると個人操業から共同操業に代えなければ深刻な問題が生じかねないとして態度を保留し、船川地区は漁獲量規制は困難という意見が多いので同意は難しいと回答した。しかし、95年9月14日の沖合部会の際に、85㌧を超えた場合は超えた量を+αに含めると回答を得たことから漁獲枠を了承した。また、地域別配分割合を北部地域には45、船川地区には45、南部地域には10とすることにした。

　③沿岸部会の対応　県内全漁業地区の沿岸漁業者で構成される沿岸部会では、地区毎に規模や形態が異なるため、漁獲枠を了承するまで難渋した。例えば、北浦地区では漁獲枠を沿岸部会に多く配分すべきと主張、同地区に隣接する五里合(いりあい)地区では沿岸部会に6割配分すべきと主張するなど、沿岸部会と沖合部会に均等配分したことに対する不満や、沖合ハタハタ漁が沿岸ハタハタ漁より早期に始まることに対する懸念などが出された。また、沿岸ハタハタの漁獲量のうち、小型定置網（ハタハタ定置網）の占める割合が、65年は99.5%、80年は97.3%と極めて高かったが、刺網による割合が85年には10.2%、90年には61.7%に高まるとともに、小型定置網漁業者と刺網漁業者の間にも考え方の相違が目立ち始めた。しかし、漁獲可能量を170㌧とした提案は止むなしという共通認識を持っていたため、85㌧の漁獲枠に同意したのは沖合部会に比べ10日余り早い9月2日であった。

　地区別に配分する協議では、実質的な漁期は1ヶ月に満たないことや、県北部・男鹿半島・県南部では初漁日が数日ズレることから、各地区を同一に扱うことは無理との意見が出された。そのため、漁獲枠の配分を①地区別に配分する案、②全漁業地区をオープンにしたオリンピック方式とする案、③両方を併用した案の3案を提示したが、合意を得ることができなかった。そこで過去5年間の実績、漁業経営体数、着業統数等をもとに策定した案を提示した。それでも合意に至らなかったので、+αの10㌧を沿岸部会と沖合部会にそれぞれ5㌧配分する案を示した。つまり、沿岸ハタハタの漁獲枠を90㌧とする案を示したことで、漸く沿岸部会の合意を得ることができた。

　11月22日の「ハタハタ資源対策協議会沿岸漁業部会」では、地区別配分方法を地区平等割（漁獲枠比の2割）、漁獲実績割（同6割）、就業者数・網の操業統数割（同2割）で行い、漁獲実績が無い地区には、地区平等割のみとすること、

12月26日以降はオリンピック方式に切り替えることなどが、漁の始まる直前に決まった。

　保護区域を設けることについては、八森地区では岩館寄りの2カ統を廃場とすること、北浦地区では水深1.5m以浅を保護区域とすること、船川地区では10カ所設けることなどを示し、いずれも了承された。

　小型定置網（ハタハタ定置網）の統数については、北浦地区では1統を5人以上の共同操業にしたうえで禁漁前の94統から40統に削減すること、船川地区では128統から100統に減らすことなどを示し、いずれも了承された。

　刺網は小型定置網漁に比べて資材費が安いこと、1人で操業できること、漁獲量が少なくても採算が取れ易いことから、漁労体*数は小型定置網を上回っている。協議の際は、刺網漁業者から水深の浅い場所を保護水域に設定されると、刺網を設置できる場所が狭められることや、時化ても網が流失しない深さに設置したいため、網目数[92]を50目以上にしてほしい旨の要望が出された。それに対して定置網漁業者は、網目数を多くすると産卵群の先取りが行われることになり、底びき網と変わらないので反対だという意見や、刺網は産卵群に与える影響が大きいため資源管理上許可すべきでないという意見が出るなど、刺網漁業者と定置網漁業者の間に意見の確執が目立った。そのようなことを調整した結果、定置網と刺網に漁獲量は割当てないが、刺網の統数を減らした分、1統当たりの就業者を増やすことを条件に刺網を認めた。これを受けて、船川地区では97年（平成9）まで刺網を行わないことにした。また、北浦地区では2m以浅に設置しないこと、目合は1寸6分以上、高さは50目とすること、5人以上の共同操業とすること、日中の操業と船外機付き船を使った操業を禁止することにした。八森地区では産卵保護区域内の刺網を禁止したほか、網目数を150、着業統数を解禁前の90統から65統に減じ、1隻に1統許可することにした。

(3) 再開後のハタハタ漁

　95年10月1日、ハタハタ漁が再開された。漁獲量は資源管理下にあるため禁漁前と単純に比較できないが、95年は143トン（漁獲可能量の84%）、96年は244トン（同111%）、97年は469トン（同130%）と増加し、00年には1,085トン、05年には2,402トンと、全面禁漁の効果が認められた（図1-14）。同時に、資源管理の重要なことが漁業関係者のみならず、県民全体にも広がるなどの効果ももたらした。

表1−21 青森・山形・新潟3県における底びき網漁に関わるハタハタ資源管理

県 名	管 理 内 容			
青森県	休漁日設定	全長制限(15cm)	6月休漁（一部地区）	漁具制限（季節ハタハタ）
山形県	休漁日設定	全長制限(14cm)	網目制限(1寸5分～1寸7分)	
新潟県	休漁日設定	全長制限(14cm)	禁止制限(2ヶ月)	

秋田県（平成10年）：『県民魚「ハタハタ」の資源管理』による

　漁獲枠は、毎年10月に開催される「ハタハタ資源対策協議会」で決定されるが、当初、沖合・沿岸各部会に均等配分されていたものが、今日では沿岸6割、沖合4割となっている。沿岸ハタハタ漁の開始日は接岸時期が遅れている傾向にあることから、北浦地区ではこれまでの11月下旬から12月1日に遅らせた。

　山形・新潟・青森の3県は、99年（平成11）4月から「北部日本海海域ハタハタ資源管理協定」に従って、沖合ハタハタ漁の休漁日を、消費地市場が休市日の前日とすることや、全長制限の設定、小型底びき網の袋網目合を1寸5分以上（3～6月は1寸7分以上）とすること、小型魚の混獲が多い海域における操業を避けることなどで（表1−21）、秋田県の資源管理に協力している。

3　天然イワガキの資源管理
(1) 天然イワガキ漁
　これは秋田県と山形県の漁協がそれぞれ継続的に行っている資源管理である。
　天然イワガキ（以下イワガキと記す）は外洋に生育する性質を持つため、内湾性のマガキに比べて養殖が難しく、わが国では島根県の西ノ島や三重県の的矢湾で行われている程度である。秋田県と山形県では、それぞれ独自のイワガキ資源管理組織[93]を立ち上げて、漁の規制と実験的な漁場の再生および稚貝の放流に取り組み始めたところである。
　本地域のイワガキ漁は、箱メガネで海底を覗きながらヤシと呼ばれる股の付いた道具で採っていたが[94]、近年は「カキ起こし」と呼ぶ幅3～5cm、長さ25～30cm、厚さ数mmの金属製ヘラ、もしくは大工道具のバールに似たJ字状の道具を使い、素潜りで岩に着いたイワガキを引き剥がしている。イワガキ漁は底びき網の休漁期における代替漁として始まったため、漁期を7・8月の2ヶ月に限っている地区が多いのはこのためである。
　イワガキの旬はマガキの端境期にあたる夏であることや、輸送手段の発達などに

よって需要が増し、夏期における収入源として重要性が高まるとともに、今日では砂浜海岸に設置された波消しブロックに着いたイワガキに漁業権を設定する地区が現れ、イワガキ漁を営む地区が増加している。

漁師は「イワガキを獲った跡にカキは再生しにくいので、資源量は減る一方」と言うように資源は減少傾向を示す。その要因には採貝量が生育量よりも多いこと、採貝可能な大きさに成長するまで数年要すること、生育する海底・水質の汚染、イワガキの養殖技術が遅れていることなどが考えられる。そのため、資源の枯渇化を食い止めるとともに、夏期における収入を確保するため、採貝方法や期間・数量・大きさなどを定めて資源保護に努めている。

(2) 秋田県の取り組み

00年における秋田県のイワガキ採貝量は石川県とともに全国トップクラスで、冬期のハタハタ漁とともに重要な地位に有る。

イワガキ漁は、男鹿半島地域と鳥海山西麓に位置する県南部の象潟・金浦地区で行われてきたが、94年頃に白神山地西麓の北部地域でも始まった。

秋田農林水産統計年報ではイワガキをその他の貝類の中に含めていたが、93年以降独立した項目となった。それによると、93年の採貝量は299㌧、採貝高は1.4億円で漁獲高全体の2.2％を占めた。地域別には、南部地域が248㌧、男鹿半島地域が51㌧、北部地域が0㌧、地区別には、象潟地区が198㌧、金浦地区が50㌧、船川地区が30㌧などであった。95年の採貝量は201㌧、採貝高は1.3億円で全体の2.4％を占めた。地域別には、南部地域が110㌧、男鹿半島地域が78㌧、北部地域が12㌧、地区別には象潟地区が85㌧（93年比－113㌧）、船川地区が51㌧などであった。00年はそれぞれ452㌧・2.0億円・4.4％と、いずれもピークであった。地域別には、男鹿半島地域が234㌧、南部地域が120㌧、北部地域が97㌧と、95年に比べて男鹿半島地域と北部地域では増加、南部地域では減少した。地区別には、船川地区が149㌧と、95年に比べ3倍程度増加したが、象潟地区では85㌧と停滞した。05年はそれぞれ355㌧・1.8億円・4.5％で、漁獲高全体に占める割合が上昇した。地域別には、南部地域が134㌧、男鹿半島地域が130㌧、北部地域が91㌧と、北部では増加、南部では停滞傾向を示した。北部で増加したのは貝類の価格が好調であったため採貝を行う人が増えたことによる。南部地域の停滞は資源の減少と荒天が理由と思われる。

秋田県では、漁期を7、8月の2ヶ月間（象潟地区小砂川と西目地区は6月〜9

月)、に限っていること、ウエットスーツと水メガネの着用のみを認めた素潜りとしている。しかし、1日の採貝限度は、秋田県漁協南部総括支所管内では1日200個、同北部総括支所管内では20箱と異なっている。また、イワガキの餌となる海藻の保護と、採ったイワガキの殻に付着した海藻やフジツボなど剥ぎ落としたものを海に捨てることを禁止するなど、生育海域の環境保全にも取り組んでいる。さらに、採集した跡に新たなイワガキが着き易くするため、岩盤清掃を始めたところである。

(3) 山形県の取り組み

山形県の庄内北部地域では酒田地区と岩礁性海岸が発達する遊佐地区北部の吹浦(ふくら)地区、庄内南部地域では全地区で行われている。

山形農林水産統計年報では貝類をアワビ類・サザエ類・アサリ類・その他の貝類に分けている。イワガキはその他の貝類に含まれているが、そのほとんどがイワガキであった。90年におけるイワガキの採貝量と採貝高を推定すると、それぞれ206㌧・1.2億円・漁獲高全体の2.7%、95年は250㌧・1.6億円・4.8%、00年は180㌧・1.7億円・5.3%、05年は278㌧・1.6億円・5.6%と、漁獲高全体に占める割合が上昇した。

漁期は5月下旬から9月末までであるが、最盛期は7・8月である。1日の採貝限度数は、吹浦地区では7箱、酒田では13箱、加茂では15箱、由良では5箱、豊浦では5～7箱、温海では3～10箱、念珠ヶ関では6箱までと定められている。1箱に20個入るとすれば、15箱の加茂地区では1日300個程度、6箱の念珠ヶ関地区では120個程度と、3倍程度の差が有る。共通していたことは、殻長10cm以下の荷受を禁止していることや、小型貝が多い海域の採貝を避けること、休漁日を毎週土曜日と定めていることなどであった。

このような資源管理を行ってきた結果、05年の採貝量は、8地区中5地区で2位となったほか、「1期で100万円以上売り上げた漁師が居る」と漁協関係者が言うように、秋田県と同様に夏期における重要な漁業種類であった。

秋田・山形両県の資源管理に共通していたことは、素潜りで行うことと休漁日、および貝の大きさを定めていたこと、異なっていたことは漁期と1日の採貝限度数であった。

(4) 課題

1点目は、採貝限度数を水揚限度数と解釈している採貝者と規則を遵守できない採貝者が居たことである。すなわち、荒天等で漁が出来ない日に備えて多く採る採

貝者は、規則は水揚限度数を定めたものだと言い、遵守できない採貝者は荒天の中で採ったなどと主張すると言う。また、採貝が禁じられている長径10cm未満のイワガキを系統外販売するなど、漁業者の責任に帰す行為も見られた。

2点目は、密猟対策である。酸素ボンベを着用した密猟者や他県から来たと思われる密猟者も居た言う。

3点目は、イワガキ生育場の造成や稚貝の放流、岩盤清掃などの成果が思わしくなかったことである。

4点目は、養殖技術の開発が遅れていることである。その他にも課題は有ると思うが、最も大切な事は採貝者が資源保護の意義を自覚することにあると考える。

4　山形県における小型底びき網漁業に関する資源管理

この資源管理は山形県が2008年1月21日に策定した「山形県小型機船底びき網漁業（手繰第一種）包括的資源回復計画」[95]に従ったものである。

山形県における小型底びき網の操業海域は（図1－15）、離岸4カイリ（飛島を取り巻く海域では3カイリ）以遠の海域と定められている。その中で、水深80mまでの海域は「おか場」、80～200mは「あら場」、200～300mは「たら場」と呼ばれている。「おか場」の漁獲物はマダイやヒラメ、「たら場」ではタラ・ホッケ・ハタハタなどが多かった。その間の「あら場」は、キアンコウやマガレイなどの漁場であると同時に、幼・稚魚の育生場としての機能も兼ね備えた生産性の高い漁場と言われている。91年における底びき網の漁獲量は4,500㌧有ったが、05年には2,370㌧と、1/2に減少した（図1－16）。そのうち、「あら場」における漁獲量は90年が150㌧、93年はピークの340㌧、04年以降は250㌧程度と安定しない状態にあった。

そのため、漁業資源の保護と育成、底びき網漁業の安定を図るため、07年から5カ年間にわたって「あら場」における小型底びき網を規制する資源管理を行った。底びき網を対象にしたのは、獲った未成熟な魚類は商品価値が無いという理由から投棄してきたことが、資源の減少に繋がったと判断したためであった。そのようなことから、未成熟な水産物の漁獲量を減らして、「事業終了時における底びき網の漁獲量を事業前のレベルに回復させる」ため、「あら場」で営む底びき網の目合（網目の大きさ）を大きくして、小型魚を保護することとした。

この資源管理がこれまでと異なる点は、マガレイやハタハタ・ヒラメなどの水産

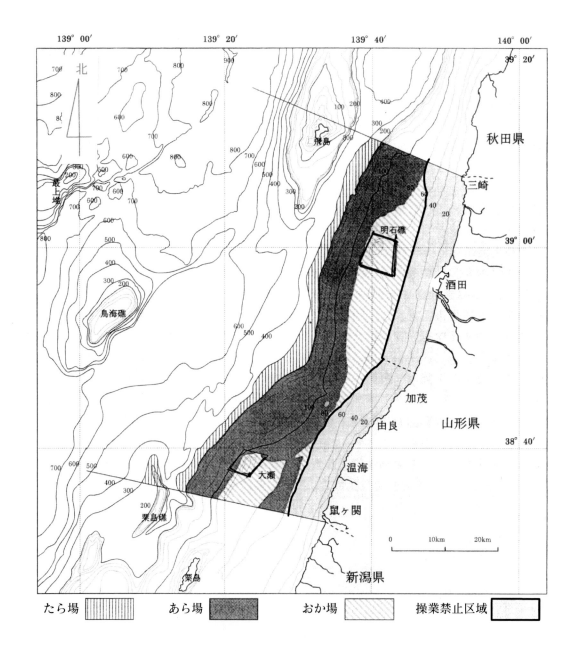

図1-15 山形県における小型底びき網漁の漁場と水深
　山形県（2008年）：「山形県小型機船底びき網漁業（手繰第一種）包括的資源回復計画」より引用

※図中　太い実践で示した明石礁と大瀬海域でも底びき網漁は禁止されている。原図ではその範囲を水深を表す実線と同じ線種で示していたので、その範囲を分かりやすくするため線種を太い実線に変えた。
　また、離岸4カイリ以内の海域も底びき網漁は禁止されている。

物を対象とした規制から、漁業種類と漁場に変えたことにあった。

　資源管理は自主的規制と公的規制で構成された。前者は全長制限と目合規制から成り、ヒラメは全長30cm以下、マダイは全長15cm以下、および50g以下のものは荷受けを禁止した。目合については、10月から12月まで5㌧未満の漁船でマダイ漁を行う場合は、2寸以上（4.5cm以上）、あら場で操業する時は1寸7分以上と改めた。その他にも、マガレイ漁や「北部日本海ハタハタ資源管理協定」に従ってハタハタ漁にも規制を敷いた。さらに、出漁日数を制限するため、3～11月の土曜日と祝祭日の前日、および中央卸売市場が休みとなる前日と、同市場が二連休になる前日も休漁日と定めた。

　後者は法律や条例などで定められているものである。例えば、漁業法第66条に基く告示第1439号では、10㌧以上の底びき網漁船数を最大で28隻とすることや、小型機船底びき網漁業取締規則第4条では漁具を制限している。「日本海北部系群マガレイ・ハタハタ資源回復計画」ではマガレイの保護区域を設定し、そこでの底びき網を禁止した。さらに、山形県海面漁業調整規則第14条では、離岸7,400m以内の海域における底びき網漁を禁止していることや、3～10月に水深350m以浅の海域における操業は、午前3時から日没までとした。

　この資源管理に対して、関係者は「漁獲量の数的回復は定かでないが資源は増えつつあることや、住民意識の啓蒙に役立った」と評価している。

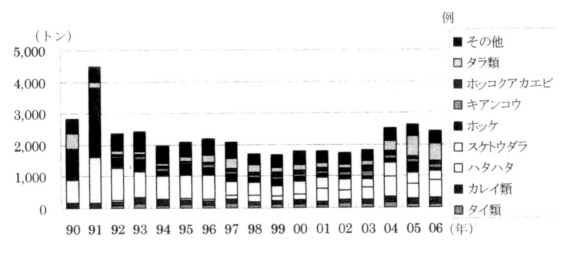

図1－16　山形県における底びき網漁の漁獲量とその主要漁獲物
　山形県（2008年）：「山形県小型機船底びき網漁業（手繰第一種）包括的資源回復計画」より引用
　※図に示した漁獲物は例に示した順序に対応する

5　放流事業と漁場整備の拡充

　両羽海岸地域における海面養殖は、寒流に比べて栄養分の少ない暖流の対馬海流が流れていることや、干満の差が小さいこと、湾入した地形に乏しいこと、北西季節風の影響が大きいことなどから発達が遅れた[96]。その中で、男鹿半島西岸部の戸賀と南岸部の船川地区、山形県の飛島地区ではワカメ養殖、船越地区ではノリ養殖、戸賀地区ではハマチの試験養殖が行われた程度で、今日においても採卵・人工孵化・育成・販売に至る完全養殖は行われていない。このことが漁業経営の改善が遅れた一因であった。

　そのため、秋田・山形両県が重点的に取り組んできたのが、種苗生産（種づくり）した稚魚・稚貝の放流事業と漁場整備（畑づくり）であった。放流事業は稚魚・稚貝の段階で放流する種苗放流と、ある程度まで養育（中間育成）した後に放流する中間放流に分けられるが、ここでは両者を合わせて放流事業と記すことにした。

（1）秋田県の取り組み

　秋田県における放流事業は、83年に策定された第一次栽培漁業基本計画の実施前と実施後に分けることができた。

　83年以前の例としては、60年代後半に、打ち上げられたハタハタの卵塊（ブリコ）を入れた魚箱を港内に垂下して孵化を待った事業が男鹿半島で行われたが、成果は不明である。65年にはクルマエビの放流、62～71年には北海道や宮城県から仕入れた26,394kgのアワビの稚貝が、男鹿半島地域の北浦・畠・戸賀・船川と北部の八森・岩館、南部の金浦・象潟地区に放流された。また、北浦地区では3～4cmのホタテ稚貝を10万個、船越地区ではチョウセンハマグリの稚貝を放流したが、いずれも成績は芳しくなかったと言われている。海藻類では、62年に象潟地区でアサクサノリの養殖が実験的に行われたが、65年に中止となり、天王町江川地先では秋田県水産試験場（現秋田県水産振興センター）がノリの養殖実験を試みたが、八郎潟干拓事業のため中止となった。ワカメ養殖は、65年に秋田県水産試験場戸賀分室で種苗生産を始め、68年以降は秋田県種苗センターで生産された種苗と県外から仕入れた種苗を各地区に分け与え、70年代に行われた沿岸漁業構造改革事業を機にはさらに拡大させた[97]。

　50年代に行われた漁場整備（畑づくり）は、藤の蔓で作った籠に石を積めて海底に沈めた魚礁づくりや、海藻の付着を目的としたコンクリート面の造成が、畠・戸賀・船川地区で行われた。また、50年代後半から70年代には、男鹿半島・南

部地域・北部地域に 12,741 個のブロック魚礁が投下された。しかし、男鹿半島南岸部の船越・脇本・船川地区で行われたテングサの藻場を造成するための投石事業は、八郎潟干拓にともなう排水の影響で効果は小さかったと言われている。

　これらの事業は、第一次石油危機や漁業資源の枯渇化などが起きる前のことであるため、漁業経営の拡大と安定を目的としたものであったと解釈できる。

　83 年以降の放流事業は、「とる漁業からつくり育てる漁業」を拡大するため、秋田県水産振興センターが水産物の生態解明と養育技術の開発を行い、秋田県栽培漁業協会が養育した稚魚と稚貝を漁協が購入・放流するというシステムで行われた。対象水産動物は、ハタハタを除くと高値が期待されるマダイ（95 年の秋田県市場平均単価 1,481 円/kg）・ヒラメ（同 1,560 円/kg）・クルマエビ（同 4,217 円/kg）・アワビ（同 9,076 円/kg）などであった。88 年と 98 年の放流数は、マダイが 73 万尾から 138 万尾、クロソイは 21 万尾から 98 万尾、クルマエビは 695 万尾から 986 万尾、ハタハタは 36 万尾から 430 万尾に増やすとともに、放流地区も拡大させた。今日ではトラフグの中間放流も行われている。しかし、放流された稚魚と稚貝は、商品価値を持つまで数年費やすこと、途中、食餌にされる量が多いこと、種苗放流は中間放流に比べて効率が低いこと、逆に、養育技術の進歩と餌の開発が進んだことから、中間放流が拡大傾向にある。

　主な放流水産物を示すと、象潟地区ではアワビの種苗生産実証実験とイワガキの稚貝放流、八森地区ではアワビとヒラメ、西目地区ではヒラメ、そのほかの地区でもマタイ・ヒラメ・クロソイ・ガザミ・ハタハタ・アワビなどが放流された。しかし、船川と金浦地区で行われた金網生簀によるヒラメの養育と、西目・秋田南地区などで行われたクルマエビの放流は廃止された。

　漁場の整備については、男鹿半島と北部の八森・岩館地区では魚礁の設置、八森・北浦・船川・平沢・金浦・象潟地区ではハタハタ産卵用の藻場造成、八森・船川・金浦地区では中核漁港の整備、八森・金浦地区ではヒラメとアワビの魚礁造成、象潟地区と船川地区ではイワガキやマダイ漁場の造成などが行われた。畠・戸賀両地区の漁獲量と金浦・八森地区の漁獲高が増加したのはそれらの効果の表れと考えられる。

　98 年におけるワカメの収穫量*は、畠地区では 0 ㌧、戸賀地区では 5 ㌧、船川地区では 38 ㌧、男鹿南地区では 24 ㌧、天王地区では 3 ㌧、道川地区では 0 ㌧と、6 地区で合計 71 ㌧あったが、05 年は畠地区では x ㌧、戸賀地区では 12 ㌧、船川地区では 49 ㌧、脇本地区では 13 ㌧、天王地区では x ㌧であった。ノリの養殖は男鹿南（船

越）地区（98年48㌧）で行われたが、05年の収穫量はx㌧と記されている。

（2）山形県の取り組み

前掲22）－aによると、山形県における放流事業の嚆矢は、56年に飛島で行われたアワビの稚貝放流と言われている。山形県発行の「山形県の水産」から石油危機以降の動向をみると、80年にアワビの稚貝は遊佐・飛島・加茂・由良・豊浦・温海・念珠ヶ関の7地区に42万個、90年は酒田と飛島を除く6地区に52万個放流されたが、00年は上記6地区に29万個と、大きく減少した。

クルマエビは、80年には430万尾、00年には68万尾が全地区に放流されたが、05年の漁獲量は自然生育したものを含めて僅か3㌧であった。

ヒラメの放流は80年代末から始まり、90年は8地区に11万尾、05年は21万尾放流された。

サケの孵化・放流事業が盛んな山形県では、沖で獲ったサケを産卵直前まで漁港内で養育する海中飼育が行われている。事業主体は84年までが山形県と山形県漁業協同組合、それ以降は山形県漁業協同組合で、85年は吹浦・加茂・由良・念珠ヶ関の4漁港、90年と00年は吹浦・由良・堅苔沢の3漁港、05年は由良漁港で行われた。

上記以外の水産物については、秋田・山形両県の統計資料等に記されて無いことや、試行されている地区も確認できなかったため検討しなかった。

6　漁業資源管理の効果と課題

国が行った底びき網漁船を対象とした政策減船は、漁獲量の増加に結び付くことはなかったが、底びき網経営体が存在しない青森県岩崎地区では、秋田県籍の沖合底びき網漁船が津軽沖の操業を自粛したこともあって、89年以降の漁獲量は増加傾向にある。この時期は1回目の政策減船実施後のことであったことから、秋田県の八森・岩館地区と青森県の岩崎地区では明暗が分かれた。

秋田県が実施したハタハタの全面禁漁は、正月前の収入が絶たれる深刻な問題であった。実施できたのは、秋田県水産振興センターの緻密な調査が説得力を果したことや、秋田県民の後押しが作用したほか、漁師達の理解が大きかった。今後は資源減少の根本的要因の解明が課題となる。また、この資源管理は今後のモデルケースになり得ると思われる。

天然イワガキ漁は夏期における重要な収入源であるが、これからも資源管理の解釈

表1-22　秋田県と山形県における種苗・中間放流された主な水産動物とその漁獲量

	水産動物名	1995年(トン)	2000年(トン)
秋田県	ヒラメ	289	170
	クルマエビ	19	8
	アワビ	10	20
山形県	ヒラメ	97	60
	クルマエビ	10	3
	アワビ	4	7

秋田・山形両県の「農林水産統計年報」による

※漁獲量には人の手が入らない自然育成されたものも含み、アワビは殻付きの量である。

をはき違える漁業者が存在するならば、資源の枯渇化はさらに進む可能性が大きい。

　稚魚と稚貝の放流事業は、放流数と漁獲量が比例しているとは言い難い（表1-22）。例えば、93年に秋田県ではヒラメを1,354万尾放流したが、漁獲量は自然育成を含めて249トン、クルマエビは3,465万尾に対して6トン、アワビは295万個に対して8トンであった。これを理由に秋田・山形両県では放流数を減らした水産物が有った。しかし、海面養殖の成立条件に恵まれていない本地域では、放流事業に重点をおいた取り組みは適切であったと思われる。

　そのほかにも、様々な資源管理が行われた。例えば、93年に秋田県の12管理組織が行った資源管理の延数は、漁場利用を制限したのが11組織、操業時間を制限したのが10組織、漁業種類の制限と漁期を規制したのが各9組織、漁具を規制したのが8組織、監視を強化したのが6組織、出漁日数を制限したのが5組織、操業人員と漁船隻数を制限したのが各4組織、漁獲可能サイズの規制と漁業資源の増殖を図ったのが各3組織、漁獲枠を設定したのが1組織で、1組織平均取り組み数は6.1であった。

　秋田県と山形県における漁業資源管理は、資源の持続を目的とした方法と資源を増やす方法、および期限を定めた資源管理と継続的な資源管理に分けられた。

　それらの資源管理の数的成果を短期間に判断することは無理としても、漁業関係者のみならず多くの人々が、水産資源の保護と漁場の環境保全に関心を持ち始めたことは評価できる。

Ⅱ 産地卸売市場の再編整備

1 1985年における産地卸売市場とその再編整備計画

　産地卸売市場は（以下産地市場と記す）、水産物の第一次価格が形成される場と成っている[98]。言い換えれば、生産活動から商業活動に変る接点にあると言える。

　取引は入札またはセリで行われる。入札はセリに比べてスピーディ、且つ短時間

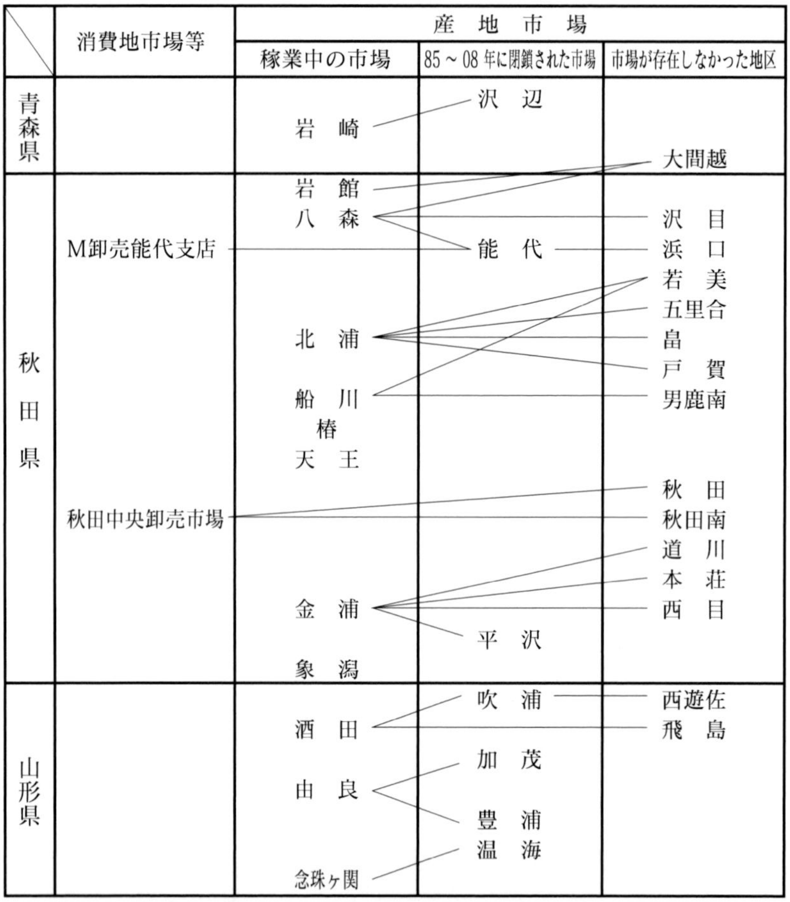

	消費地市場等	産　地　市　場		
		稼業中の市場	85～08年に閉鎖された市場	市場が存在しなかった地区
青森県		岩　崎	沢　辺	大間越
秋田県	M卸売能代支店	岩　館　八　森	能　代	沢　目　浜　口　若　美　五里合　畠　戸　賀　男鹿南
	秋田中央卸売市場	北　浦　船　川　椿　天　王		秋　田　秋田南　道　川　本　荘　西　目
		金　浦　象　潟	平　沢	
山形県		酒　田　由　良　念珠ヶ関	吹　浦　加　茂　豊　浦　温　海	西遊佐　飛　島

図1－17　両羽海岸地域の産地市場と地区別水揚げ市場（2009年）
秋田・山形両県の「農林水産統計年報」および秋田県農政部水産漁港課（平成6年）「秋田県水産関係施策の概要」と現地調査による。
　　例　――――：水揚げ市場
※1．市場が存在しなかった地区とは、1985年以降産地市場が設置されていない地区のことをいう
※2．M卸売能代支店とは秋田市中央卸売市場と能代地方卸売市場で卸売業を営む業者のことをいう
※3．浜口地区のベニズワイガニかご漁は秋田地区を拠点としていたため、ベニズワイガニは秋田地区の水産物とした
※4．図中、大間越は岩崎地区、五里合は北浦地区、椿は船川地区の1地区である

― 94 ―

写真1-6 買受人と売買参加者および視察者で賑わう秋田県象潟市場
1985年7月 筆者撮影

で済むことや、大量の水産物が効率的に取引される利点と、準備に人手と時間を要すること、買受業者の思惑を推し量ることができない不利な側面を持つほか、一発勝負であるがゆえの危険性と、取引価格が高くなる可能性が大きいと言われている。仲卸人は市場設置者が許可した仲買人*（買受人）と、承認した売買参加者*から成るが、いずれも優れた目利き能力を持っているため、市場価格に影響力を持っている。

本地域には設置者が岩崎村漁協の沢辺と岩崎、設置者が秋田県北部漁協の八森・岩館・能代、設置者が男鹿市漁協の北浦市場、設置者が船川港漁協の船川と椿[99]、設置者が江川漁協の天王市場、設置者が秋田県南部漁協の平沢・金浦・象潟、山形県漁協が設置者の吹浦・酒田・加茂・由良・豊浦・温海・念珠ヶ関、合わせて17地区に19市場存在した（図1-17）。

しかし、各市場とも水揚量の減少が続いたため、山形県漁協では90年代中頃に産地市場を再編整備する検討を始めた。具体的には、75年、80年、85年における酒田市場の水揚量は11,350㌧、7,630㌧、5,259㌧と、減少するとともに水揚高も41.2億円から33.8億円、32.2億円と減少したことから、市場運営に支障を来たすようになった。そのため、水揚量の安定供給と適正な品質管理、市場の効率化を図る一助として、庄内北部地域の吹浦市場は酒田市場に、庄内南部地域の旧鶴岡市の3市場は由良市場に、旧温海町（現鶴岡市）の2市場は念珠ヶ関市場に集約する計画を立てた。

同じ時期、秋田県の船川市場では8,310㌧、5,709㌧、3,545㌧、金浦市場では2,428㌧、1,924㌧、1,877㌧、八森市場では2,200㌧、2,041㌧、1,392㌧に減少しても再編の動きは鈍かった。例えば、金浦市場と象潟市場（写真1-6）の買受人は、同時刻に両市場が開催されると片一方の取引に参加できなくなる。そのため、象潟市場の取引が終わり、買受人が金浦市場に移動してから金浦市場を開くな

ど、買受人に配慮した市場運営が行われた。ただ、金浦市場では上げセリ、象潟市場では秋田県唯一下げセリ方式を執ったほか、10～12月にサケ漁が行われた時はその取引を朝入札で行い、6～8月に他地区漁船が金浦市場にスルメイカを水揚げした時は、その取引を朝上げセリで行うなど、両市場の差別化を図る運営が行われた。そのほか、船川港漁協管内の船川市場と椿市場の間でも取引時間を調整した。男鹿市漁協が設置者の北浦市場では、90年代後半にセリを行ったこともあったが、迅速で効率の良い入札に戻した。また、沿岸ハタハタが豊漁の時は1日複数回取引を行うなど、運営方法は多様であった。

2 1995年における主要産地市場の水揚量と水揚高

95年における主な産地市場の水揚量は、多い順に酒田市場では9,652トン（うちスルメイカが40.7％）、船川市場では1,852トン、金浦市場では1,078トン、八森市場では797トンと、酒田市場と船川市場の差は5倍、金浦市場とは9倍、八森市場とは12倍有った。水揚高は公表されてなかったため、取り扱った水産物の水揚量に、その単価を乗じて求めた水揚高の和を水産物数で除して求めるべきであるが、1トンに満たない水揚量は0と表示されていたため、それらの水揚高を求めることができなかった。そのため各市場の総水揚量に平均価格を乗じて得た数値を水揚高とした。それによると、平均価格が205円/kgの酒田市場の水揚高は19.8億円、424円/kgの船川市場は7.9億円、478円/kgの金浦市場は5.2億円、779円/kgの八森市場は6.2億円と、酒田市場と船川市場の差は2.5倍、金浦市場とは3.8倍、八森市場とは3.2倍に縮小した。この要因は、酒田市場で水揚量が多かった生スルメイカは384円/kg、冷凍スルメイカは255円/kgと低迷した一方で、秋田県の3市場では、マグロ類（80トン638円/kg）や禁漁期間が明けたハタハタ（52トン、3,597円/kg）、ズワイガニ（17トン、1,996円/kg）、アワビ（3トン、9,076円/kg）など、水揚量は少なかったものの、単価の高い水産物が多かったためである。

秋田県でも八森市場と船川市場の差は縮小し、金浦市場とは逆転した。その要因を最も多い水揚物とその単価から考察すると（表1－23）、船川市場と金浦市場ではホッケがそれぞれ522トンと337トン、八森市場ではスルメイカが166トンと、船川市場は八森市場の3.1倍、金浦市場は八森市場の2倍多かった。しかし、八森市場のスルメイカは263円/kg、船川市場と金浦市場のホッケはそれぞれ25円/kgと21円/kgであった。これを基に八森市場におけるスルメイカの水揚高を推計

表1－23　八森・船川・金浦市場における水揚量1位の水産物と水揚高等（1995年）

	1位水産物	水揚量(トン)	全対比(%)	単価(円/kg)	水揚高(万円)	構成比(%)
八森市場	スルメイカ	166	20.8	263	4,366	7.0
船川市場	ホッケ	522	28.2	25	1,305	1.7
金浦市場	ホッケ	337	31.3	21	707	1.4

平成7年「秋田農林水産統計年報」による

※水揚高は水揚量に単価を乗じて求めた推定値である。

　すると4,366万円、船川市場は1,305万円、金浦市場は707万円となる。また、最も安い水産物は3市場ともホッケであったが、八森市場の単価は42円/kg（漁獲量は114トン）と、船川・金浦両市場より20円/kg程度高かった。秋田農林水産統計年報に単価が記されている36水産物のうち、1,000円/kg以上の水産物は船川市場と八森市場ではそれぞれ14種類、金浦市場は12種類と大きな差がなかった。しかし、秋田県で最高値の水産物は、八森市場にはクルマエビ（4,613円/kg）、その他のエビ類（3,621円/kg）など17種類有ったが、船川市場にはハタハタ（3,954円/kg）、ヒラメ（1,859円/kg）など11種類、金浦市場にはマス類（1,671円/kg）、スルメイカ（444円/kg）など8種類と少なかった。このことから、八森市場と船川市場の格差が縮小し、金浦市場と逆転した要因は、水揚量が最も多かった水産物の単価と最も安かった水産物の単価、および最高値を付けた水産物の数に有ったことが分る。

　また、船川市場と金浦市場では、ホッケの単価に4円/kgの差があった。ここで、金浦市場でも船川市場と同じ25円/kgであったとすれば、金浦市場におけるホッケの水揚高は843万円となるが、船川市場の1,305万円には及ばない。このことは、単価が同じであれば、量を多く扱う必要があることを示している。

　ここで、総水揚量に占める第1位水揚量の割合を全体比とすれば、高い順に、金浦市場では31.3%、船川市場では28.2%、八森市場では20.8%となる。また、その額が総水揚高に占める割合を構成比とすれば、八森市場の構成比は7.0%、船川市場では1.7%、金浦市場では1.4%となり、全体比と構成比の差は、八森市場では13.8、船川市場では26.5、金浦市場では29.9となる。そこで、その差が小さければ小さいほど、水揚物と単価のバランスが良い市場とすれば、バランスは八森市場が良いと言えよう。

3　卸売市場法の改正

　最近、食に対する安全・安心を求める消費者の意識が向上していることや、情報技術の高度化、輸送手段の高速化などによって流通形態の多様化が進んでいる。その例に生産者と小売店・消費者の間で行われる直接取引や、インターネットを利用した通信販売など、産地市場を経由しない系統外販売（出荷）がある。しかし、取引は市場を経由させる系統販売が原則である。農林水産省総合食料局の「卸売市場データ集」に全国の卸売市場における水揚量と系統外出荷量が記されている。それによると、89年度の水揚量は877万㌧、98年度は803万㌧、03年度は804万㌧と、15年間で73万㌧減少した一方で、系統外出荷量は225万㌧から228万㌧（同28.4％）、296万㌧に増加するとともに、全体に占める割合も25.7％から28.4％、01年度以降は30％台後半で推移している。その結果、販売手数料などの減収によって利益率が0.2～0.1％に低下したため、卸売人と仲卸人の廃業が続いていると言う[100]。それでも、産地市場は水産物の集・出荷機能や価格形成機能などの役割を担っていることに変わりはない。

　本地域でも系統販売を原則としているが、条件付きで系統外販売を認めてきた漁協（総括支所）が有る。しかし、系統外販売量が多くなればなるほど漁協の経営を悪化させることになる。

　それにも拘わらず、品質管理の高度化への対応、流通における規制緩和の拡大、卸売市場の再編・整備を円滑にするため、卸売市場法の改正作業が行われた。その中で、漁協や漁業者の所得を増やすため、水産物の流通経路を簡素化する案が協議されたが、生産者側は大手買受業者や大型小売店の影響力が強まれば、市場の公平性が損なわれかねないと反対したものの、第三者への販売禁止、大手業者による買い占めの防止、生産者と直接取引する行為の禁止等、卸売市場における卸売人と仲卸人の取引の基本原則は維持するという条件を付して04年6月に改正された。

　改正卸売市場法では、流通面の規制が大幅に緩和されたことから、水揚量の少ない産地市場や小規模・零細な買受人の淘汰が進むことや、系統外販売が増加することが予想された。一方で、漁協が小売店と直接取引することや、独自に販売手数料を定めることができるようになったため、多様な経営が可能になったとも言える。

4　産地卸売市場の再編整備とその効果

　前記したように、山形県では90年代末に再編を終えたが、秋田県には計画した

漁協もあったものの、本格化したのは卸売市場法の改正協議が始った00年頃からであった。それでも、各漁協の足並みが揃っていた訳ではなかった。

具体的には、秋田県北部漁協（現秋田県漁協北部総括支所）では3市場を2市場に集約した。残存した2地区を00年の経営体数と漁獲量で比較すると、八森地区の経営体数は48、そのうち底びき網経営体は6、漁獲量は597㌧であった。それに対して岩館地区の経営体数は46、そのうち底びき網経営体は5、漁獲量は657㌧と、いずれも大きな差は無かった。一方、閉鎖された能代市場には他県・他地区の漁船もスルメイカを水揚げしたため、属地結果の漁獲量は属人結果を上回っていた。具体的には、82年の属人結果は145㌧、それに対して属地結果は715㌧（うちスルメイカ160㌧）、87年は171㌧に対して500㌧（同445㌧）、93年は119㌧に対して426㌧（同315㌧）、00年は52㌧に対して163㌧（同104㌧）であった。しかし、この頃、故障した製氷機を完全に修理しなかったため、他県・他地区漁船の水揚げが途絶えたことから属地結果の漁獲量は大きく減少した。05年の属人結果は159㌧であったが、そのうち沿岸ハタハタが70％占めたことなどの理由で八森市場に統合された。つまり、能代市場の閉鎖は、故障した製氷機を完全に修理しなかったため水揚量が大幅に減少したこと、属人結果の漁獲量が減少したこと、漁獲量の多くが12月に集中したことにあった。能代市場の閉鎖を機に、能代市浅内地区と浜口地区の荷受け業務も閉鎖されたため、天王地区の仲買業者に荷受けを依頼してきたが、最近は秋田市の消費地市場に本社を置く水産物卸売会社の能代支店に持込み、八森市場には水揚げしていない。

秋田県南部漁協（現秋田県漁協南部総括支所）では、平沢市場を廃止して金浦と象潟の2市場に整備した。00年の経営体数と漁獲量を比較すると、漁協本所が存在する金浦地区の経営体は50、漁獲量は922㌧であったのに対して、象潟地区の経営体は110、漁獲量は800㌧と、経営体は象潟に多く漁獲量は金浦地区に多かった。また、金浦市場に水揚げされたマダラは「金浦のマダラ」、象潟市場に水揚げされたイワガキは「象潟のイワガキ」の名でブランド力が高かった。現行の国産生鮮食品品質表示基準では原産地の記載を義務づけているが、生鮮水産物は水揚港を表示しても良いことになっているため「金浦産」と「象潟産」を残したいためであった。さらに、金浦市場は金浦町、象潟市場は象潟町（05年に金浦・象潟・仁賀保3町が合併してにかほ市）に存在したため、市場を残して欲しいという両町の求めも理由の一つであった。一方、閉鎖された平沢地区には10隻の底びき網漁船が有っ

たが、政策減船後の88年は6隻、93年には4隻に減るとともに、漁獲量も923トンから（そのうちハタハタ26％）、05年には486トン（同36％）に減少した。07年に2隻となったことで漁獲量はさらに減少するだろうという理由から金浦市場に集約された。つまり、平沢市場の閉鎖は、底びき網の縮小、漁獲量が減少したことと季節的偏りが大きかったこと、金浦市場の効率化を図るためであった。

しかし、男鹿半島南岸地域を管轄する船川港漁協（現秋田県漁協船川総括支所）では、ベニズワイガニや沿岸ハタハタの漁獲量が多い船川地区と、底びき網や大型定置網など規模の大きい漁業を営む椿地区は、漁業形態が異なるという理由から2市場を存続させた。09年の産地市場は図1－17に示した。

ここで、08年まで閉鎖された市場数と、それ以前に存在した市場数の割合を市場再編率（以下再編率と記す）とすれば、秋田県の再編率は20.0％、山形県は57.1％と、秋田県の方が37.1％低かった。

05年の漁獲量から再編の効果を見ると、仮に、旧鶴岡市の3市場を存続させたとすれば、加茂市場の水揚量は600トン、由良は850トン、豊浦は1,400トン程度と推定されるが、集約されたことで由良市場の水揚量は2,847トンと、再編前の3.5倍に増えた。同様に酒田市場では2,000トンから3,200トン、念珠ヶ関市場では1,600トンから1,850トンに増加した。一方、秋田県の船川市場（2,683トン）は、由良市場に比べ若干少なく、八森市場（1,051トン）と金浦市場（1,022トン）は、念珠ヶ関市場より少なかった。つまり、水揚量からみた再編の効果は、再編率が高い山形県のほうが大きかったと言える。ここで、秋田県でも総括支所が立つ地区に集約したとすれば、岩館地区の漁獲量を加えた八森市場の水揚量は1,900トン程度、象潟地区を加えた金浦市場は2,100トン程度となり、いずれも念珠ヶ関市場を上回り、椿市場を加えた船川市場は、酒田市場に匹敵する量になる。

近年、大手の買受業者や大型スーパーは、現行の卸売市場法で対応できないことが多くなったとして一層の緩和を求めていることから、山形県漁協では市場の在り方を見直し始めたところである。

5　2009年における取引形態

09年の取引形態は、岩崎・北浦・天王の3市場では入札、船川・椿・金浦・象潟の4市場ではセリ、由良と念珠ヶ関の2市場では入札とセリが同時進行、岩館・八森・酒田の3市場では入札とセリが時間をずらして行われた（表1－24）。県

表1-24 産地市場の取引形態と取引時間（2009年）

産地市場	取引形態	取引時間	備考
岩崎	入札	午後	
岩館	上げセリ 入札（マグロ類、沿岸ハタハタ）	夕方 昼	水揚量が少ない時は、どちらかの市場で行う 沿岸ハタハタの取引は夕方行われる
八森	上げセリ 入札（マグロ類、沿岸ハタハタ）	夕方 昼	
北浦	入札	15時30分	
船川	上げセリ	17時	船川と椿の間で開催時間を調整
椿	上げセリ	船川市場が終わった後に開く	
天王	入札	14時	
金浦	上げセリ	象潟市場が終わった後に開く	金浦と象潟の間で開催時間を調整
象潟	上げセリ	16時	
酒田	電話入札 下げセリ	16時30分 6時30分	
由良	入札と下げセリ	17時	同時進行
念珠ヶ関	入札と下げセリ	17時	同時進行

現地調査による

別には、山形県ではセリと入札を併用し、秋田県では総括支所別に異なった。ただ、秋田県では買受人達の談合を防ぐためセリは上げ方式が採られ、山形県では設定価格に近い価格で競り落とされることが多かったため下げ方式を採った。

　詳しくみると、山形県の3市場では、スルメイカ・カレイ・ハタハタなど水揚量や需要の多い水産物は入札、それ以外の水産物はセリで行われた。ただ、酒田市場では入札を夕方電話で行い、それに付されなかった水産物は翌朝セリに掛けられた。朝と夕方に市場を開いたのは酒田市場だけであった。念珠ヶ関市場では新潟県山北地方と同様に、入札を札読み、セリを棒振りと呼んだ。

　秋田県の岩館と八森市場では、マグロの入札は昼、それ以外の水産物は夕方セリに掛けられた。ただ、マグロの入札価格にバラツキが出ることを防ぐため、札入れは八森総括支所で行われた。小型定置網によるハタハタは一度で獲れる量が多いこと、短時間で水揚げ出来ること、網や人の手に触れないため魚体に傷が付かないことから入札で行われ、刺網によるハタハタは一度で獲れる量が少ないこと、網から外す作業に時間を要するため、鮮度が落ちるうえに傷が付くという理由でセリに掛けられた。八森、岩館市場のように3形態で取引した市場は他には無かった。

　沿岸ハタハタ漁のモノカルチャー的構造を成してきた北浦市場の取引は、入札で行われた。中でもハタハタは鮮度が落ちると赤くなり、さらに落ちると白くなるの

で、定置網によるハタハタは刺網のハタハタよりも高値で取引きされた。

　取引時間の調整は、船川と椿、象潟と金浦の間で行われた。

　山形県で再編の経緯や取引形態に共通性が見られたのは、65年に組織した山形県漁協の指導力が大きかったこと、漁業地区数が9と少なかったこと、各地区の主要漁業種類が類似していたことなどが考えられる。一方、秋田県に地域差が見られたのは12漁協存在したこと、9漁協で秋田県漁協を組織したのが02年と遅かったこと、各漁協間の主要漁業種類が異なっていたうえに漁業規模・漁業形態の格差が大きかったこと、沿岸ハタハタ漁の取り組み方に地域差が有ったためと思われる。

第5章　結　語

　両羽海岸地域の漁業は、沿岸漁業が主、沖合漁業を従とする構成であるが、いずれも変容と縮小が続いている。

　その最大要因は漁業資源の枯渇化に有るが、そのほかに、石油危機の影響が長期化していること、漁価の低迷、海面養殖業の発達が遅れたこと、漁業就業者の高齢化、それに加えて秋田県ではハタハタ漁の不振など、負の要因が資源管理や産地市場の再編整備等の効果を上回ったためであった。その中で、漁業経営を改善させた青森県岩崎地区と山形県豊浦地区は注目される。

　底びき網とイカ釣りが中心の沖合漁業は、前者は2度の政策減船、後者はスルメイカの価格低迷によって、経営規模を縮小した経営体と沿岸漁業に切り替えた経営体に分かれた。

　沿岸漁業に共通していたことは、多種少量、且つ安価な漁獲物が多いため漁業収入の少ない小規模・零細経営であったこと、家計を僅かな漁業収入と年金に頼る高齢者専業型の漁業就業者と商業・農業・大工などの自営業や、会社勤務と組合せた第二種兼業就業者が年を追う毎に増加したこと、近年は遊魚案内と兼業する漁業者が増加するとともに、その収入が漁業収入を上回る者も現れるなど有力な兼業対象となったこと、系統流通と系統外流通の流通形態が存在したが、系統外流通は小規模・零細な漁業者に貴重であったこと、底びき網の休漁期における代替え漁として始まったイワガキ漁は、夏期における収入源として重要性が高まるとともに殆どの地区に拡大したこと、秋田県には沿岸ハタハタ漁に頼る地区が多いことなどであった。

注

1) a. 青野壽郎（昭和59年）：漁村水産地理学研究（一）（二）復刻版　古今書院
　　b. 青野壽郎・尾留川正平 責任編集（1967～1980）：日本地誌 全21巻 二宮書店
　　c. 青野壽郎（1984）：漁村水産地理学研究（三）古今書院（青野壽郎著作集Ⅲ）
2) a. 土井仙吉（1959）：以西遠洋底引き網漁業根拠地の盛衰　地理学評論 32−1
　　b. 田嶋 久（1962）：漁業制度と定置網漁法　地理 7−7
　　c. 新宅 勇（昭和43年）：沿岸漁業の地理学的研究　地人書房
　　d. 藪内芳彦（1966）：北日本におけるマグロ遠洋漁業経営の性格 人文研究 17−7
　　e. 中楯 興（1980）：沿岸漁業の現状と問題点　地理 25−6

3) 田和正孝（1997）：漁場利用の生態　九州大学出版会

4) a. 大崎　晃（1967）：漁港発達の類型　地理学評論　40
　　b. 楠原直樹（1977）：漁港の環境と水揚―塩釜と石巻　東北地理 29－1
　　c. 愛媛県漁港協会（平成4年）：愛媛の漁港と集落

5) 金田禎之（昭和54年）：漁業紛争の戦後史　成山堂書店

6) a. 大島譲二他（1975）：奥尻島の漁業　離島診断　所収　地人書房
　　b. 渡辺英郎（1993）：函館地域の水産地理学研究　非売品
　　c. 澤田裕之（2006）：石垣島の漁業　八重山の地域性　所収　沖縄国際大学南島文化研究所

7) a. 前掲1)―a、1)―b、1)―c
　　b. 矢嶋仁吉（1956）：集落地理学　古今書院
　　c. 木内信蔵・藤岡謙二郎・矢嶋仁吉（昭和32年）：集落地理講座　朝倉書店
　　d. 藪内芳彦（昭和33年）：漁村の生態　古今書院
　　e. 長井政太郎（昭和33年）：東北の集落　古今書院
　　f. 刀禰勇太郎（昭和34年）：日本の漁村　海文堂
　　g. 柿本典昭（昭和50年）：漁村の地域的研究　大明堂

8) a. 尾留川正平・山本正三編著（昭和53年）：沿岸集落の生態　二宮書店
　　b. 九学会連合佐渡調査委員会（1989）：佐渡　平凡社　復刻版
　　c. 九学会連合能登調査委員会（1989）：能登　平凡社　復刻版

9) a. 九学会連合日本の沿岸文化調査委員会編（平成1年）：日本の沿岸文化　古今書院
　　b. 市川健夫編著（1997）：青潮文化　古今書院

10) a. 川本忠平（1953）：春鰊出稼ぎの研究　岩手大学学芸学部研究年報 5
　　b. 金崎　肇（1981）：出稼　古今書院

11) 秋田師範学校・秋田県女子師範学校（昭和57年）：秋田県総合郷土研究　東洋書院　復刻版

12) 秋田県（昭和42年）：秋田県史　第5巻（明治編）、第6巻（大正・昭和編）　復刻版

13) 前掲1)―b 第3巻

14) a. 渡辺茂蔵（1932）：男鹿半島の地誌学的研究　地理論叢第1輯
　　b. 三浦鉄郎（1974）：男鹿半島の地誌学的考察　聖霊女子短期大学紀要 3

15) 渡辺一（1977）：ハタハタ　無明舎

16) a. 長井政太郎（昭和36年）：東北の集落　古今書院
　　b. 工藤吉治郎（1971）：両羽海岸における砂浜集落について　秋田地理 6

17) a. 山口弥一郎（1938）：男鹿半島における戸賀集落の出稼　地理学 6－4

b. 青柳光太郎（1974）：男鹿市の出稼　西村嘉助先生退官記念地理学論文集所収
18) a. 秋田縣労働部職業安定課（昭和28年）：秋田県出稼小史
　　　b. 秋田県農林部（昭和40年）：秋田県の漁具漁法
　　　c. 秋田県農政部（昭和53年）：秋田県の漁具漁法
19) a. 長井政太郎・高橋静夫（1932）：漁村の生活を見る　郷土教育19
　　　b. 長井政太郎（1933）：庄内漁民の出稼（上）（下）地理学（古今）2－9,10
　　　c.　同　　　（1949）：庄内磯浜の漁村　社会地理11
　　　d.　同　　　（1950）：山形県新誌　日本書院
　　　e.　同　　　（1951）：羽後飛島の人口問題　山形大学紀要（人文科学）1
　　　f.　同　　　（1956）：羽後の飛島　しま10
　　　g.　同　　　（昭和57年）：飛島誌　復刻版　国書刊行会
20) a. 佐藤甚次郎（1941）：荘内海岸地域における季節的漁業出稼発生に関する歴史地理学的研究　地理（大塚）4－1
　　　b.　同　　　（1951）：飛島と戸数・人口・出稼　東北地理4－1
　　　c.　同　　　（1952）：荘内海岸砂丘地における漁村の変転　内田寛一先生還暦記念地理学論文集
　　　d.　同　　　（1952）：荘内海岸の砂浜漁村　袖浦町十里塚　日本大学文学部研究年報2
　　　e.　同　　　（1952）：荘内の岩浜漁村　小波渡　新地理30
21) a. 吉田義信（1949）：わが郷土 山形県　清水書院
　　　b. 前掲1）—b 第4巻
22) a. 山形県総合学術調査会（昭和47年）：鳥海山・飛島
　　　b. 高橋静夫（1938）：飛島に関する地理学的研究　地理教育27－3
　　　c. 小関昌一（1962）：庄内磯浜における定置網漁業の発達　地理学研究4
23) 小野一巳（1981）：男鹿半島における漁業　秋田湾地域の研究 第3報
24) 　同　　（1983）：金浦地区の漁業　仁賀保高校研究紀要 第1集
25) 　同　　（1988）：仁賀保とその周辺地域における漁業　東北地理40—1（発表要旨）
26) 　同　　（1990）：最近における飛島の変貌　秋田南高校研究紀要16
27) 　同　　（2001）：秋田県八森地区とその周辺地域における漁業と漁場の変化　秋田湾地域の研究　第11報
28) a. 小野一巳（1980）：秋田湾地域における漁業の変容　秋田湾地域の研究　第2報
　　　b.　同　　　（平成元年）：漁業 「干拓後の八郎潟とその周辺地域の変容」所収　秋田県教育センター

c.　同　（1992）：八郎潟干拓後における潟漁業集落の変容　秋田湾地域の研究　第7報
29) 平沢　豊（昭和58年）：日本水産読本　第2版　東洋経済新報社
30) 本書では改定農林水産統計用語事典の定義に従った。
31) 農林水産統計年報では漁法のことを漁業種類と記している。1982年の秋田農林水産統計年報では漁業種類を沖合底びき網、小型底びき網、遠洋マグロはえ縄、ハタハタ小型定置網、その他の定置網、その他の刺網、採貝、ベニズワイガニかご網など20種類、同年の山形農林水産統計では沖合底びき網、小型底びき網、サンマ棒受網、イカ釣、小型定置網、採貝、採藻、その他の漁業、ワカメ養殖など21種類に分類している。
32) 日本海中部地震は、1983年（昭和58）5月26日12時00分に秋田県能代沖約100kmの北緯40度21分、東経139度05分、深さ14kmを震源とした極浅発型地震で、最大震度は秋田市、青森県深浦町、むつ市などで震度5が観測された。この地震で発生した津波は秋田・青森両県に被害をもたらした。検潮儀の記録による津波の高さは最高2m程度であったが、遡上高は秋田県峰浜村沢目の砂丘地では14m、八森町滝ノ間では5mと推定された。秋田県土木部（昭和59年）：「昭和58年日本海中部地震」
33) 前掲16）－b
34) 小野一巳（平成22年度）：両羽海岸地域における漁業の展開（要旨）　斎藤憲三顕彰会助成研究報告書
35) a. 坂本英夫（1972）：庄内浜　西遊佐砂丘地の農業　前掲22）－a　所収
　　　b.　同　（1978）：輸送園芸の地域的分析　大明堂
36) 斎藤実則（昭和63年）：秋田海岸における製塩の推移　秋田県教育センター研究紀要別冊
37) 東北農政局秋田統計事務所と日本地誌3（二宮書店）では、秋田県の漁業地域を県北漁業地域、中央漁業地域、県南漁業地域の3地域に区分している。本書では漁協や産地市場などの関係から、中央漁業地域を男鹿半島地域と秋田県中央地域に分け、合計4地域とした。
38) 秋田農林水産統計年報では、1984年まで脇本・船越両漁業地区を合わせて男鹿南地区と扱い、1985年以降は脇本と船越に分けている。本編では資料等の整合性を図るため脇本・船越両地区を合わせて男鹿南地区とした。
39) 秋田農林水産統計年報では、秋田市新屋・浜田・下浜地区を合わせて秋田南地区と称している。
40) 秋田漁港と呼ばれている場所は水深5mの秋田港湾区域内の「本港漁船だまり」のことを指す。
41) 前掲24）
42) 前掲26）
43) 念珠ヶ関の表記については、鶴岡市やJRなどでは鼠ヶ関としているが、ここでは山形農林水産

統計年報と漁業センサスに従って念珠ヶ関と表記した。

44) 前掲1) —a 第4巻
45) 定置網は建網とも呼ばれた漁業種類で、一定の海域において、他の漁業を排他して権利を独占する。水深27mより深く設置される定置網は大型定置網、それより浅いところに設置される定置網は小型定置網に分けられる（農林統計協会：農林水産統計用語事典）。秋田県では小型定置網をさらに小型定置網とハタハタ定置網に分けている。
46) 底びき網漁業とは、底びき網を使用してカレイやスケトウダラなど底生性の魚貝類を獲る目的で営まれる漁業のことをいう。本地域には、15トン以上の漁船を用いて山形県沖合から青森県小泊地区沖合までの海域が漁場の農林水産大臣が許可する沖合底びき網漁と、県知事が承認する15トン未満の漁船で所属県の沖合で操業する小型底びき網漁の2種類がある。操業海域は離岸4カイリ以遠と定められている。ただ、秋田県では、11月1日から12月31日までは、北緯39度15分10秒から北緯39度20分10秒の範囲においては3カイリ、12月1日から2月末日までは男鹿半島の塩瀬崎182°から戸賀・北浦の247°の範囲においては1.5カイリ、山形県飛島周辺では3カイリ以遠としている。

底びき網漁は駆け回しびき、板びき、ビームびき等で魚を求めて移動する「動の漁法」の1種で、1隻で引く方法と2隻で引くものとがある。漁獲対象が魚類の場合は船尾から網を揚げ、エビ類の時は船端から揚げる場合が多い。
47) 本地域のイカ釣りは、30トン未満の動力船で釣具を使用する沿岸イカ釣（小型イカ釣漁）と30トン以上の漁船を使用する近海イカ釣に分かれる。ただし、5トン未満の漁船を使用する場合は海区調整委員会、5～30トンの場合は県知事、30トンを超える場合は農林水産大臣の承認が必要である。本地域のイカ釣は山形県から北海道沖合まで操業が可能であるが、自県以外の沖合で操業する場合はそれら県知事の承認が必要である。
48) 秋田農林水産統計年報によると、1993年における天然イワガキの採貝量は秋田県が全国1位であった。イワガキは太平洋側に比べて日本海側に多く生息し、夏に旬を迎える。一方、秋から冬に旬を迎えるマガキは、広島県や宮城県の内湾で養殖が盛んであるが、イワガキは外海性のため養殖が難しいと言われ、最近になって島根県の西ノ島や三重県の的矢湾で行われている程度である。
49) 前掲18) — c
50) 青森県水産商工部（1967年）：青森県沿岸の漁具漁法
51) 大型の刺網にはタラバガニ刺網、スケトウダラ刺網などがあるが、地先で営まれるその他の刺網にはカレイ刺網、カニ刺網、キス刺網、ハタハタ刺網など、多くの種類がある。これらの刺網は

一人で操業できるため、沿岸漁業では最も多く営まれている。

52) 2005年の「秋田農林水産統計年報」ではカニ類をズワイガニ、ベニズワイガニ、ガザミ（ワタリガニ）、その他のカニ類に分類している。秋田県におけるカニ類の漁獲量はベニズワイガニとガザミ、および安価なヒラツメカニが多い。

53) 前掲15)

54) ハタハタ漁は底びき網で行われる沖合ハタハタ漁と、産卵のため沿岸に来たハタハタを獲る沿岸ハタハタ漁（季節ハタハタ漁）に分けられる。

55) 秋田魁新報によれば、1961年（昭和36年）12月9日、北浦地区でハタハタ建網（定置網）操業中に船が転覆し、乗組員6名が行方不明になり、後日4名が死体となって発見された遭難事故などがある。

56) 男鹿市（平成7年）：男鹿市史　下巻

57) ブリコとは産卵前の雌ハタハタが抱くゴルフボール大の卵塊をいい、1尾1孕1塊となって産卵される。ブリコは淡紅色や淡緑力、淡褐色の球状となって串に刺した団子のように連なって海藻に生み付けられる。時化ると海岸に打ち寄せられ、10cmを超える厚さになることもあった。現在、岸に寄せられたブリコは海に返す決まりになっている。

58) 小野一巳（1995）：明治30年以降における能代地区の木材産業　秋田湾地域の研究　第9報

59) 秋田市在住元鮮魚商（1990年：75歳）の話による。

60) 前掲15)

61) 八森町（平成元年）：八森町誌

62) 前掲61)

63) 1992年9月から予定されたハタハタ漁の全面禁漁は、1ヶ月遅れて10月から始まったため同年の10月から12月の漁獲量は無い。また、再開されたのが1995年10月1日であったため同年の1月から9月までの漁獲量も無い。それで1992年の漁獲量は1月から9月、1995年の漁獲量は10月から12月までの結果となるため、1991年を漁獲量が最少の年とした。また、禁漁再開後の漁獲量は、規制のなかった禁漁前と単純に比較できない。

64) 秋田県水産試験場（昭和55年）：秋田県水産試験場研究報告　第2号

66) 当初、ハタハタ漁の全面禁止は1992年9月1日から3年間と計画されたが、本文に記したように10月1日にずれ込んだため、再開されたのも当初の予定から1ヶ月遅れた10月1日となった。底びき網は休漁期が開ける9月から10月はハタハタ漁場で操業しないことになっている。

66) 第10次漁業センサスでは、沢目と道川両地区の1経営体平均漁獲金額はxと記されている。

67) 第7～第9次「漁業センサス」による。

68) 加瀬和俊（昭和63年）：沿岸漁業の担い手と後継者　成山堂書店
69) 秋田県教育委員会（昭和53年）：秋田の漁労用具調査報告　秋田県文化財調査報告書第47集
70) 社団法人　日本水産資源保護協会（昭和48年）：秋田湾地域大規模工業開発にともなう漁業振興対策調査報告書
71) 昭和45年の秋田農林水産統計年報による
72) 前掲25）
73) 前掲24）
74) 小野一巳（1984）：秋田市とその周辺地域における潜在労働力—F水産高校の例—　秋田湾地域の研究　第5報
75) 秋田農林水産統計年報によると、その他の刺網の漁獲量が第1位になったのは1987年以降である。
76) 岩崎地区には岩崎・沢辺・黒崎地区などで組織した岩崎村漁業協同組合と、同地区南部の大間越地区で組織した大間越漁業協同組合が存在する。漁協組合員数や漁獲量・漁獲高などは岩崎村漁協が大間越漁協を凌駕する。
77) 前掲29）
78) 各年の秋田農林水産統計年報による。なお、この時期における秋田県の平均価格は八森・船川・天王・秋田・金浦市場の平均で示された。
79) 各年の山形農林水産統計年報による
80) 秋田・山形両県の農林水産統計年報に記された最終年はともに1998年であった。翌1999年以降は日本海北区の結果が示されている。
81) 平成21年秋田農林水産統計年報と秋田県漁業協同組合の平成21年度水揚状況表から算出
82) 東北農政局秋田統計情報事務所（平成6年）：秋田県漁業の動きによる
83) 第6～11次「漁業センサス」による
84) 前掲83）
85) 前掲18）—a
86) 前掲1）—bの第4巻
87) a. 朝倉書店（2006）：水産大百科事典
　　b. 秋田県（昭和52年）：秋田県史　第六巻　復刻版
　　c. 前掲29）
88) 秋田県農政部水産漁港課（平成6年度）：秋田県水産関係施設の概要による。
　　同資料によれば、負担対象市町は八森町、男鹿市、秋田市、西目町、仁賀保町、金浦町、象潟町

の 2 市 5 町であった。

89) 秋田県（平成 10 年）：県民魚「ハタハタ」の資源管理
90) 6 月 30 日に解禁日を迎えたが、翌 7 月 1 日から 8 月末日までの 2 ヶ月間は底びき網漁が休漁期間になるため、その 2 ヶ月間も禁漁期間に含めた。
91) 漁獲可能量は資源量の 50% に安全率 0.8 を乗じて算出され、これをもとに漁獲枠が定められた。なお、安全率とは国内の資源管理漁業に用いる標準値（0.8）のことをいう。
92) 網目数とは刺網の高さ（縦幅）を表す基準である。例えば、50 目とは 1 寸 5 分の網目で 50 目の高さを意味で、1 寸 5 分 x 50 目 =75 寸、およそ 2m50cm の高さとなる。なお、は「間（ケン）」で表される。
93) 漁業管理組織は漁業資源の維持管理を目的に組織され、資源管理型漁業を推進する中心的な役割を果す。1988 年に秋田県には 7 組織存在したが、1995 年には魚類を対象とした組織 3、カキやアワビ、サラガイ、ウニ類等を対象とした組織 9、合計 12 組織に増えた。
94) 山形県水産事務所（昭和 61 年）：山形県の漁具漁法
95) 山形県漁業協同組合：山形県小型機船底びき網漁業（手繰第一種）包括的資源回復計画
96) 前掲 70)
97) 前掲 70)
98) 田中豊治（昭和 57 年）：水産物流通の地理学的研究　大明堂
99) 船川地区の漁業拠点は船川と椿の 2 地区に分かれるが、漁業センサスや農林水産統計年報では 2 拠点を合わせて船川地区としている。しかし、同地区には船川と椿の 2 箇所に産地市場が存在するため産地市場は別個に扱った。なお、脇本地区にも産地市場は有ったが、買受人が居なかったため漁獲物は船川市場に水揚げされたことから産地市場として扱わなかった。
100) 国井勝則・平井純一（2009 年）：卸売市場の機能低下による水産物卸売業界の再編　知的資産創造 6 月号

第2編

7漁業地区の事例

第1章　7漁業地区を取り上げた理由

　両羽海岸地域における漁業部門別構成からみた地区別変容は、第1編の表1－12に示したように4類型できた。第2編では、その4類型のいずれかに該当する漁業地区を、これまで調査した中から、7地区を取り上げて第1編を補足した。図2－1－1はその7地区とそれに関係する地区を示したものである。

　増加型の事例としては、漁獲量が増加傾向を示す青森県岩崎地区と、最小規模級の漁業を営む秋田県道川地区を取り上げた。なお、岩崎地区については、同地区と県境を挟んで位置する八森・岩館地区と対比させて論じた。

　変容増加型の事例としては、沿岸ハタハタ漁に頼る秋田県北浦地区を取り上げた。

　減少型の事例としては、この型に該当する秋田県南部の平沢と西目・金浦・象潟・山形県吹浦地区を含めた地域の研究は行ったが[1]、秋田南・男鹿南・平沢・酒田・念珠ヶ関地区の個別研究はしていないため、取り上げることができなかった。

　変容減少型の事例としては、秋田県の金浦と浜口、山形県の飛島と温海、合計4地区を取り上げた。この中で、金浦地区は政策減船の影響を受け、飛島地区は本地域では人が定住する唯一の島であるとともに最も漁村的特色を有する。温海地区は、山形県では最小規模の漁業を営むが、地区内のあつみ温泉と深い関係を持っていた。浜口地区は八郎潟干拓の影響を強く受けたため、内水面漁業（潟漁業）にも触れた。

　第2編は8章で構成されるが、それぞれ独立した章であるため、図・表・写真の通し番号は章別に分け、注は各章の末尾に記した。

注

1）小野一巳（1988）：仁賀保とその周辺地域における漁業　東北地理40-1　発表要旨

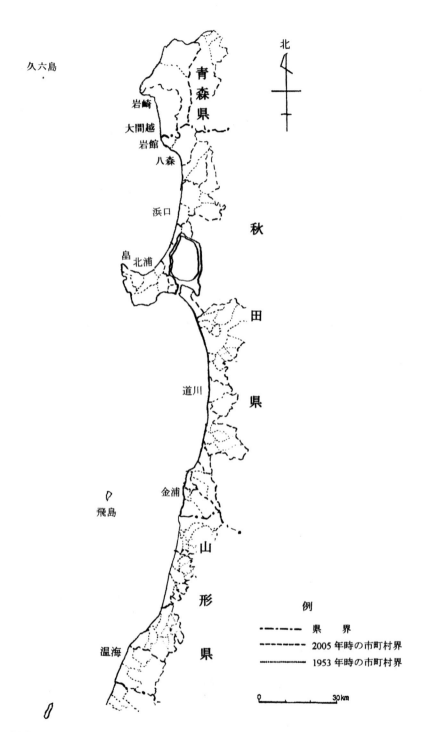

図2－1－1　7漁業地区とそれに関係する地区

第2章　青森県岩崎地区と秋田県八森・岩館地区における漁業の展開

I　はじめに

　青森県岩崎地区（現深浦町）と秋田県八森・岩館地区（現八峰町）は県境を挟んで位置し、海岸に沿って走る国道101号とJR五能線で結ばれている（図2−2−1）。
　岩崎地区には岩崎・沢辺・黒崎・森山集落からなる岩崎地区と大間越地区（旧大間越村）の2漁業地区が存在する。青森農林水産統計年報では両地区を合わせて岩崎地区と扱っているため、統計に関することは同年報に従い、必要に応じて漁協の資料を使用した。八森地区には漁業規模が同程度の八森と岩館の2地区が存在する。各種の漁業統計では両地区を分けて扱っているため、ここではそれに従って論を進めていくが、八森地区と岩館地区を合わせて扱う場合は八森・岩館地区と記すことにした。
　94年以降の漁獲量は岩崎・八森・岩館・大間越の順に多い。この中で、八森・岩館地区は秋田県における3大漁業地区の1拠点として、秋田県北部地域の中心的な地位にある。一方、大間越地区の漁獲量は極めて少なく、他の3地区に比べて漁業規模は零細である。
　漁業協同組合は岩崎地区に本所を置く岩崎村漁業協同組合と大間越地区に本所を置く大間越漁業協同組合、および八森地区に本所を置く秋田県北部漁業協同組合が存在するが、組合員数や漁獲量などは秋田県北部漁協と岩崎村漁協に多い。また、岩崎地区には黒崎・森山・岩崎・沢辺の4漁港、大間越地区には大間越漁港、八森地区には八森漁港、岩館地区には岩館漁港が有る。産地市場は岩崎・沢辺・八森・岩館の4箇所に存在するが、水揚量・水揚高は八森市場が最大である。
　高度経済成長期以前の岩崎地区は、沿岸ハタハタ漁や大羽イワシ漁などの情報を八森・岩館地区から取り寄せ、八森・岩館地区では、水産資源の宝庫といわれた青森県深浦地区沖合の久六島周辺に出漁するなど、県境を越えた関係が見られた。高度経済成長後も岩崎地区の高校通学や日用品などの買物、および通院などの生活行動は、能代地区と深い関係を維持してきたが、漁業においては岩崎地区の漁獲量が増加傾向を示す一方で、八森・岩館地区では減少、主要漁業種類も異なるなど対照的である。

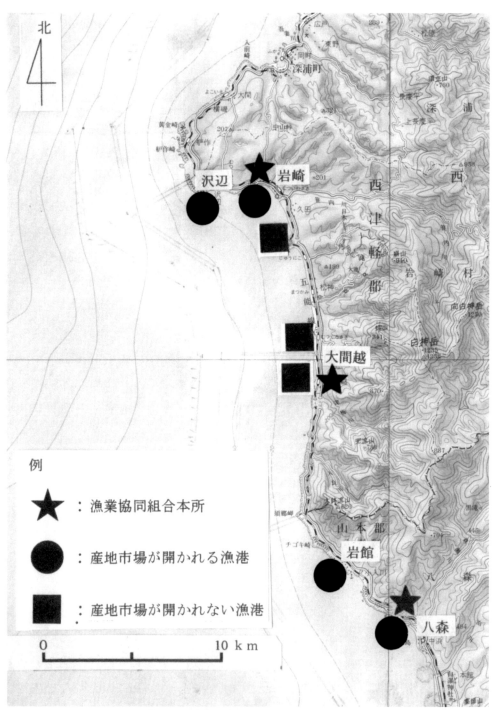

図2-2-1 1998年の青森県岩崎地区と秋田県八森・岩館地区における
漁業協同組合と産地市場の分布

国土地理院 平成7年発行1：200,000地勢図「弘前」、平成8年発行1：200,000地勢図「深浦」図幅より作成

本章では、明治期以降における青森県岩崎地区と秋田県八森・岩館地区の漁業展開を明らかにする。研究方法は各種統計資料や文献を利用したほか、現地調査を行った。

　本章は 98 年から 00 年に調査した結果を骨子としたものである。

Ⅱ　明治期～石油危機以前における漁業

1　岩崎地区

　「岩崎村史」[1)] には、明治期はニシン、大正期から終戦後は大羽イワシが多く穫れたが、後背地が狭いため販売量は少なかったと記されている。1932 年（昭和 7）には動力船 4 隻，無動力船 142 隻、合計 146 隻有ったが、動力船は日用品や木炭などを輸送することが優先され、漁業専門の動力船は無かった。翌 1933 年は、635 戸のうち漁業専業は 14 戸、第一種兼業は 22 戸、第二種兼業は 110 戸と、漁業を生業とした世帯は少なかった。

　53 年の津軽沿岸南部 6 地区、すなわち岩崎・鰺ヶ沢・深浦・赤石・大戸瀬・舞戸の漁獲量と漁獲高は、多い順に深浦地区 49 万貫（6,890 万円）、鰺ヶ沢地区 38 万貫（5,445 万円）、岩崎地区 17 万貫（2,567 万円）、大戸瀬地区 16 万貫（3,509 万円）、舞戸地区 3 万貫（360 万円）、赤石地区 1 万貫（260 万円）と、岩崎地区は漁獲量では 6 地区中 3 位、漁獲高では 4 位であった。岩崎地区より下位の舞戸と赤石は海岸線が短く、漁業集落と漁業世帯数の少ない地区であった。

　54 年（昭和 29）は 218 隻の漁船が有ったが、動力船 3 隻の総㌧数は 3.9 ㌧、1 隻平均僅か 1.3 ㌧であった。無動力船 215 隻のうち 195 隻が個人所有で、その全てが第二種兼業であったことから、自給的性格の強い零細な漁業を営んでいたことが分かる。

　60 年の漁獲量は 581 ㌧、65 年は 1,600 ㌧、70 年は 1,096 ㌧と、変動が大きかった。漁業種類別には、65 年は小型定置網が 1,334 ㌧（全体比 83％）、大型・中型定置網が 140 ㌧（同 8.8％）、70 年は小型定置網が 879 ㌧（同 82％）、大型・中型定置網が 118 ㌧（10.8％）と、両年とも定置網の漁獲量が全体の 90％ を超え、そのほとんどがハタハタであったことから、60～70 年は沿岸ハタハタ漁が支配的であったと言える。ハタハタは能代地区に出荷されたが、鮮度が劣るとか、魚体が細いという理由で買いたたかれたため収益性が低かった。

51年の主な水産加工物は、スルメイカ（297貫、全体比14.4％）、大羽イワシの塩蔵（200貫、9.4％）など乾燥品と塩蔵品が多く、コウナゴを原料とした佃煮（620貫、同29.3％）を除くと、魚油や肥・飼料など付加価値の高い加工品は無く、水産加工業も不振であったと思われる。ただ、「岩崎村史」にはコンブ製品650貫と記されてあるが、岩崎地区ではコンブ採集を行っていなかったことから、北海道から取り寄せて加工したものと推測される。

2　大間越地区

　60年の漁獲高は2.1㌧、65年は4.8㌧、70年は2.9㌧と、極めて少なかった。同地区南部の板貝や木蓮寺集落では、小型の無動力船でアワビやサザエなどの採貝と採藻および小規模な刺網などを行った。

3　八森・岩館地区

　「八森町史」[2]には、明治24年頃はニシンが多く、それを加工した身欠きニシンと〆粕を酒田・加茂・新潟・伏木・函館などに出荷したと有ることから、明治期に商業的漁業は成立していたと思われる。

　明治期後半にニシン漁は急速に衰退し、それに代わって大正期に豊漁期を迎えた大羽イワシは食用あるいは肥料として魚油・魚粕に加工された。しかし、それも55年頃に消滅し、それに代わったのがハタハタで、漁獲量が1,000㌧を超えることも度々あった。

　1921年（大正10）、国は漁業振興を図るため、機船底曳網漁業取締規則を公布した。それを受けて、翌1922年、秋田県水産試験場は秋田県沖合で底びき網漁の試験操業を行ったところ結果が良好であったため、一部の漁民達が底びき網漁を始めた。大正末期における農林大臣が許可した底引き網漁船は13隻（八森地区7隻、岩館地区6隻）、県知事が承認した漁船は10隻、合計23隻と、沖合漁業漁船の中では最も多くなるとともに漁獲量も首位に成ったことから、底びき網は大正期に主要漁業の地位を確立させたと判断できる。

　しかし、底びき網の拡大とは逆に、沿岸漁業の漁獲量が減少したため、底びき網が沿岸漁場を荒廃させていると訴えられるなど、両者の間に対立が見られるようになった。

　漁獲物は船や馬等で地区内や能代地区に出荷されたが、五能線の開通後は能代駅

や機織駅(現東能代)に鉄道輸送され、一部は能代地区に、多くは米代川中・上流地域の鷹巣や大館方面に出荷された。戦後間もなく漁業資源の減少が懸念された時も、地区内の農家や発盛(椿)・真瀬・久栄などの鉱山住宅や、人口10万人を超える能代とその周辺地域、および米代川中・上流域には非鉄鉱山の労働者など25万人程度[3]の消費地が存在したことから、拡大・発展の一途を辿った。

Ⅲ 石油危機以降における漁業

1 地区別漁獲量の推移
(1) 岩崎地区

72～98年における岩崎・岩館・八森3地区の漁獲量を示したのが図2－2－

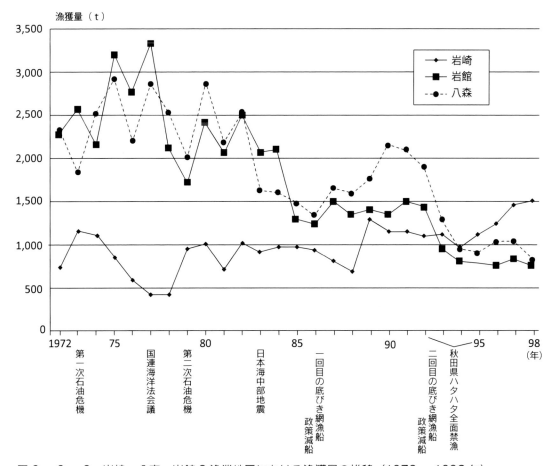

図2－2－2 岩崎・八森・岩館3漁業地区における漁獲量の推移(1972～1998年)
青森・秋田両県の「農林水産統計年報」による

2である。

岩崎漁港（写真2-2-1）を拠点とする岩崎地区では、津軽沖にベニズワイガニの漁場を発見したことや、定置網を改良した底建網[4]が定着したこと、八森・岩館地区の沖合底びき網漁船が第二次石油危機以降、岩崎沖合の操業を自粛したことで漁獲量は増加に転じ、95年以降は4地区で最も多い。

写真2-2-1　青森県岩崎漁港
　　　　　　2000年9月　筆者撮影

(2) 大間越地区

青森農林水産統計年報によると、73年は24㌧、83年は43㌧、85年はピークの93㌧と有るが、86年以降は岩崎地区に含まれている。98年の現地調査によると10㌧程度と極めて少なかった。同地区では僅かな漁業資源を保護するため、密漁や違法操業に厳しい監視体制を敷いている。

(3) 八森地区と岩館地区

図2-2-2から第一次石油危機以降における八森地区と岩館地区の漁獲量は、ハタハタ資源などの枯渇化、2度の石油危機、200カイリ問題、日本海中部地震などで減少傾向にある。中でも78年は200カイリ問題で4,583㌧と、前年に比べ1,519㌧の減少、85年は日本海中部地震とそれに起因した津波被害の復興が遅れたことで2,697㌧と、82年に比べ2,238㌧の減少、94年は92～95年のハタハタ漁の全面禁漁で1,685㌧と、92年に比べ1,516㌧の減少であった。しかし、ハタハタは禁漁が開けても漁獲量は回復しなかった。

逆に、75年はイカ類とタラ類、77年はイカ類・タラ類・ホッケ、80年はホッケとベニズワイガニ、82年はホッケ・イカ類・スケソウダラが好調であったため、漁獲量が増加した。

72年と98年の漁獲量を比較すると、八森地区では2,290㌧から770㌧に34%減少した。中でもハタハタは413㌧から78㌧と1/5程度に減少、それに代わって、83年はベニズワイガニ（全体比24%）、85年・93年・98年はホッケ（それぞれ51%・36%・13%）が首位になった。岩館地区では2,236㌧から709㌧に32%

減少した。中でもハタハタは822㌧から81㌧と1/10以下に減少、それに代わって、83年と85年はホッケ（同32％・39％）、93年はスルメイカ（同20％）、98年はマダラ（同14％）が首位になった。

　漁獲量の減少が続くハタハタは正月魚として欠かせない魚である。ハタハタ漁は男鹿半島地域・秋田県南部地域とともに盛んで、八森地区では60年に1日1万箱（11kg/箱）水揚げしたこともあったほか、73年は1,235㌧、75年は1,650㌧と、60～70年代中頃は豊漁であった。その後、漁獲量は著しく減少し、85年は両地区合わせて35㌧、90年は6㌧と、深刻な状況に陥った。そのため、県は全県一斉に92年から3年間ハタハタ漁を禁止した。再開後は漁獲枠が設定されたうえに、沿岸ハタハタ漁は小型定置網（ハタハタ定置網）と刺網に制限された。

　再開後、定置網の設置場所は、禁漁前と同様に「ハタハタ小型定置網漁場の入札」で決められた。禁漁前は10数ヵ所有った入札対象場所は、99年は椿から滝ノ間までの3か所、09年は長嶋・大瀬の間・二つ森・砂岬・鵜ノ巣・雄島・目名潟森の7ヶ所であった。入札の参加資格は、ハタハタ漁の実績がある八森地区の漁協正組合員に限られた。入札は漁場毎に行なわれ、漁協が設定した価格を上回ることが条件であった。98年は各漁場とも最低額は31,500円であったが、落札された最低額は50,000円、最高額は真瀬川河口右岸の通称二ツ森の320万円であった。入札額が異なったのは、「二ツ森のハタハタは上（カミ）から来る（海岸線に垂直に南西方面からくる）が、風は下（シモ）から来る（北西から吹く）ため、風の影響が小さいので出漁の機会が多いうえ、海水と真瀬川の水が混ざる栄養豊富な漁場のため魚体が大きく、ブリコにも粘りがあるから高値が付く」と言う。逆に真瀬川河口左岸の雄島以南は、海底が砂質であるため魚体に砂が付くので安く、青森県岩崎地区のハタハタは痩せているため安いと言われているように、漁場価値の違いが入札額に差が生じる原因であった。

　岩館地区の沿岸ハタハタ漁は、岩館漁業生産組合が秋田県北部漁協から漁場を借りて、98年は20人程度の組合員で組織した生産組合がハタハタ定置網を2統営んだ。刺網は漁協の操業許可と31,500円の納付、船外機付き船を使用する時は2人以上で行うことを義務づけた。

　しかし、網の設置場所によって漁獲量の差が大きいことや、資源の回復が十分でないことを理由に、沿岸ハタハタ漁の操業を取り止めた漁業者がみられた。

2 地区別主要漁業種類（表2-2-1）

(1) 岩崎地区

①**小型定置網** 77年に営まれた漁業種類は、漁獲量が多い順に小型定置網・大型定置網・その他の敷網・その他の刺網・イカ釣り・その他の釣り・採貝・採藻・その他の漁業であった[5]。ただ、終戦前後に営まれた小型底びき網は60年代中頃に消滅した。

71年は漁獲量840㌧のうち、小型定置網の割合は全体の96.7%、73年は1,139㌧のうち97%を占めた。しかし、沿岸ハタハタ漁の不振によって77年は437㌧、78年は415㌧に減少するとともに小型定置網の割合も35%程度に低下した。それでも、70年代後半までは小型定置網の漁獲量が多かった。

②**ベニズワイガニかご網漁** 79年以降はベニズワイガニかご網と底建網の漁獲量が増加した。青森農林水産統計年報では、ベニズワイガニかご網は「その他の漁業」、底建網は「小型定置網、あるいは大型定置網」の1種類として扱われている。

同地区のベニズワイガニかご網は、津軽地方沖合に漁場を発見したことを機に沢辺漁港を拠点に始まった。80年当時、日本海北区に位置する青森県で同漁を行った地区は岩崎と小泊の2地区であったが、05年以降は岩崎地区のみとなった。80年における岩崎地区の漁獲量1,002㌧のうち、ベニズワイガニは398㌧（全体比39.7%）、86年は990㌧のうち535㌧（同54.0%）と、主要漁業種類の一つとなった。

③**底建網** 63年に深浦町北金ヶ沢の漁師が、定置網を改良した底建網を大間越地区に伝え、さらに改良された底建網が65年に岩崎地区に伝わり、75年頃に定着した[6]。80年代後半には同地区のH氏が底建網の権利を買い取り、設置場所や設置方法などに工夫を加えて漁獲量の増加に結びつけたと言われている。同地区における底建網の統数は、87年が30統、99年は40統（離岸4km以遠の大型底建網を含めると50統）と、青森県全体の40%を占め、同地区を代表する漁業種類となった。網が設置される海域の北側は半島状の台地となっているため、北西風の影響が小さいうえに、海底は砂質のため網の設置に適している。魚類は時化の前後に動きが活発になると言われることから、水深70～80mに設置される底建網は、荒天時でも波浪の影響が少ない利点を持っている。同漁は魚が網に入るのを待つ「待ちの漁法」であるが、定置網に比べて人件費・資材費などが安いことや、1㌧程度の小型漁船に1～2人乗り組んで操業できること、修繕目的の網揚げは年2～3回程度で済む特色が有る。漁獲物はタラ・ヒラメ・カレイなどの底魚とサケ・マス・

表2-2-1　八森・岩館・大間越・岩崎地区における総漁獲量と上位3位までの漁業種類別漁獲量の割合

単位　総漁獲量（総量）：トン、漁業種類別漁獲量の割合：％

		八森	岩館	大間越	岩崎
1973年	総量	1,801	2,532	24	1,139
	1	沖合底びき　(48)	沖合底びき　(39)	採藻　(50)	小型定置網　(97)
	2	小型定置網　(12)	小型定置網　(20)	他の刺網　(29)	他の釣り　(1)
	3	他の刺網　(11)	他の刺網　(11)	他の釣り　(21)	他の刺網　(1)
78年	総量	2,501	2,082	非公表	415
	1	沖合底びき　(34)	沖合底びき　(41)		小型定置網　(35)
	2	他の漁業　(32)	マグロはえ縄　(18)		イカ釣り　(21)
	3	小型底びき　(17)	小型底びき　(15)		大型定置網　(11)
83年	総量	1,585	2,025	43	897
	1	沖合底びき　(36)	沖合底びき　(55)	非公表	他の漁業　(41)
	2	ベニズワイガニかご　(24)	小型底びき　(17)		小型定置網　(17)
	3	小型底びき　(15)	イカ釣り　(10)		他の刺網　(17)
88年	総量	1,549	1,289	非公表	650
	1	沖合底びき　(52)	沖合底びき　(38)		小型定置網　(31)
	2	小型底びき　(28)	小型底びき　(33)		他の刺網　(30)
	3	イカ釣り　(9)	イカ釣り　(11)		他の漁業　(20)
93年	総量	1,232	887	非公表	1,064
	1	沖合底びき　(52)	沖合底びき　(29)	他の刺網	他の漁業　(48)
	2	イカ釣り　(20)	小型底びき　(25)	他の漁業	小型定置網　(24)
	3	小型底びき　(12)	イカ釣り　(20)	小型定置網	他の刺網　(11)
98年	総量	770	709	非公表	1,427
	1	沖合底びき　(29)	沖合底びき　(32)	他の刺網	他の漁業　(41)
	2	他の刺網　(26)	他の刺網　(21)	小型定置網	小型定置網　(27)
	3	小型底びき　(20)	他の漁業　(13)	他の漁業	他の刺網　(22)

各年の秋田・青森両県の「農林水産統計年報」による

※1993年と1998年における大間越地区の漁業種類は大間越漁協より聞き取った

イカ類などの回遊魚が多く、沖合の大型底建網ではマグロ類も獲れる。最近、津軽海峡に面する竜飛や大間地区などでは、マグロの資源管理を求める動きがみられるため、岩崎地区ではその成り行きを見守っている。

　④新たな漁業種類の導入とその成果　その他にも、51年には深浦地区から「マス一本釣」、55年頃には動力船を使った「マス曳釣」、北金ヶ沢から「タラ刺網」と光力を使った「ヤリイカ棒受網」、新潟から「ブリ曳釣」などを導入し[7]、漁業経営の改善に取り組み、成果を上げてきた。

　78年の漁業就業者は279人、93年は155人、03年は133人と減少が続いたが、自営漁業者は、漁獲量の増加とともに93年は87人、98年は90人、03年

表2－2－2　青森県岩崎地区における漁業専・兼業別個人経営体数

	個人経営体数	専業	第一種兼業	第二種兼業
1978年	173	5	29	139
83	145	7	31	107
88	89	9	39	41
93	87	9	36	42
98	90	8	30	52
03	104	29	35	40

第6～11次「漁業センサス」による

表2－2－3　1993年と1998年における岩崎地区の漁獲高階層別経営体数

	1993年	1998年
漁獲金額なし	18	1
～　　　　30万円	9	24
30 ～　　50	3	11
50 ～　　100	4	5
100 ～　　200	11	17
200 ～　　500	15	10
500 ～　1,000	20	11
1,000 ～　2,000	9	14
2,000 ～　5,000	1	2
5,000 ～ 10,000	1	2
平　　均	455万円	533万円

第9次と第10次「漁業センサス」による

は104人と増加し（表2－2－2）、逆に、雇われ漁業者は、93年の68人から03年には29人に減少した。

98年に8人居た専業は03年には29人に増加した。しかし、高齢者専業型が21人含まれていたため実質的な変化は無かった。第一種兼業率は、78年の16.8%から88年には43.8%に上昇し、漁獲量が1,000トンを超えた93年には41.4%、98年には33.3%、03年には33.7%と、高い率で推移した。

漁獲高が100万円未満の経営体は、自給的な漁業を営む60歳以上層が増加したことから、93年は34人であったが（全体比37.4%）、98年には41人（同42.3%）に増加した。一方、1,000万円以上は11人（同12.1%）から18人（同18.6%）に増えるとともに、1人平均漁獲高も93年の455万円から98年には533万円へと増加した（表2－2－3）。これはベニズワイガニかご網と底建網が定着したことや、マグロはえ縄などを積極的に取り入れた効果の表れと考えられる。

岩崎地区の人口は、70年の4,885人から99年には2,972人[8]と、30年間で40%減少するなど課題が多い中で、漁業経営に改善がみられたことは明るい材料であった。

(2) 八森・岩館地区

①底びき網　前記したように、八森・岩館地区の底びき網は大正期に成立し、大戦中に政府が奨励したことから発展を遂げ、今日では同地区を代表する漁業種類

写真2-2-2　秋田県八森漁港
　　　　　右側の2隻は小型底びき網漁船、左奥の2隻は沖合底びき網漁船
　　　　　　　　　　2000年5月　筆者撮影

となっている(写真2-2-2)。

　77年における秋田県の沖合底びき網漁船34隻のうち、八森地区には8隻、岩館には6隻、合計14隻有った[9]。しかし、漁業資源の枯渇化や長引く石油危機の影響、政策減船などによって、83年には八森地区に5隻、岩館地区に5隻、合計10隻、00年には八森地区に4隻、岩館地区に3隻の合計7隻[10]となった。それでも、八森・岩館地区は秋田県最大級であった。

　先に示した表2-2-1から73～98年における漁業種類別漁獲量をみると、八森、岩館両地区とも沖合底びき網が首位を占め、それに小型底びき網を加えると50%を超える年も有った。底びき網の漁期は9～6月、出漁日数は平均160日/年程度で、漁獲物はタラ・ヒラメ・カレイが多く、11～12月は沖合ハタハタ漁も行った。

　70年における八森地区の沖合底びき網1経営体平均漁獲高は630万円で、そのうち船主は必要経費を除いた60%、残りの40%の中から船長に1.3人分、機関長に1.2人分、そのほかの人に1人分支払われた[11]。そのほかに、全乗組員に15,000円/月の最低保障が有ったため、他の漁業に雇われた人に比べ安定していたことから、乗組員の確保は容易であった。

　78年の男子漁業就業者323人のうち八森地区には156人、岩館地区には167人居た。普通、沖合底びき網漁船には5～8人乗り組むことから、八森地区では40～64人、岩館地区では30～48人、合計70～112人が沖合底びき船に乗り組んだ計算になる。つまり、漁業就業者の3～4人に1人が沖合底びき網に雇用されていたことになるため、70年代は第一次石油危機による影響が小さかったと思われる。

　80年代に入ると、漁業資源の枯渇化と長引く石油危機の影響によって、漁業経営は厳しさを増したため政策減船が2回行われた。86年の1回目の時は、秋田県

の沖合底びき網漁船29隻中9隻、小型底びき漁船が47隻中10隻、合計76隻中19隻が対象となり、八森・岩館地区では沖合底びき網漁船が3隻減船され、漁業経営の縮小を招く一因となった。2回目の時は沖合底びき網漁船が2隻減船されたほか、1隻が小型底びき網に変わった結果、00年は沖合底びき網漁船が7隻、小型底びき網漁船が4隻、合計11隻となった。それでも漁獲量は底びき網が首位であった。

近年は漁業資源の減少が著しいことから、3～5月はマス流し網やマスはえ縄漁、6月にはサンマ流し網、7～8月の休漁期間はエビかご網や採貝などと組み合わせた経営が行われている。一方、雇われ業業者は休漁期の7～8月も雇用される人と、雇用保険を受給する人に分かれた。

②イカ釣り　スルメイカ釣りは、65年頃に回転手動釣機、72年頃に電動イカ釣り機の導入を機に省力化されたことで漁獲効率が向上し、79～95年の漁獲量は底びき網に次ぐ多さであった。漁船には2人が乗り、集魚灯を点けた夜間操業が中心であったが、82年は市場単価が677円/kg、80年は1,492円/kgと好調であったため、5㌧未満の漁船で昼間操業する漁業者が急増した。

沖合数kmの通称テリ場から久六島周辺で漁獲されたスルメイカは、八森もしくは岩館市場に水揚げされ、県内に18％程度、他は東京・新潟・北海道方面に出荷された。1日の漁獲高が最高で150万円、1漁期2,000万円あった。

親子・兄弟・あるいは人を雇って由良沖合から稚内沖合まで操業した漁師の中には、1夜でA重油をドラム缶4本程度使っても、20～25杯入った1箱が4,000～5,000円、お盆近くには8,000円位まで跳ね上がったため、1夜で200万円、1漁期で3,000万円水揚げした人も現れた。

しかし、92年頃から安価な輸入イカが増えたことで、95年の市場単価は322円/kg、00年は223円/kgと下落が続き、お盆の頃は1箱300～500円まで暴落した。そのため、長期出漁を止めて地区沖合の昼間操業に切り替えた人が多かった。

スルメイカ釣りは不振が続くため、夏の風物詩として知られた一夜干し風景は見られなくなるとともに、国道101号線沿いの焼きイカ店では、瞬間冷凍されたニュージーランド近海産の輸入スルメイカを使っている。

マイカ釣りは、5㌧程度の漁船に1～2人乗り組み夕方出漁し、沖合15カイリ付近で営まれた。マイカはマグロはえ縄漁の餌として久六島周辺で操業するマグロ釣り船に売り渡された。岩館地区のマイカ釣りは、5㌧程度の漁船に3～4人乗り

写真2-2-3　2005年頃の久六島
　　　　大森建設株式会社（秋田県能代市）提供

組み、近隣集落に販売された。
　ヤリイカはテリ釣り漁の餌に使われた。
　③**マグロはえ縄**　マグロはえ縄は、船川地区の遠洋マグロはえ縄とは違い、久六島周辺で8～11月に行われた。78年の漁獲量は、岩館地区では43㌧、八森地区では0㌧、80年は岩館地区9㌧、八森地区10㌧、85年は岩館地区50㌧、八森地区60㌧、95年は岩館地区7㌧、八森地区0㌧、00年は岩館地区5㌧、八森地区4㌧と、変動が大きかった。しかし、85年の産地市場価格は1,400円/kg、95年は1,376円/kg、00年は1,092円/kgと、高値で取引された。
　④**その他の漁業種類**　小型定置網は昭和初期に男鹿半島畠集落の佐藤力松が岩手県から取り寄せたものが伝わり、沿岸ハタハタ漁に使用された。アマダイ刺網は福井県から新潟県を経由して金浦地区に伝わり、八森地区には63年頃に伝わった。そのほか、57年頃に新潟県からマスはえ縄、64年に石川県輪島からブリ刺網が伝わるなど[12]、多くが新潟県や北陸地方から伝わったが、青森県から伝わったものは確認できなかった。

3　八森・岩館地区における操業海域の縮小と新たな漁場の開発
(1) 久六島の帰属問題
　青森県深浦町艫作崎（へなしざき）の西方約30kmの沖合に位置する久六島（きゅうろくじま）は（写真2-2-3）、3つの裸岩から成る無人島で、八森漁港からおよそ2時間の距離に有る。海面に出ている部分は僅かであるが、島を取り巻くように広がる浅い根にタナゴやホッケ等の魚類や海藻類、アワビ・サザエなどの貝類が豊富で、「魚宝島」とか「魚の湧く島」と呼ばれた島であった（表2-2-4）。
　明治中頃に久六島の地籍と周辺海域の漁業権を巡って秋田県と青森県の間で起きた紛争は、200カイリ問題の原因となった経済的価値の小さい小島の領有を巡っ

表2-2-4 1949年～50年における久六島周辺の漁業実績

	青　森　県	秋　田　県
潜水器漁業		
操業船数	4隻	1隻
1隻平均漁獲量	アワビ 2,300～2,600kg	サザエ 4,500kg
タナゴ角網漁業		
着業統数	2統	休業
漁獲量	38,000kg	0
海藻・貝類採取（鈎取り、素潜り）		
漁獲物	ワカメ	アワビ　　テングサ
漁獲量	375kg	1,000kg　　3,800kg
ホッケまき網漁業		
着業統数	46統	51統
1ケ統平均漁獲量	18,800kg	

金田禎之（昭和54年）：漁業紛争の戦後史　成山堂書店による

て起きた国内版と位置づけられる。紛争の経緯については金田の著書[13]や「岩崎村史」・「八森町史」・「深浦町史」[14]に詳述されている。

　紛争の解決を委ねられた国は、54年8月27日に久六島の地籍を青森県に帰属させ、秋田県には漁業入会権を認める内容の「久六島周辺における漁業についての漁業法の特例に関する法律」を公布して決着させた。しかし、同島周辺の漁業資源はすでに減少が著しかったことから、八森・岩館地区からの出漁は少なくなった。このことは、八森・岩館地区は久六島周辺の漁場を失ったものと解釈できる。

(2) 底びき網漁場とイカ釣り漁場の縮小

　秋田県籍の沖合底びき網漁船は、青森県小泊地区から山形・新潟県境に至る離岸4カイリ以遠、小型底びき網漁船は秋田県の離岸4カイリ以遠で操縦できる。2回にわたる政策減船で1隻当たりの操業海域は拡大されたことになったが、漁業資源の枯渇化や長引く石油危機の影響、魚価の低迷などによって、沿海州沿岸や他県沖合で操業することを止めて秋田県沖合で操業するようになった。小型底びき網も所属漁協沖合に切り替えるなど、操業海域を縮小させた。

　イカ釣りでも、他県沖に出て操業する長期出漁から地区前沖の昼間操業に切り替えた経営体が多く、操業海域の縮小現象がみられた。

(3) 沿岸ハタハタ漁場の劣化

　八森・岩館地区では沿岸ハタハタ・沖合ハタハタとも漁獲量の減少が著しい。これは、基本的にはハタハタ資源の枯渇化にあるが、日本海中部地震とそれに起因し

た津波によって、人工魚礁の崩壊や海底地形が変ったこと、津波による流砂（漂砂）などで産卵場所が被害を受けたこと、漁港の整備・拡幅工事・護岸工事などによって産卵場所が縮小・劣化したこと、地区背後の白神山地の森林伐採や、同山地で行われた砂防ダム工事による汚濁水が海岸に流れ込み、最良の漁場と言われた真瀬川河口部の藻場を劣化させたことなどが要因である。事実、木片や土砂などで藻類の生育がみられなくなった海岸部や、岩礁がむき出しになった所も見受けられる。このことも漁場の喪失・縮小と捉えることができる。

（4）新漁場の発見と開発

操業海域の縮小と劣化がみられた一方で、新たな漁場の開発と漁場づくりが行われた。新漁場については、80年代に八森漁港沖合約30km、水深60～120mの「ガケ」あるいは「タナ」と呼ばれる海底にメバル（テリ）の生息域が発見された。00年5月14日の八森市場には、メバル400箱（1箱:3kg）とタコ・カニ・カレイ・ヒラメ・ソイ・タイなど数箱が水揚げされたことから分かるように、この時期のメバルは重要な水産物であった。

また、沿岸部では藻場の保全と再生事業、離岸4kmと4カイリの共同漁業権漁業と底ひき網漁が操業できない海域に、人工魚礁を設置する漁場づくりも行われている。

そのほか、八森・岩館地区ではアワビの放流事業、岩館地区ではヒラメの中間育成にも取り組んでいる。

4　漁獲物の流通

（1）岩崎市場と大間越地区の水揚市場

岩崎地区は五能線陸奥岩崎～川辺より先に、陸奥岩崎～機織（はたおり）（現東能代）が開通したことや[15]、弘前市・青森市より近い能代市と結びつきが強かった。また、青森消費地市場で岩崎地区の水産物は、鮮度が落ちるという理由から価格が低く抑えられてきたため、八森地区の漁獲物より1日遅れで新潟消費地市場に届いても、八森市場を経由させて新潟消費地市場に送ることが有った。78年に国道101号の整備が終わり、青森市と2時間に短縮されたことで青森消費地市場に出荷することが原則となった。それでも価格は低く抑えられた。逆に、国道が整備されたことで、八森市場の水産物と同じ日に新潟消費地市場に届くようになったことや、ベニズワイガニを北陸市場に出荷していることなどから、新潟・北陸地方と関係が強くなった。

大間越地区の漁獲物は、八森市場が近いこと、岩崎市場に水揚げするより1日早く新潟消費地市場に届いたことから、今日においても八森市場に水揚げしている。

(2) 八森市場

　八森市場は船川・北浦・金浦の3産地市場と秋田消費地市場とともに秋田県の主要市場に位置付けられている。第1編の図1－17に示したように、八森市場には八森・沢目・能代・浜口地区や、大間越地区などの水産物が水揚げされてきた。しかし、秋田農林水産統計年報に水揚高は記載されてないため、主要市場の水揚高を比較することができない。85年以降の同年報には主要市場の総水揚量と平均価格、および各水産物の水揚量とその単価は記載されてあるが、各水産物の水揚高と総水揚高は記されてない。そのうえ、1㌧未満の水産物の水揚量は0と記されてあるため、その水揚高を求めることも出来ない。そこで、ここでは総水揚量に平均価格を乗じて求めた数値を総水揚高とした。

　それによると、85年における八森市場の水揚量（1,392㌧）・平均価格（354円/kg）・水揚高（4.9億円）は、いずれも主要市場の中では最も少なかった（表2－2－5）。しかし、87年以降、平均価格は上昇を続け、95年には779円/kgとピークに達し、その後は、船川・金浦両市場を300円/kg程度上回る700円/kg台で推移した。表2－2－5で示したように、85年の水揚量は1,392㌧、94年は842㌧、00年は553㌧と減少を続けたが、水揚高は船川市場には及ばなかったものの、94～98年は単価の高い水産物が多かったため金浦市場を上回った。

　95年を例にとると、1,613円/kgのヒラメは前年比12%増の6,510万円、411円/kgのタラ類は13%増の2,685万円などと、平均単価は12%増の779円/kg、水揚高は7%増の6.2億円であった。それに対して船川市場ではホッケが522㌧と、全体の28%を占めたが、単価は25円/kgと安価であったため、平均価格は前年比6%減の424円、水揚高は7%減の7.8億円であった。金浦市場でも安価なホッケが前年比180㌧増の337㌧と、水揚量の31%を占めたが、単価は21円/kgと安価であったため平均価格は前年比12%減の478円、水揚高は4%増の5.2億円であった。

　00年もマグロ類（9㌧、1,092円/kg）・その他のエビ類（7㌧、2,605円/kg）・ヒラメ（17㌧、1,759円/kg）・カレイ類（77㌧、1,248円/kg）など水揚量は少なかったものの、1,000円/kg以上の水産物が金浦市場の5種類に対して、八森市場では12種類と多かった。

表2-2-5　八森・船川・金浦産地市場における水揚量・平均価格・水揚高

	八森市場			船川市場			金浦市場		
	水揚量	平均単価	水揚高	水揚量	平均単価	水揚高	水揚量	平均単価	水揚高
1985年	1,392トン	354円/kg	4.9億円	3,545トン	391円/kg	13.9億円	1,877トン	416円/kg	7.8億円
87	1,658	328	5.4	4,380	274	12.0	2,222	399	8.9
93	1,170	486	5.7	2,446	324	7.9	1,232	460	5.7
94	842	693	5.8	1,855	453	8.4	910	543	4.9
95	797	779	6.2	1,852	424	7.9	1,078	478	5.2
98	734	764	5.6	2,132	401	8.5	998	493	4.9
00	553	742	4.1	1,948	378	7.4	941	469	4.4

各年の「秋田農林水産統計年報」による
※水揚高は公表されてないため、水揚量に平均単価を乗じて求めた推定値である

Ⅳ　まとめ

1. 明治期から石油危機以前における岩崎地区の漁業は、自給的性格の濃い第二種兼業で営まれた。一方、八森・岩館地区では、鉱山住宅や能代地区および米代川流域地域など後背地が大きかったことから、明治期に商業的漁業、大正期に底びき網漁業が成立し、80年代中頃まで発展を続けた。

2. 第二次石油危機以降の漁獲量は、底建網とベニズワイガニかご網を主とする岩崎地区では増加傾向を示し、89年以降は4漁業地区中最大である。一方、底びき網とイカ釣り・ハタハタ漁を主とする八森・岩館地区では、漁業資源の枯渇化や操業海域の縮小・劣化などによって減少が続いている。

3. 岩崎地区で営まれた漁業種類は、同地区の北に位置する深浦地区から伝わったものが多かった。一方、八森・岩館地区には新潟や北陸地方から伝わるなど、両地区の主な漁業種類とその導入先に共通性は認められなかった。

4. 八森・岩館地区の漁獲物はそれぞれの産地市場に水揚げされ、青森県大間越地区は今日においても八森市場に水揚げしている。岩崎地区の漁獲物は青森市場よりも距離的・時間的に近い八森市場を経由させる場合も有り、青森県岩崎地区と秋田県八森・岩館地区は流通面において関係が認められた。

注

1) 岩崎村（平成元年）：岩崎村史下巻
2) 八森町（平成元年）：八森町誌
3) 国勢調査から1950年時の市町村名で能代市と山本郡・北秋田郡・鹿角郡の人口を示すと、能代市は、1950年49,027人、1960年63,002人、八森町と岩館村など山本郡は、1950年90,421人、1960年75,516人、非鉄鉱山が多く稼業した大館町や比内町などの北秋田郡は、1950年169,680人、1960年176,653人、小坂町や尾去沢町など鹿角郡は、1950年74,170人、1960年75,629人であった。
4) 底建網（底定置網）には小型底建網と大型底建網がある。青森農林水産統計年報では小型底建網を小型定置網、大型底建網を大型定置網としている。
5) 東北農政局青森統計情報事務所（1977年）：青森農林水産統計年報
6) 青森県水産商工部（1967）：青森県沿岸の漁具漁法
7) 前掲6)
8) 岩崎村村勢要覧による
9) 秋田県（昭和53年）：秋田の漁港
10) 東北農政局秋田統計情報事務所（平成13年）：秋田県漁業の動き
11) 秋田県（昭和53年）：秋田県の漁具漁法
12) a. 秋田県農政部水産課（昭和40年）：秋田県の漁具漁法
    b. 秋田県農政部水産課（昭和53年）：秋田県の漁具漁法
13) 金田禎之（昭和54年）：漁業紛争の戦後史　成山堂書店
14) 深浦町（昭和60年）：深浦町史　上巻　復刻版
15) 1913年、岩館～大間越に馬車鉄道が開通、1930年に五能線岩館駅～大間越駅間が開通、1932年に大間越駅～陸奥岩崎駅間が開通して陸奥岩崎駅と奥羽本線機織駅（現東能代駅）が結ばれた。陸奥岩崎駅が川辺駅と繋がったのは1936年である。

第3章　秋田県道川地区における漁業の存続形態

Ⅰ　はじめに

　秋田県道川地区は由利本荘市岩城地区の沿岸部に位置し（図2－3－1）、秋田市から南20kmの距離にある。同地区では地先に広がる砂浜海岸で、小規模な地びき網・建網・刺網などが行われたが、今日では刺網や採貝など共同漁業権漁業のみが営まれている程度で、その規模は秋田県20漁業地区の中で最小級である。
　1876年（明治9）の記録[1]によると、同地区には勝手・内道川・二古の3漁業地区[2]が存在し、勝手地区では112戸数中21戸（地区比18.6％）が地びき網と刺網・製塩（塩釜19筒半）を営み、道川地区における水産業の中心的な地位に有った。漁業は農業あるいは日雇い、出稼ぎなどと組み合わせた兼業で営まれ、製塩は「其質美、出高千二百廿俵許　亀田町へ輸送ス」[3]とあることから重要な産業であったと思われる。内道川地区では103戸のうち農家が100戸と、最大の農業地区であったが、漁業と兼業した40戸の中に製塩を営んだ農家も有った。二古地区は60戸数中40戸が漁業と農業の兼業であった。1902年（明治35）の記録[4]には、漁獲物はイワシが90駄のほかに、アジ10荷、サバ1荷（約30kg）と有る。翌1903年に県知事に提出した「蛸壺漁業許可願」には、71戸のうち漁業は0戸と有ることから、漁業は第二種兼業もしくは副業的に営まれていたと推測される。
　大正期から60年代にかけて、勝手川中流域には帝国石油勝手油田、君ヶ野川中流域には内道川油田、雪川川上流域には雪川油田が稼業していた[5]。また、55～61年には、東京大学生産技術研究所糸川英夫博士のチームが勝手地区の砂丘前面でロケットの地上発射実験を行い、その途中の58年には、石油資源開発株式会社が内道川地区2km沖合でダイナマイトを使った海底の地質構造探査を行なった[6]。そのため、68年の漁業就業者は10人[7]と、消滅の危機に追い込まれた。
　本章では、道川地区の漁業が維持されてきた要因と存続形態を明らかにする。研究方法は各種文献と統計資料を利用したほか、現地調査を行った。
　本章は09年の調査結果を骨子としたものである。
　道川村が発足する前の勝手村は、雪川・上新谷・勝手の3集落で構成されていた。そのため、1889年以前のことを記す場合は3集落をまとめて勝手地区、それ以降については、各集落の状況を明確にするため集落別に扱うことにした。また、道川

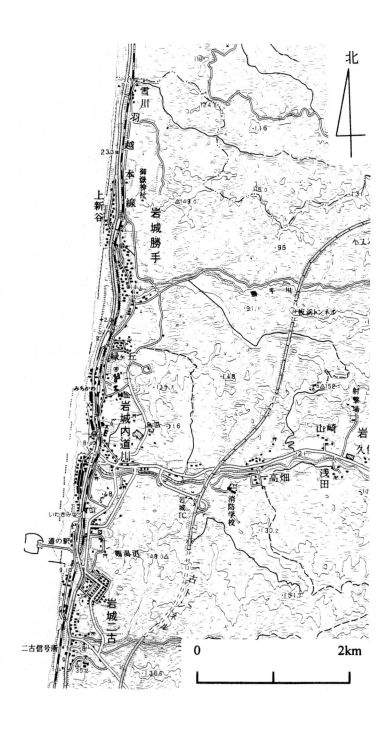

図2-3-1　秋田県道川地区とその周辺
　　　　　国土地理院　平成20年発行 1：50,000 地形図「羽後和田」図幅による

漁港の完成を機に、漁業を行わない人でも船外機付き船やレジャーボートなど、船を所有する全ての人が、漁協に加入する義務を課せられたため、漁業センサスと秋田農林水産統計年報では、趣味的に釣りをする人も漁業就業者とみなされていることから、漁業就業者と漁協組合員は同数となっている。

Ⅱ 漁獲量の変化と漁獲物の流通

1 漁獲量と漁獲高の変化

　72～00年における漁獲量は75年の43㌧が最多で、最少が84年の5㌧、平均15.8㌧で有った。しかし、15㌧以上の年は88年以降無く（図2-3-2）、ピークの75年は県内20漁業地区中17位、80年は19位、83年は20位、87年は18位、88年以降は20位と、下位もしくは最下位にあった、

　75年と80年はサケ、85年はその他の魚、95年はタコ類が最も多く獲れた。00年はヘラツメガニとイイダコがそれぞれ2㌧、マアジ・その他のカレイ・ガザミがそれぞれ1㌧など、合わせて9㌧、1人平均0.4㌧/年、1操業日平均4kgであった。05年はイワガキが6㌧、ガザミが2㌧、マアジが1㌧、ハタハタが1㌧など、合わせて14㌧、1人平均0.7㌧/年、1操業日平均5kgであった。年によって首位の漁獲物が異なるのは、固定した漁獲物が無かったことや、アジやカレイなどの通り魚が多かったうえに総漁獲量が少なかったためである。ただ、05年に漁獲量が増加したのは、イワガキは殻付きで計量されるためであった。また、カニ類は鮮度が重視される水産物で無かったため、出荷を調整することができた。

　88年と93年の1人平均漁獲高を比較すると、50万円未満は3人から14人に増えた一方で、100～200万円は9人から2人、200～500万円は8人から1人と成った。また、93年は78万円有った1人平均漁獲高は、98年の漁業センサスには沢目地区とともにxと記されているが、漁協資料には24万円と有る。09年の漁船数は動力船が3隻、船外機付き船が28隻、合わせて31隻で、その数は沢目地区に次ぐ少なさであった。

　このように、道川地区の漁獲量・漁獲高・漁船数のいずれも秋田県で最も少なかったが、それでも漁業が消滅しなかったのは、漁業の対象となる資源が存在したためと思われる。

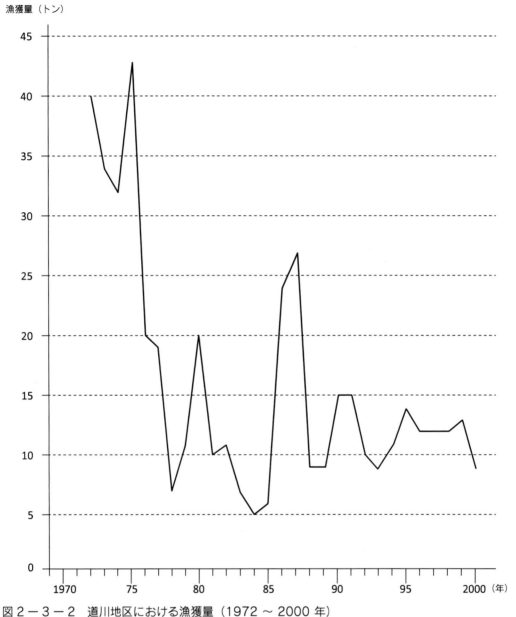

図2-3-2　道川地区における漁獲量（1972～2000年）
各年の「秋田農林水産統計年報」による

2　漁獲物の流通

　漁獲物は産地市場に水揚げすることになっているが、道川地区が所属する秋田県漁業協同組合南部総括支所では、1年間に30万円以上水揚げすることを条件に、系統外販売を認めている。そのため、道川地区には40km南の金浦市場に水揚げする経路と、系統外販売の流通経路があった。

前者の場合、秋田県漁協南部総括支所管内で道川地区は、金浦市場に最も遠いうえに（図2-3-3）漁獲量も少ないことから、各組合員が道川漁港の南およそ4kmに立つ松ヶ崎漁港の活魚センターに持ち込み、そこから本荘漁港に運ばれ、さらに南部総括支所の専用車で金浦市場に運ばれた。この経路には2箇所で積み替えられる不利さはあるが、漁獲量が少量でも魚価の高いスズキやクルマエビ・ガザミ・イワガキなどはこの経路が使われた。例えば、金浦市場の平均価格とガザミの単価を比較すると、93年は平均単価が460円/kgであったのに対して、ガザミは1,500円/kg、95年は478円/kgに対して724円/kg、98年は493円/kgに対して988円/kg、00年は469円/kgに対して579円/kgと、高値で取引きされた。逆に、市場価格が安いニギス（00年：225円/kg）やマアジ（同262円/kg）などは、販売手数料として水揚額の7％、魚を入れる発泡スチロール箱の底に入れる下氷代として126円/箱、魚の上に置く上氷代として63円/箱などを負担すると、利益が出ない場合も有るため、市況を調べて金浦市場に水揚げするか否かを判断した。
　そのような理由から、市場価格の安価な水産物と需要が多いハタハタは系統外販

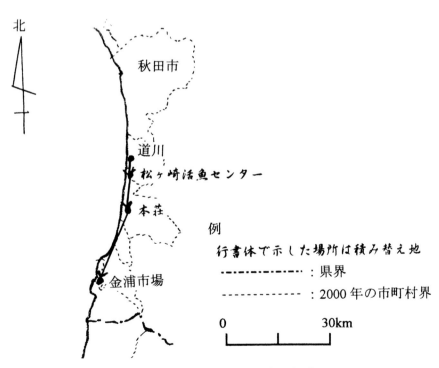

図2-3-3　道川地区から金浦市場までの輸送経路
現地調査による

売することが多かった。この時の販売先は地縁や血縁を頼って拓いた消費者や小売店および飲食店などであった。系統外販売は販売手数料や氷代などの負担が無いことや、1〜2尾あるいは100〜200gなどで小分け販売もできること、現金で取引きされることから、産地市場に持込むより有利な一面を持っていた。

08年における1人平均水揚高は9万2,000円であったが[8]、第12次漁業センサスに示されたそれは76万円と、金浦市場に持込んだ額の8倍以上あったことから、金浦市場には12%程度水揚げし、88%程度が系統外販売されたと思われる。このことが漁業を存続してきた一因と考えることができる。

Ⅲ 個人漁業経営体数の推移と漁業経営の多角化

1 個人漁業経営体数（漁協組合員数）の推移

第二次世界大戦後における道川地区の漁業経営体数は、54年の7人が最も少なく、63年頃までは10人程度[9]、70年以降は20人程度で推移した（図2−3−4）。

54〜63年に少ないのは組合員の新規加入を制限したためと思われる。すなわち、55〜61年に勝手集落の沿岸部で東京大学生産技術研究所がロケットの地上発射実験を行ったため、その準備期間を含めて勝手集落地先における操業が禁止されたことから、道川地区の漁協組合員に補償金が支払われた。56年7〜8月には石油資源開発株式会社が、内道川地区沖合2kmで背斜構造の有無を調べるためダイナマイトによる地質構造探査を行ったため、漁獲量は10トン/年以下に減少した。58年10月には、道川地区沖合2kmで海洋掘削装置「白竜号」によるわが国最初の海底油田の試掘を始め、64年まで道川沖で4本、秋田沖（新屋沖）で13本試掘した。これらのことに対して同社は組合員に補償金を支払ったと言われている。さらに、大正年間に最盛期を迎えた帝国石油勝手油田（63年廃山）や内道川油田（63年廃山）、雪川油田（63年廃山）の貯蔵タンクから漏れ出た原油が、勝手川・君ケ野川・雪川川から海に流れ出たため魚が油臭いと風評を立てられたこともあった。元帝石社員（1919年生）は「原油が海に流れ出たことに対して毎年見舞金を支払った」と話していた。

つまり、漁協組合員が少なかったのは、補償金や見舞金が絡んでいたためであったと思われる。このことは漁協組合員（09年78歳）が「私は60年頃漁協に加入申請をした。認められたのは数年後のことであった。加入が認められるまで長期間

費やしたのは、補償金が絡んでいたため」と話すことが裏付けている。

　また、60年代に始まった遊魚案内業の業務を漁協が行うことは、法的に難しいという理由から、遊魚案内を行う人と漁業と兼業する人たちが「岩城観光漁業協同組合」を組織した。しかし、73年、秋田県南部漁業協同組合が道川漁協と岩城観光漁協を吸収したことを機に加入制限を解いたため、漁業経営体（漁協組合員数）が増加した。

　ただ、ロケット実験場が有った勝手集落の漁業者は、操業が禁止された代償に同実験場に雇われたため、50年代末に勝手集落の漁業は消滅した。

2　個人漁業経営体の年代別構成と漁協加入年齢

　09年の組合員（個人経営体数）25人の地区別・集落別内訳は、雪川集落2人、上新谷集落4人、内道川地区13人、二古地区5人、亀田地区1人で、全員が共

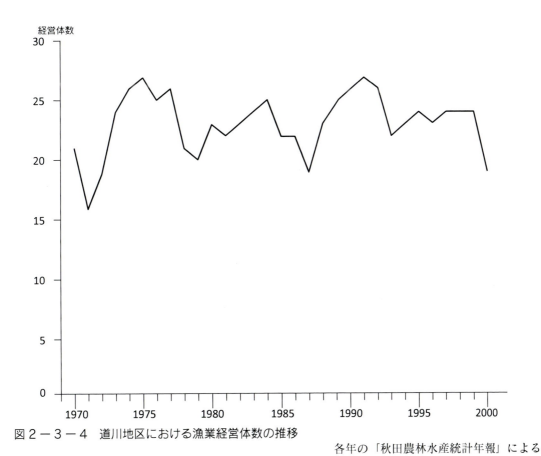

図2－3－4　道川地区における漁業経営体数の推移

各年の「秋田農林水産統計年報」による

表2－3－1　道川地区における漁業者の漁業経歴等（2009年6月30日現在）

No.	年齢	漁協加入時年齢	漁協加入前の職業	現在の職業	行使件数	漁業関連の兼業業種	備考
1	66	17	会社員		6	遊魚案内業　水産物販売業	父を継承　町から養殖事業委託
2	78	21	自営業		2		町から養殖事業委託
3	76	39	会社員		6		
4	74	37	会社員		4		
5	68	22	会社員		5	遊魚案内業	
6	57	19	会社員		2	遊魚案内業	町から養殖事業委託
7	70	39	自営業	自営業	5	遊魚案内業	
8	56	32	公務員	嘱託職員	3		
9	63	40	会社員		7	遊魚案内業	
10	62	42	会社員		6	遊魚案内業　水産物販売業	
11	67	50	会社員		6		
12	60	44	会社経営	会社経営	4		
13	51	36	会社経営	会社経営	2		
14	45	33	会社員		7	遊魚案内業	両親を継承
15	65	53	会社員		2		
16	57	46	自営業	自営業	2		
17	56	47	自営業	自営業	4	遊魚案内業	
18	65	58	団体職員		?	遊魚案内業	
19	62	56	会社経営	会社経営	1		
20	62	58	団体職員	嘱託職員	1		
21	54	51	会社員	会社員	2		
22	58	55	会社員	農業	2		請負耕作
23	62	60	会社員	嘱託職員	1		
24	49	44	会社員	会社員	1	遊魚案内業	父を継承
25	62	61	会社員		1		

「漁業権数行使許可」および現地調査による

※行使件数とは、操業が許可された漁業種類の数のことである。例えばハタハタ刺網のみを営む人の行使件数は1件、カキ採貝とカニ刺網を許可された人は2件となる。

同漁業権漁業を営む男子であった。

　その中で、3人が父の後を継ぎ、他の22人は漁業経験がなかった。25人の年代別構成は、40歳代が2人、50歳代が7人、60歳代が12人、70歳以上が4人と、全体の64％が60歳以上であった。なお、最年少は45歳、最年長は78歳、平均61.8歳であった。このことから、道川地区の漁業は60歳以上の人達に支えられていたことが分かる。

　漁協加入時の年齢は17歳から61歳までと幅広く、年代別には30歳代未満で加入したのが4人（全体比16％）、30歳代6人（同24％）、40歳代6人（同24％）、50歳代7人（同28％）、60歳代人2（同8％）で、加入時の平均年齢は42.4歳であった。加入時の職業は、会社員が16人、商業やサービス業・建具業などの自営業が4人、会社経営が3人、団体職員が2人であった（表2－3－1）。

漁業を始めた動機は、30歳未満で始めた4人のうち3人は、町からロブスターとヒラメの養殖、サケの孵化事業を委嘱されたこと、50歳を超えてから始めた9人のうち5人は、趣味的・レジャー的目的であった。

3 操業漁業種類とその件数

09年に営まれた漁業種類は11種類・延85統であった。そのうち漁協の管理下にある共同漁業権が10種類・延84統、定置漁業権が1統で、漁業権行使許可件数[10]（漁業種類別許可）は1人平均3.4統であった。漁業種類別には、その他の刺網とその他の漁業が多く、行使権料の最高額は小型定置網とハタハタ刺網が各10,500円/年、最低額はワカメ採藻の1,050円/年、ほかにはその他の刺網が3,150円/年、カキ採貝が5,250円/年などであった。

漁業種類別操業者の延数は、カニ刺網が19人、カレイ刺網が15人、ハタハタ刺網が10人、キス刺網が2人など刺網類の延数は46人（総操業統数の54.1％）、次いでタコ縄が17人、採貝が11人、バイ籠が6人、ナマコ採集が2人などであった。カニ刺網が多いのは、カニ類は他の水産物に比べて鮮度を重視する度合いが小さいため、販売が容易なことが理由であった。

個人別には、多い順に7種類が2人、6種類が4人、5種類が2人で、それら8人の合計は48統で全体の56.4％、行使権料が最高の人は35,700円/年であった。行使許可を複数有する人の中には、40歳代で漁業を始め、漁業で生計を維持している人も居る。

逆に、1種類は4人、2種類は7人など許可件数の少ない11人の多くは、50歳を超えてから始めた人で、行使権料は3,150～6,000円/年程度と少なかった。天然イワガキの採貝のみを行う1人の操業日数は7～8月に限られ、通年操業が可能なカレイ刺網のみを行う組合員の操業日数は30日程度と短いことから、許可数の少ない組合員は、沿岸ハタハタに重きを置く人とレジャー目的の人に分けることができた。

道川地区では船外機付き船・動力船・レジャーボートなど、船を所有する全ての人が漁協組合員であることから、漁業に対する姿勢は、漁業を生業的に営む組合員、第二種兼業もしくは副業的に営む組合員、趣味的・レジャー的意識の強い組合員に分けられ、人数的には第二種兼業もしくは副業的な漁業者、生業的な漁業者、趣味的・レジャー的な漁業者の順に多かった。

4 漁業経営の多角化

78年以降の漁業経営は[11]、実質的にはすべてが兼業であった。詳しくみると、78年は22人のうち、専業は無く、第一種兼業が1人、第二種兼業が21人であった。83年は24人のうち、第一種兼業が12人、第二種兼業が12人、88年は23人のうち、専業が2人、第一種兼業が2人、第二種兼業が19人、93年は20人のうち専業が2人、第一種兼業が1人、第二種兼業が17人、98年は22人のうち専業が2人、第一種兼業は無く、第二種兼業が20人であった。この中で、専業の2人は、高齢者専業型に属する年金受給者であった。

83年に第一種兼業が12人（全体の50%）と多かったのは、臨時雇いと自営業者が8人いたためであり、実質的な第一種兼業は農業の1人と遊魚案内の3人、合計4人であった。第二種兼業の12人は、会社員や自営業など漁業と関係が薄い業種との兼業であった。

09年の漁業経営形態は8パターンに分けることができた（表2-3-2）。漁業専業は6人（全体比24.0%）、漁業と1業種を組合せた兼業は13人（同52.0%）、2業種と組合せた兼業は6人（同24.0%）であった。専業の6人は60歳を超え、そのうち3人は70歳を超えている。また、6人のうち2人はカニ刺網やカレイ刺網・ハタハタ刺網・タコ縄など6件の行使権を持っているが、高齢者専業型に属する。ほかの4人は副業的、もしくはレジャー的色彩が強かった。19人の兼業うち、第二種兼業は16人（全体の82.4%）、そのうち9人は自営業や農業、会社員との兼業であった。

遊魚案内と兼業した10人のうち9人は、40歳未満に漁業を始めた人であった。表2-3-1のNo.1（2009年:66歳）の組合員は、父が漁業を営んでいたことから17歳の時に町からロブスターとヒラメの養殖を委託されたことがきっかけで漁業を始めた。委託期間が過ぎると、動力船と船外機付き船で6件の漁業種類を営みながら、遊魚案内と水産物販売施設の経営を行っている。No.5の人は22歳の時に会社員を兼ねながら漁業を始め、今日では刺網など5漁業種類を営む傍ら遊魚案内業も行っている。No.9の人は40歳の時に漁業を始め、今日では漁船と船外機付き船でカニ刺網やハタハタ刺網、イワガキ採貝など7漁業種類を営みながら遊魚案内と兼業している。

しかし、これら3人のように数種類の行使権を持つ組合員（漁業経営体）は少ないうえに、93年の操業日数は96日、98年は108日で、いずれも県内20地区中

表2－3－2　2009年における道川地区の漁業経営形態

漁業経営形態	人数（人）	備　考
漁業専業	6	全員が60歳以上
漁業と遊魚案内業	4	
漁業と遊魚案内業と自営業	4	1人は父の漁業を継ぐ
漁業と遊魚案内業と公務員	2	2人とも父の漁業を継ぐ
漁業と自営業	4	
漁業と農業	1	
漁業と会社員	2	
漁業と臨時公務員	2	2人とも嘱託職員
計	25	

現地調査による

14位と、小規模・零細経営であることを示している。

5　遊魚案内業の成立と発展

粘土質や岩質で形成される道川地区沖合の海底にタイ類やメバル類などの根魚やタコ類の生息域が有ると言われている。60年代に釣りしていた組合員が、マダイの釣れることを発見した。そのことが海釣り愛好者に広まると、数人の組合員が遊魚案内[12]と兼業を始めた。70年代にスポーツ新聞の釣り情報欄に「道川沖のマダイ釣り」記事が定期的に掲載されて以来、遊魚案内は一気に需要を増し、09年には組合員の40％が遊魚案内を始めた。

遊魚案内は船上釣りのみで、09年の料金は、昼間6時間で1人8,000～10,000円であった。利用客は5～9月の週末や休日・祝日に多く、中には飛島周辺まで行くことや、冬にタラ釣りする客も居た。最近は電気ウキを使った夜釣りを取り入れる業者も現れた。漁船には3～6人の釣人が乗り込むため、遊魚案内業による収入が、漁業収入を上回る漁業者も居ると言われ、有力な兼業対象となった。

Ⅳ　漁業拠点の形成

道川地区における最初の動力船は、56年頃に内道川地区のK氏（表2－3－1に示したNo.1の父）とH氏の焼玉エンジン漁船と言われている。しかし、同地区には漁港や船溜り無かったため各地区・集落の漁師は、借りた海辺の国有地に漁具や漁網などの収納庫と作業場を兼ねた小屋を建て、出漁する時は船を海に降ろし、

写真2－3－1 2007年に完成した道川漁港
漁港に渡る橋の左袂には水産養殖研究施設、右には活魚センターや道の駅「岩城」などが立つ。
2013年12月 筆者提供

帰港した時は陸に揚げる作業を繰り返して漁業を行った。

　90年に内道川地区と二古地区の境界部に、陸と橋梁で結ぶ道川漁港の建設が始まり、07年4月に完成した（写真2－3－1）。同港は道の駅「岩城」と絡めた拠点づくりを行ったため、漁協連絡所や給油設備など漁港に付随した施設・設備が無いうえに、漂砂等で機能が低下する恐れがある。そうは言っても漁港が完成した意義は大きい。最近は港内でワカメの養殖やハタハタ定置網を行うなど、漁港を幅広く利用している。

　80年代に旧岩城町は、君ヶ野川河口右岸に水産振興センターを建設し、秋田県南部漁協道川連絡会から斡旋された2人にシラウオとロブスターの養殖・増殖を委託した。これが道川地区における養殖・増殖の嚆矢と思われるが、依頼された人達の熱心な取り組みにも拘わらず、依頼者の事前調査と生態研究が不十分であったため定着しなかった。また、サケの孵化・放流事業は、国と県が補助事業を止めたことを機に廃止された。99年、同センターを道川漁港に渡る橋梁部の袂に移し、ヒラメの完全養殖を始めたが間もなく中止となった。06年に由利本荘市岩城水産物養殖研究所と改称、09年に始めたアワビの養殖は日が浅いため、出荷には至って無い。

　漁業と養殖を一元的に扱うことは適切なことではないが、漁港と養殖施設を隣接させた水産拠点が如何に展開するのか、注目したい。

V　まとめ

1. 道川地区の漁業は、秋田県20漁業地区の中で最小級にある。漁協組合員は雪川・上新谷・内道川・二古・亀田の5地区に分布し、いずれも共同漁業権海域で小

規模な漁業を営む。勝手集落の漁業はロケットの地上発射実験を機に消滅した。
2. 道川地区の漁業は消滅の危機を迎えた時が有ったにも拘らず存続してきたのは、漏油被害やロケットの地上発射実験、および海底部の地質探査などによる補償金・見舞金などが、組合員に支払われたことが大きい。
3. 道川地区の漁業は、60歳以上の漁業者に支えられていたこと、第二種兼業で行われていたこと、系統外販売が行われたことが維持されてきた要因であった。最近は、遊魚案内が重要性を増している。
4. レジャー機能を絡めた漁業拠点づくりが、漁業経営の改善に効果をもたらすか否かを判断することは、施設が完成して間もないため早計と思われるが、漁業は対象となる水産動・植物が存在する限り、存続するものと思われる。

注

1) みしま書房（昭和51年）：羽後由利郡村誌（復刻版 ガリ版刷リ）
2) 1889年（明治22）、二古・内道川・勝手・道川・君ヶ野の旧五ヶ村が合併して道川村を発足させた。海面漁業は日本海に面する二古、内道川と勝手・上新谷・雪川の集落から成る勝手の3地区で行われた。1955年（昭和30）、同村と亀田町が合併して岩城町が発足した。
3) 前掲1)
4) 二古沿革誌（明治38年）：岩城町教育委員会（ガリ版刷りの復刻版）。復刻版には復刻版の同所の発行年が記されていない。筆者は昭和40年代前半に発行された「岩城町広報」に復刻した旨の記事を見て、岩城町役場から購入したので、復刻版は昭和40年代前半に発行されたと思われる。
5) 帝国石油株式会社秋田鉱業所（昭和54年）：「八橋油田のあゆみ」によると、勝手油田はJR道川駅北東約2.5kmの勝手地内にあり、同油田の最盛期は1926年（大正15）から1928年までと短く、1960年には（有）由利石油に譲渡され、1963年に廃山した。内道川油田はJR道川駅南東約2kmの内道川地内（高畑集落）にあり、生産量のピークは1922年（大正11）で、1960年に（有）由利石油に譲渡され1963年に廃山した。雪川油田は勝手油田の一部として扱われたことから、同書に記載がない。
6) 石油資源開発株式会社（昭和62年）：石油資源開発株式会社三十年史
7) 東北農政局秋田統計調査事務所（昭和45年）：漁業地区別水産総合統計
8) 秋田県漁協南部総括支所：平成21年度水揚状況表
9) 「第2次漁業センサス」および「第3次漁業センサス」による

10）漁業権行使許可とは、漁業経営体別に操業が許可された漁業種類のことを言い、鑑札とも言う。各経営体が漁業種類の行使を求める時は、それを管理する漁協や県知事、農林水産大臣に毎年申請して許可を得なければならない。

11）第6～10次漁業センサスによる。

12）「遊魚船業の適正化に関する法律」によると、「遊魚船業」とは、船舶により乗客を漁場に案内し、釣りその他の農林水産省令で定める方法により魚類その他の水産動植物を採捕させる事業をいい、登録を受けようとする申請者は管轄する都道府県知事の登録を受けなければならない。その有効期間は5年である。遊魚案内業者は漁業組合員でなくても営業できるが、道川地区では、遊魚案内業者は船を所有するため漁業協同組合に加入することを義務付けた。

第4章　秋田県北浦地区における沿岸ハタハタ漁の展開

I　はじめに

　秋田県男鹿市北浦地区は男鹿半島の北岸部に位置する（図2-4-1）。同地区背後の海岸段丘面には農地が広がり、半農半漁の地区である。かつては、男鹿半島地域の中心的地位に有ったが[1]、1916年（大正5）に船川線（現JR男鹿線）が半島南岸部に開通したこと、1939年に日本鉱業船川製油所が船川地区に立地したこと、55年に北浦地区が男鹿市に編入されたことなどから、中心は船川地区に移った。それでも、同地区には76年に組織された男鹿市漁業協同組合本所が置かれ、北浦地区のほか、五里合・湯之尻・畠・戸賀・加茂など半島北部・西部の漁業地区を統括している。

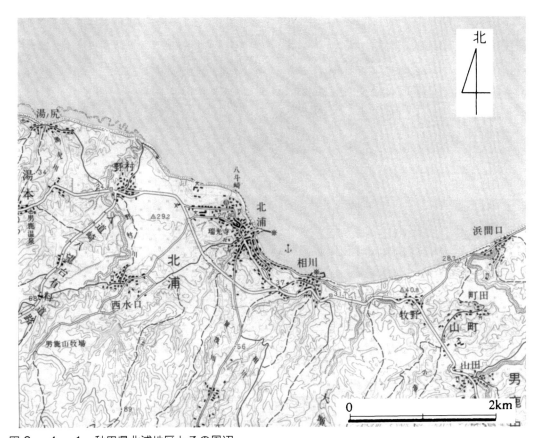

図2-4-1　秋田県北浦地区とその周辺
　　　　　　国土地理院　昭和50年発行 1：50,000 地形図「船川」図幅による

同地区の沿岸ハタハタ漁は、佐竹藩の保護を受けて発達し、明治期から第二次世界大戦前には漁業税が課せられるなど、他地区には見られない管理の下で営まれた。しかし、漁期は年末の30日程度に限られていることから、専業経営体は少なく、農業や北海道ニシン出稼ぎ、あるいは首都圏などへの出稼ぎと組み合わせた兼業で営まれた。60～75年頃は戦後におけるハタハタの豊漁期と呼ばれ、漁獲量は地区全体の50%以上、時には90%を超えるなど、特色ある存在であった。

　78年の漁獲高（14.4億円、全県比17.9%）は秋田県第1位、漁獲量（2,563㌧、同11.8%）と漁業経営体数（236、同11.2%）はともに第2位と、県内では船川地区とともに最大級の漁業地区であった[2]。しかし、80年代に入ると、全県的にハタハタ資源が急速に減少したため、92年から95年まで全県一斉にハタハタ漁を禁止する措置が執られた。

　本章では、藩政期以降の北浦地区における沿岸ハタハタ漁の展開を明らかにする。なお、北浦地区で沖合ハタハタ漁は行われていない。また、ハタハタ定置網は定置網と記すことにした。

　目的解明のため秋田県史や男鹿市史などの文献と、秋田農林水産統計年報および漁業センサス、秋田県の各種統計資料を利用したほか、現地調査を行った。

　本章は80年にまとめたものを骨子としたが、ハタハタ漁の全面禁漁に関した事柄については新たに書き加えた。

II　藩政期～1945年の沿岸ハタハタ漁

1　藩政期

　北浦地区の海岸部は比較的屈曲しているため、波浪の影響が少ないうえに近くに「向い瀬」や「しぐり瀬」などの好漁場が存在することから、古くから漁業が盛んであった[3]。主要漁獲物のハタハタは、米の代りに年貢として納めることが許された魚であった。しかし、ハタハタ漁は引網（地びき網）株を持った少数の網元に独占されていたため、一般の漁師は効率の悪い刺網で行うほかなかった。そのうえ、藩は効率的な手繰網[4]を禁止したうえに、他地区の漁民が北浦地先で操業する時は、藩の許可を得ることを義務付けた。手繰網を許可しなかったのは、ハタハタ漁の利益を独占してきた網元の支配体制を維持することと、藩の収入を守るためであった。つまり、網元は引網株を授けられた見返りとして藩に役銀を納め、藩はその収

表2-4-1　明治中期における北浦地区の漁獲高

	北浦地区（円）	秋田県（円）	全県比（%）
明治21年	49,073	198,635	24.7
22	38,980	187,617	20.8
23	30,092	154,492	19.5
24	36,866	157,225	23.5
25	32,786	159,745	20.5

「秋田県史」第5巻による

入を維持したいためであった。このようなことから、この時期のハタハタ漁は、「株」所有者による独占的な状態にあったと言える。

　一般漁民は手繰網の許可を求めて請願（直訴した時もあった）を続けた結果、1830年（天保元）、各村に1統、翌1831年には2統許可された。1833年（天保4）に「天保の飢饉」が起きると、領民を救済するため統数の制限を解き、1835年（天保6）にはすべての規制を解いたことから、自由に操業できるようになった。これ以降、主要漁業種類は引網から手繰網に変わった。

2　明治期

　1882年（明治15）の調査によると[5]、北浦地区で営まれた手繰網（625統、全県比63%）と建網（32統、同86%）を合わせ網数（657）は、秋田県全体（1,027統）の64%、漁獲高は19.4%～24.7%占めるなど（表2-4-1）秋田県最大級の漁業地区であった。しかし、1877年の漁獲量は2,400貫、1893年は35,000貫と、変動が大きかった。

　獲ったハタハタは、馬車で寒風山北側を通り八郎潟西岸の福川に運ばれた後、潟船に積み替えられて、多くは八郎潟南岸部の天王に運ばれ、そこから陸上もしくは海上輸送で秋田へ、秋田からは鉄道輸送で秋田県内に出荷された。一部は潟船で対岸の一日市（現八郎潟町）と鹿渡（現三種町）に運ばれ、そこから奥羽本線で秋田県内陸北部と弘前方面に出荷された。福川と天王を経由させたのは、かつて藩のハタハタ荷役銭徴収所が置かれていた名残りと思われる。各家庭では大量に購入し、冬期から田植え期におけるタンパク源として食した。

　また、干鰕を藍栽培の肥料として近畿・中国地方に10万貫出荷したとの記録[6]も有り、肥料としても重要な資源であった。

- 147 -

ハタハタの需要が高まるとともに、資源を保護する取り組みも始めた。具体的には、手繰網はハタハタ資源の保護に支障をきたす恐れがあると指摘されたことから、1883年（明治16）に禁止された。それに代わって復活したのが地びき網、新たに導入されたのが建網と呼ばれた定置網（ハタハタ定置網）であった。地びき網はハタハタの産卵に適した岩礁と砂浜が混在した海底に設置され、1統に引網船水主9名、岡廻り2名、合計11名従事し、網を引く時はさらに多くの引子を必要としたため、定置網に比べて効率が悪かった。そのため地びき網は衰退し、逆に定置網が普及した。1887年(明治20)に定められた「海面組合漁業申合規則」の一部が「秋田の漁労用具調査報告」に記載されている[7]。それによれば、ハタハタ漁に関する条項が記された第3章の第1条には、「ハタハタ漁季中ハ立網及ビ待網、間口揚等の専漁ヲ禁止ス。‥‥。此条ヲ犯シ異論ヲ申立ル者ハ3昼夜ノ漁業禁止スルモノトス。」と、ハタハタ漁が営まれる期間の漁業種類を規制し、違反した漁業者には厳しい罰則を科すことが明記されている。第6条では、「ハタハタ卵子化生セザル間ハ海藻タリトモ刈取ルコトヲ禁ズ」と、産卵場所の海藻を刈ることを禁止した。また7条には、「北浦地区の相川、北浦、野村3ケ村ニ他村ヨリ入会漁スルトキハ其村漁船同様ノ漁業税、該ニ収入スベシ。」とあり、他村の漁船が北浦地先でハタハタ漁を行う時は、地区内の漁船と同様漁業税を課した。1889年には、北浦町内の北浦と北浦表地区を当集落、相川や野村など当集落を除く町内6地区を他集落、北浦町以外を他村と3区分した課税方法に改められた。しかし、漁獲量が最も多かったニシン漁に対する規制は、各地区の裁量に任せられ、イワシ漁やその他の漁には規制が無かったことから、ハタハタ漁は特別に扱われていた。また、1908年（明治41）に組織された北浦町漁業組合は、翌09年にハタハタ刺網を自由操業から知事の許可制に切り替えるとともに[8]、北浦漁港の修築工事と漁業関連施設の整備を進めた。

3　大正期

　大正期はハタハタ資源が増加傾向を示したことや、操業技術と魚群の早期発見技術が向上したことなどから、1913年（大正2）のハタハタ漁獲量は1,006,325貫（3,773.7㌧）と、秋田県全体の54.2％を占めた。1921年には402,465貫（全県比20.2％）に減少したが、それでも地区全体の50％と、ハタハタの占める割合が高かった[9]。

明治期に導入されたハタハタ漁業税は、1921年以降は乗組員数に応じた課税方法に改められ、1925年には、当集落の漁師5人乗り組んだ漁船は10円/隻、4人乗りには8円/隻、3人乗りには7円/隻、2人乗りには4円/隻、他集落の漁船には当集落よりもそれぞれ50銭〜1円程度高く課し、他村の漁船には1人当たり6円と改めた[11]。

　他集落と他村の漁船が漁業税を払ってまでも北浦地先で操業したのは、多くの収入を得ることができるためで、北浦町の財政はその漁業税で潤ったと男鹿市史下巻に記されている。

4　1945年以前の昭和期

　秋田県のハタハタ漁獲量は、1929年（昭和4）7,125㌧、1930年5,438㌧、1931年4,875㌧と減少した時も、北浦地区では1931年12月11日から23日までの13日間に、男鹿半島地域全体の8割に相当する1,700㌧を揚げ、秋田県第1位であった。しかし、1駄（16貫目:60kg）の平均価格は1円50銭と、県南部の平沢地区の2円66銭、象潟地区の2円63銭、県北部の八森地区の2円7銭に比べて安く、大漁貧乏の状態にあった[11]。

　前掲7)には、1925年に北浦地区でハタハタ漁を行った114隻のうち、18隻が北浦地区以西の西黒沢・湯ノ尻地区の漁船と、依然として他地区・他村の漁船も操業していたが記されている。

Ⅲ　1946年以降の沿岸ハタハタ漁

1　豊漁期のハタハタ漁

　豊漁期と言われた60〜70年代中頃における秋田県のハタハタ漁獲量は、総漁獲量の50%、時には60%を超える年も有った。単一の漁獲物が県全体の50%以上占めた例は全国的にも珍しく、ハタハタ漁が秋田県漁業の代名詞となっている所以である。

　北浦地区のピークは68年の9,470㌧であった。72〜05年における北浦地区の総漁獲量とハタハタ漁獲量を示したのが図2-4-2である。第1編の第2章Ⅰの5に記したように、豊漁期と言われた63〜76年は、北浦地区でも63年は5,325㌧、70年は5,850㌧、73年は4,441㌧、76年は3,185㌧と豊漁で、県

全体に占める割合は68年の46.8％を最高に、70年は46.6％、63年は44.4％、最低は74年の28.8％、平均37％と、秋田県最大級のハタハタ漁業地区であった。そのうえ、地区全体に占める割合は、63年の98.2％を最高に、68年は97.2％、70年は94.6％、最低でも76年の69.7％、平均88.6％と、沿岸ハタハタのモノカルチャー構造を成していた。漁は網から外す作業が無い効率的な定置網で行われたが、操業期間は正月前の10数日と、極めて短期間であった。

　豊漁期を知る漁師は、雄ハタハタが放出した精子で地先一面が白濁したほか、岸壁は掬い取る人で溢れ、不漁下にある今日とは全く異なる様相を呈したと話す。

　定置網は無動力船に6人乗り組んで行われ、身袋（奥袋）の中で圧死状態となったハタハタを積んだ漁船は、沈没の恐れがある状態で帰港した。帰港すると容器に詰み替え（写真2－4－1）、それが済みしだい100mに満たない沖合の網に向かい、再び網揚げ作業を行うなど、休む暇の無い状態が続いた。岸壁では女子・子供・親戚・近所の老若男女が、ハタハタの雄・雌と大きさを選別する作業や荷捌所に運ぶ

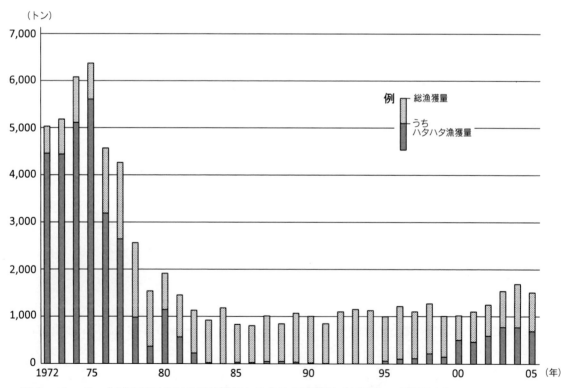

図2－4－2　北浦地区における総漁獲量とハタハタ漁獲量（1972～2005年）
各年の「秋田農林水産統計年報」による

写真2-4-1 ハタハタ定置網によるハタハタを漁船から魚箱に積み替える作業を行う豊漁期の北浦漁港
1970年12月 小瀬信行氏（千葉県在住）撮影

作業など、地区総出で行われた。

70年における秋田県の平均価格は49円/kg（539円/箱）、72年は42円/kg（462円/箱）[12]であったが、豊漁に沸いた北浦地区ではもっと安く、それから箱代（70円/箱）や雇用賃金などを差し引くと、薄利多売の状態に有った。逆に、不漁期には平均価格が400～1,000円/kgと上昇しても、漁獲量が少なかったため収入は減少したことから、モノカルチャー構造の問題点が如実に表われていた。

北浦地区では沿岸ハタハタ漁を営む経営体を「組」[13]と呼び、リーダー1人と網子5人の6人で構成された。ハタハタの接岸は夜に多いと言われることから、何時でも出漁出来るように、漁港近くに建てた作業場と漁具置き場および宿舎を兼ねた「番屋」で寝食を共にした。組の中には昼操業班と夜操業班に分けで操業した組も有った。網子達の職業は農業や土木作業員・漁業日雇い・出稼ぎ者・大工など様々であったが、団結力が強く、船を降りても関係が続いた。

自給目的のハタハタは、定置網が終了した1月上旬に刺網で行われた。これは産卵が終ってやせていたこと、網に絡まった状態で揚げられるため、網から外す際に魚体に傷が付くとか、人の手の熱で質が落ちるため安価で取引きされたためである。そのうえ、網から外す作業は、人手や時間を要したことから大規模に行われることはなかった。

2 漁業経営の変化

個人経営体数と専・兼業別構成の推移から漁業経営の変化をみると（表2-4-2）、68年は146個人経営体数のうち専業は3人（全体比2.1%）、第一種兼業は49人（同33.6%）、第二種兼業は94人（同64.4%）、両者を合わせた兼業は143人、そのうち102人（71.3%）は農業との兼業であった[14]。不漁期に入った

表2－4－2　北浦地区における漁業の専・兼業別経営体数の変化

	1968年	78年	83年	88年	93年	98年
経営体数	149	198	184	136	121	133
（うち個人経営体数）	146	141	129	117	111	103
個人経営体のうち漁業専業	3	4	12	15	24	12
第一種兼業	49	79	72	44	31	43
第二種兼業	94	58	45	58	56	48
（兼業のうち農業と兼業）	102	69	35	40	24	19

※第4次および第6～10次「漁業センサス」による

と言われる78年は、141個人経営体のうち専業は4人（全体比2.8％）、第一種兼業は79人（同56.0％）、第二種兼業は58人（同41.1％）であった。137人の兼業のうち、69人（50.4％）が農業との兼業で[15]、ハタハタ漁が終わると、田植えが始まるまで出稼ぎや日雇いに出た。農業と兼業する経営体が多いのは、地区背後に男鹿市域最大級の農地が広がることと、沿岸ハタハタ漁は農閑期に行われることから、労働配分が容易であったためである。ただ、ハタハタ資源が多いと予測された時は漁業を主とし、農業を従とする第一種兼業、ハタハタ資源が少ないと予測された時は農業を主とし、漁業を従とする第二種兼業数が多くなる現象が見られた。

　水田1haを所有し、農業と組み合わせた第二種兼業で営むA氏は（1938年生れ）、40歳半ばまでハタハタ漁が終わると北洋のカニ漁に出稼ぎした。出稼ぎを止めてから田植え期と稲刈り期は農業を主とし、それ以外は自給的な刺網を行ってきた。不漁期にある今日の北浦地区ではA氏のような経歴を持つ第二種兼業が多い。

　第一種兼業経営体は、2月中旬から7月までは刺網、7月中旬から10月まではゴチ網、11月中旬から12月まではハタハタ定置網、途中、平行して7月から8月中旬は、採貝とクロモ採藻[16]などと組み合わせて行った。

　しかし、ハタハタ資源の減少によって厳しい経営が続いているため、漁協では遊魚案内との兼業を勧めた結果、それとの兼業は、78年は4人、83年は5人、88年は6人と、僅かに増えた[17]。

3　ハタハタ資源の枯渇化と全面禁漁

　70年代後半の沿岸ハタハタ漁をみると（表2－4－3）、74年は操業日数が

18日間、漁獲量は5,112トン、水揚高は2億5,626万円、平均価格は80円/kg、定置網1統平均の漁獲高は261.5万円、1統に6人従事したとすれば1人平均43.6万円であった。不漁期に入ったと言われる76年は、それぞれ20日間・3,185トン・2億3,868万円・243.6万円・40.6万円／人と推定される。漁獲量が減少したにもかかわらず水揚高の減少が小幅であったのは、平均価格が181円/kgと高かったためである。78年は漁獲量が984トンと、1,000トンを割り込み、79年には367トンに減少したことから、水揚高は1億8,482万円、1統平均188.6万円、1人平均31.4万円と、平均価格（598円/kg）は高くても漁獲量が少なかったため、漁獲高の減収を平均価格でカバーすることができなくなった。さらに84年には漁獲量が1トンにまで激減し[18]、消滅に近い状況に陥った。

　その要因は、基本的にはハタハタ資源の枯渇化にあるが、「獲れる時に獲れるだけ獲った」と漁師が話しているように、産卵海域は定置網で埋め尽くされるなど全く規制のない状態で行われた。漁獲量の減少に危機感を持った男鹿市漁協は、それまで個人操業で行われてきた沿岸ハタハタ漁を、共同操業に切り替えるとともに、定置網の着業統数を78年は96統、80年は94統に削減したうえで、各経営体に1～2統許可することにした。これを受けて個人経営から共同経営に切り替えが進んだため、68年は2共同経営体であったものが78年には55へと増えた（表2－4－4）。

　共同経営に切り替えたのは、ハタハタ漁を続けたいという漁業者の求めに応じるためであった。つまり、表2－4－4に示した全ての共同経営体と小型定置網を行った個人経営体が、ハタハタ漁を行ったとすれば、78年のハタハタ定置網経営体は共同経営体が2、個人経営体が132、合計134であったものが、78年は共同経営

表2－4－3　1970年代後半における北浦地区のハタハタ定置網漁

年	漁獲量（トン）	水揚高（万円）	着業統数（統）	初漁日	操業日数（日）
1974	5,112	25,626	98	11月23日	18
75	5,609	34,868	96	12月 1日	18
76	3,185	23,868	98	11月28日	20
77	2,641	56,124	98	11月15日	13
78	984	32,600	96	12月 1日	26
79	367	18,482	98	12月17日	12

各年の「秋田農林水産統計年報」と「男鹿の統計」による

表2−4−4　北浦地区における経営形態別・漁業種類別経営体数

		1968年	1978年	1983年	1988年	1993年	1998年
	経営体総数	149	198	184	136	121	133
内訳	共同経営体数	2	55	52	16	6	26
	個人経営体数	146	141	129	117	111	103
漁業種類	小型定置網	132	68	67	23	10	35
	その他の刺網	?	82	97	77	68	59
	イカ釣り	?	8	5	3	3	2
	採藻・採貝	?	27	9	26	34	30

1968年は東北農政局秋田統計調査事務所「漁業地区別水産総合統計」、1978年以降は第6～10次「漁業センサス」による。

※秋田県には団体経営体として、会社、漁業協同組合、漁業生産組合、共同経営、官公庁・学校・試験場の5種あるが、出典資料には共同経営数が示されていないため、共同経営体数と個人経営体数を合わせた数と経営体総数とは一致しない。漁業種類別の経営体数は主として営んだ漁法別の経営体数である。

体が55、個人経営体が68、合計123となり、経営体は10減少したことになる。しかし、ハタハタ定置網から刺網に切り替えた経営体が有ったことから、経営体数に大きな変化はなかったことになる。また、定置網は6人1組で営まれたことから、68年は共同経営体に12人、78年は330人従事したことになる。一方、68年は個人経営体に792人、78年は408人が従事したことになり、両者を合わせると68年は804人、78年は738人と、66人減少したことになり、経営体の減少数とほぼ比例する。しかし、定置網から刺網に切り替えた経営体があったことを考えると、減少した実人数は極めて少なかったと思われる。このことは、個人経営から共同経営に切り替えても就業者数に大きな変化はなかったことを示している。

しかしながら、77年は2,641㌧有った漁獲量が、78年は984㌧、83年は23㌧、88年は49㌧と激減した。このような現象は秋田県全域にみられたことから、県は92年から95年まで全県一斉にハタハタ漁を禁止した。その補償として北浦地区の経営体に10万円から29万円支払われたと言われている。しかし、年末の収入が閉ざされたため、出稼ぎや他の仕事に就く漁業者が多くみられた。

4　再開後のハタハタ漁

禁漁前と禁漁中、再開後の経営体数と漁業種類をみると（表2−4−4）、すべての経営体がハタハタ漁を行ったとは限らないが、88年と93年を比べると、共

同経営体数・個人経営体数とも減少するとともに定置網の着業統数も最少となるなど、全面禁漁の影響が著しかった。

再開後は、第1編に示したように漁獲量の割当てと全長制限などの規制が敷かれたほか、北浦地区では操業水域と操業時間の制限や、定置網を水深1.5m以浅に設置すること、および刺網を2m以浅に設置することを禁止した（表2－4－5）[10]。刺網の設置場所を制限したのは、2m以浅は定置網の設置が不可能でも刺網は可能なことから、産卵場所を保護するためには刺網の設置場所を制限する必要があったためである。また、1経営体に2統認めた定置網は1統とするとともに、就業者を5人の共同経営方式に変えた。さらに解禁前は94統着業した定置網を40統に減らすこと、各経営体に漁獲量を均等に割り当てること、就業者は564人から200人以内とすることにした。そのほか、網目の大きさと操業期間・操業時間にも規制を設けたほか、産卵に適した水温に下がる時期が遅くなっている傾向にあることから、開始日を12月1日に遅らせた。

表2－4－5　ハタハタ漁再開後の北浦地区における沿岸ハタハタ漁に関する資源管理

管理項目	漁業種類	管　理　内　容
全長制限	定置と刺網	魚体15cm以下は放流。
操業水域	定置網	水深1.5m以浅の海域には設置を禁止する。
	刺網	水深2m以浅の海域には設置を禁止する。
操業期間	定置網	11月25日から12月31日午前10時まで。
	刺網	12月31日正午から1月10日まで。
網目	刺網	1寸6分以上とする。
漁具規模	定置網	従来どおり
	刺網	1反の長さ42間以内とする。高さ50目以内とする。
網数等	定置網	従来2ヵ統／経営体まで認めていたものを1ヵ統とする。 解禁前の94統から40統以内とする。
	刺網	許可件数は定めない。 1件当たりの大きさは4反以内とする。
漁獲量	定置と刺網	継続課題とする。
操業時間	刺網	時間設定は困難であるが、日中の操業は禁止する。
共同操業	定置網	従来の6人共同から5人共同とする。
	刺網	これまで個人操業であったものを5人以上の共同にする。 船外機付き船は禁止
その他		底網による混獲は認めない。

秋田県（平成10年）：『県民魚「ハタハタ」の資源管理』による

再開後における 95 年の漁獲量は 65㌧、00 年は 502㌧、05 年は 690㌧と、改善の兆しが見られた。そのため 98 年の共同経営体数と定置網経営体数は、ともに禁漁前の 88 年を上回り、沿岸ハタハタ漁に依存する体質が復活しつつある。

男鹿市漁協によると、00 年は定置網を 28 統に制限したうえで、1 統に雌を 1,711 箱（3kg 入り）、雄・雌混在を 1,283 箱（4kg 入り）割り当てたと言う。同年の産地市場平均価格は雌が 1,250 円/kg、雄が 750 円/kg であったことから、1 人の平均収入は 100 万円程度と、正月前の貴重な収入になった。また、刺網の着業統数が増えたことや、販売目的のハタハタを刺網でも行うなど、ハタハタ漁に変化がみられた。しかし、最盛期の状態に復活するかどうかは、ハタハタ資源の回復次第である。

Ⅳ　まとめ

1. 北浦地区では沿岸ハタハタ漁のみが営まれている。藩政期のハタハタ漁は佐竹藩から保護を受けた一部の網元に独占され、一般漁民の営むハタハタ漁は零細であった。明治期にはハタハタ漁に漁業税が課せられ、大正期にはその改定が行われるなど、第 2 次世界大戦前は特別に扱われた。
2. 北浦地区におけるハタハタ漁は、秋田県最大級で、豊漁期にはハタハタのモノカルチャー構造を成していた。しかし、1 ヶ月に満たない漁期のため、農業や出稼ぎと組み合わせた兼業形態で営まれた。
3. 北浦地区のハタハタ漁は、藩政期は地びき網と手繰網、明治期中頃までは手繰網、それ以降はハタハタ定置網、70 年以降は共同経営体によるハタハタ定置網で行われ、自給用のハタハタは刺網で行われた。
4. 再開後の漁獲量は、回復傾向が認められるものの全盛期には至っていない。また、販売目的のハタハタも刺網で行われるなど、形態に変化がみられた。

注

1) a.「男鹿市史」下巻には、北浦町の財政力は豊かであったとある。1954 年（昭和 29）における北浦町の戸数は 1,353 戸（男鹿市 7 地区中 2 位）、人口 8,651 人（同 2 位）、そのうち農業人口 3,516 人（同 1 位）、水産業人口 1,942 人（同 1 位）であった。また、水田 419 町.4 反（同 2 位）、畑 266 町.5 反（同 1 位）、山林 832 町歩有った。なお、7 地区とは、北浦、船川港、脇本、

五里合、男鹿中、戸賀、船越の旧7市町村のことを言う。

　　b. 北浦地区の人口は1955年の8,846人から1980年は6,857人、1989年は5,796人と、34年間で3,000人余が減少した。（男鹿市市民課資料）

2）東北農政局秋田統計調査事務所（昭和45年）：漁業地区別水産総合統計。

3）男鹿市（平成7年）：男鹿市史 下巻。

4）渡辺 一（1977年）：ハタハタ 無明舎 によれば、手繰網漁とは、海底を掛け回す底びき網漁のことをいい、4～5人で操業できる漁業種類であった。同漁は水深40m位の深い所や岸から離れた所、磯浜でも操業できる利点があり、地びき網漁に比べて購入費や維持費が安かった。

5）秋田県（昭和52年）：秋田県史 第5巻 復刻版

6）男鹿市（平成7年）：男鹿市史 上巻

7）秋田県教育委員会（1978年）：秋田の漁労用具調査報告

8）前掲3）

9）前掲3）

10）前掲7）によると、ハタハタ漁業税を設けた当初は、漁業者の居住地別に北浦部落、他部落、他村と3つに分けた課税方法が執られたが、明治期末には網別に変わり、大正10年以降は乗組む人数に応じて大・中・小と区分した課税方法に改められた。

11）前掲7）

12）秋田農林水産統計年報では、秋田県の市場平均価格を八森、船川、秋田、金浦4市場の平均価格で示している。ただし56～61年は金浦市場の平均価格、62年と63年は八森, 船川, 金浦における3市場の平均価格、64～68年は前記4市場に戸賀と平沢を加えた6市場の平均価格が用いられた。

13）塩野米松（2001年）：聞き書き 日本の漁師 新潮社。

14）前掲2）

15）第6次漁業センサス（昭和53年）による。

16）秋田県（昭和48年）：浅海漁場開発調査事業報告書。

17）第6～8次漁業センサスによる。

18）東北農政局秋田統計情報事務所（昭和59年）：秋田農林水産統計年報

19）秋田県（平成10年）：県民魚「ハタハタ」の資源管理。

第5章　秋田県金浦地区における底びき網漁業の発達と変容

I　はじめに

　秋田県金浦地区（図2-5-1）は秋田県沿岸南部に位置し、北に接する仁賀保地区と南に接する象潟地区を合わせて仁賀保地域と称される。高度経済成長期前は農・漁村的性質の強い地域であったが、高度経済成長期以降は地域内に立地する

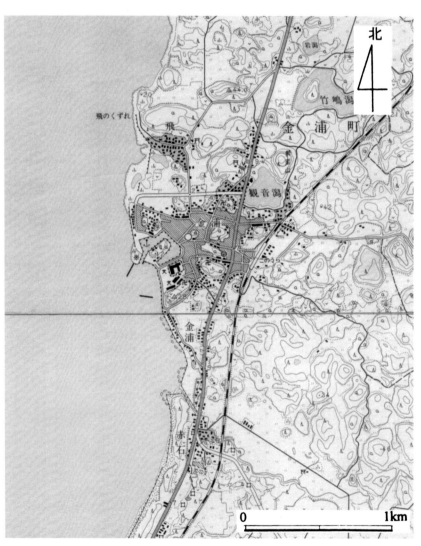

図2-5-1　秋田県金浦地区とその周辺
国土地理院　昭和51年発行1：25,000地形図「平沢」、「象潟」図幅による

TDKの発展[1]とともに、農・工業的地域に変容した[2]。それでも金浦地区は、秋田県最大級の底びき網漁業地区であるとともに、秋田県における三大漁業地区の1地区に位置付けられている。

　金浦漁港に隣接して本荘市・岩城町・西目町（以上現由利本荘市）・仁賀保町・金浦町・象潟町（以上現にかほ市）の1市5町で組織された秋田県南部漁業協同組合本所（現秋田県漁業協同組合南部総括所）と金浦産地市場が存在する。それを取り巻くように立地する集落は、狭く曲がりくねった道路を挟んで家屋が密集し、漁村的景観を呈している。48年に設置された秋田県立西目農業高等学校定時制課程金浦分校に、59〜62年は水産科が併置され、漁業技術の普及と漁業後継者の育成に努めた。しかし、高度経済成長期以降は、第一次産業と第二・三次産業との産業間格差の拡大や、漁業資源の減少、長引く石油危機の影響、底びき網漁船の減船政策等によって、漁業経営は縮小と変容が進んでいる。

　金浦地区の漁業に関する研究には「農漁村社会の展開構造」[3]が有るが、65年以降のものは確認できていない。

　本章では、金浦地区における底びき網漁業の発達と変容の要因を明らかする。研究方法は、底びき網漁業が発達した要因を明らかにするため、底びき網漁業成立前のことにも触れ、底びき網漁業成立後については、その展開過程を明らかにするため時代区分を試みた。目的解明のため、漁業センサスと秋田農林水産統計年報、秋田県・金浦町などの各種資料を使用したほか、現地調査を行った。

　本章は83年にまとめたレポートを骨子としたが、政策減船の部分については新たに書き加えた。

Ⅱ　底びき網漁業成立前の漁業

1　金浦漁港

　1232年（貞永元）の開港と言われる金浦漁港は、鳥海山の噴火で形成された小湾（潟）に位置する。同港は北前船の中継港や風待港および漁港の機能を併せ持ち、新潟県佐渡の小木、青森県の深浦とともに敦賀以北における3良潟[4]の一つと知られた港であった。港内には湾奥から湾口にかけて半島状に山王森と沖の島が連なり、その南側には大潟、北側には北ノ潟と呼ばれた2つの船溜場が有った。同港は象潟、平沢地区（仁賀保地区の1地区）の漁船にも利用されたが、周辺には回船

問屋や船主達の家や蔵などが建ち並び、漁村的性格よりも商業的性格が強い地区であった。

1804年（文化元）の象潟地震によって、港内は水深が浅くなるなどの被害を受けたが、それでも土崎港と酒田港を結ぶ中継港としての機能は衰えず、利用船舶数は地震前と変らなかった。1879年（明治12）に同港を利用した船舶は、秋田南部では最も多い200石船1隻、50～200石船2隻、50石以下7隻の商用船と漁船79隻、合計89隻であった[5]。同港が地震の被害を受けたにもかかわらず多くの船に利用されたのは、自然的条件に恵まれた良港であったためである。

1922年（大正11）に羽越本線の金浦以南が開通したことを機に金浦港の商業的機能は衰えたが、優れた自然的条件を有していたこと、近くに好漁場が存在した

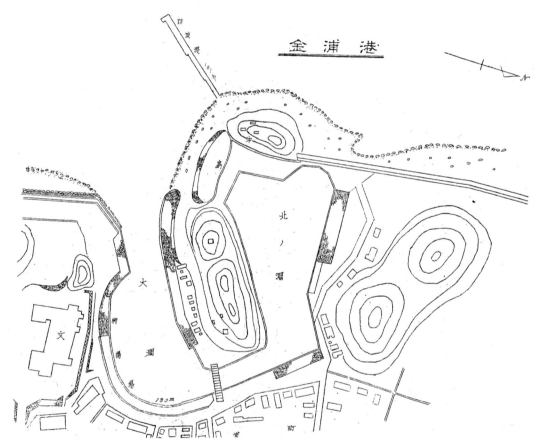

図2-5-2　1948年頃の金浦漁港
　　　　日本國有鉄道輸送局(昭和23年)：東北の港湾(其の2 完)266ページより引用

　　※原図は縮尺は記載されていない

ことから漁港の機能は衰えることがなかった。1925年に国と県は、269,510円の予算をかけて防波堤と船揚場の建設や護岸工事を始めた。また、1933年には陸地側と山王森を結ぶ箇所に長さ70m、幅20m、水深2.6mの運河を掘って南・北の船溜場を繋ぎ、運河の上に山王橋を架けるなど[6]、整備を進めた（図2-5-2）。また、51年には第二種漁港の指定を受けるとともに300㌧級の漁船が利用できる規模に整備され、今日では秋田県南部における中核漁港の役割を果たしている。

2 商業的漁業の成立と発展
(1) 藩政期

藩政期の漁業については、宝暦12年（1762）に書かれたとされる「出羽国風土略記」と、その後に著された「金浦年代記」の一部が「金浦町史」[7]に掲載されている。

「出羽国風土略記」の「釣り針・釣り糸・季節漁業のこと」には、1600年代半ばから1700年代半ばにかけての様子を「鱈釣る針金は但馬国、糸縄は越後国より・・・、年々二月中は鱈舟休み。惣舟手操り網引き猟なり。魚は鰈、ま鰈、石鰈・・、春彼岸の前後・・大蛸、なまこ、鮑類、磯取り。小舟、ヤス。同頃には樽網用い、あるいは鰊網用いる。・・初夏、鯛も鰤も追って来て沢山釣る。六月、土用なる時は烏賊釣り、六、七、八月は鯵舟仕込みでき、釣り取る。八、九月、鰹、あら、餌鯛の類、9月、鰤おいおい登り来る。網取り。十月、鱈舟、穴子、烏賊・・・、十一月鰈、烏賊類、十二月寒中は八ツ目、烏賊は飛島より来たる」と、1年間の操業日程、および鱈舟などを使った沖合漁業と磯見漁業が併存していたことを記している。そこに記された鱈舟とは、金浦地区で最大の長さ7～8間（12～14m）の櫓櫂船のことを言い、この船主達が10km沖合の漁業入会権を独占するなど極めて強い権力を持っていた。江戸中期には13軒の鱈船船主が、12軒のイサバ呼ばれた買受人兼鮮魚商と関係を深め[8]、売買行為も独占していたことから[9]、すでに商業的漁業が成立していたと思われる。

また、「金浦村鱈舟の事」には、「誠に出羽の国といえども、庄内、本荘、亀田、秋田の長く何十里の村々ありといえども、鱈釣る村は金浦のみ、古来より鱈の名所というべきか。（中略）当村鱈舟、小縄舟二十艘あり」とあり、「金浦年代記」には「寒中に晴天続き鱈揚がり、夏中は小鮑もあがり候」（1667年）、「十二月寒鱈1本二十八文まで。沢山なり」（1680年）、「十月末日より鱈おびただしく揚がり、小

売り買い止む‥」(1715年)[10)]とあることから、藩政期前半から半ばにかけてもタラ漁が盛んであったことが分かる。

前掲3)には、正保年間(1640年代)に越後の人がタラ漁を伝え、鱈舟に6〜7人乗り組んで7海里程度沖合で行ったとある。その様子を「出羽国風土略記」では「冬家業のことなりき。十月朔日より来三月三日までおよそ百五十日、日和晴れ静かなる上に、二里、三里の沖に出帆して大口魚を釣ることなり」とか「(出漁は)その暁前、寅一天(午前三時)の一時前より寝覚めて、身の支度して飯をかしぎ、足元の暗き時に舟に乗りて海上を沖に向う」、漁場に着くと「鱈の餌針縄に重きためし物を添え、海上にはこの縄に丸桶を結び、あるいは餌針縄何十枚もそのところ、海上より西へ西へと配り入る。そのあと縄を引き上げる。鱈に鮫に鯛にかすべの大魚小魚、針にかかり釣り上げる」[11)]と、タラ漁は旧暦の秋から冬期にかけて釣り漁法で行われたことを記している。同漁は冬期が盛漁期であるため、遭難事故が起きる危険性を犯してまでも漁を行ったのは、収入が多かったこと、米の代りに年貢として納めることのできる魚であったためである。

江戸時代が起源とされる立春の日に、豊漁と海上安全を祈願してマダラを金浦山神社に奉納する掛魚祭(かけよ)(タラまつり)は、地区最大級の伝統行事として引き継がれている。

(2) 明治〜大正期

明治期は、藩政期から蓄積してきた富と技術があったこと、改良された漁船や漁網・漁具などが普及したことなどで、さらに発達した。1903年(明治36)には、鱈舟と小縄舟で、タラ(5,400貫)、サバ(5,000貫)、サメ(4,800貫)、ヒラメ(4,400貫)などを穫った。一方、沿岸漁業ではハタハタ(50貫)、鮑(50貫)、ナマコ(20貫)などを穫ったが、その量は極めて少なかったことから[12)]、この時期も沖合漁業が支配的であった。鱈舟には10人程度乗り組み、沖合8〜12kmの漁場で1月中旬から6月上旬はタラのはえ縄、他の時期はイカ釣り・サケ釣り・マス釣りなどを行い、小縄船は鱈舟に比べて若干近い沖合数kmで鱈舟と同様にはえ縄を行った。

1903年に金浦町漁業組合(組合員133人、加入率:金浦町全戸数の14%)が組織されたことを機に、船主が独占してきた入会専用漁場の漁業権を漁業組合に帰属させた。また、区画漁業権や定置漁業権などの漁業権も同組合に移したことから、船主達が独占してきた権利は漁業組合が管理することになった。大正期には、さらに管理体制を充実させ、漁業経営の近代化に努めた。

Ⅲ　底びき網漁業の成立と展開

1　第1期（1923～45年）

1923年（大正12）、金浦地区に動力を備えた機船底びき網漁船が導入された。これを機に、鱈船所有者は藩政期以降蓄積してきた富と技術を底びき網漁業に投資した。動力船の普及とともに底びき網漁業者が増え、1932年には、はえ縄を続ける無動力船が25隻存在したのに対して、底びき網を営む動力船は30隻に増え、主要漁業ははえ縄から底びき網に変わった。

底びき網漁船の増加とともに、同地区の漁獲高は1930年の15.7万円から1934年には19.7万円に増加した。そのうち、86.6％を占めた沖合漁業のほとんどが底びき網によるものであったことから、この時期を底びき網漁業が成立・定着した時期と捉えることができる。

1928年（昭和3）、金浦町漁業組合は金浦共同販売所を開設し、それまで漁業経営者とイサバの間で行われてきた取引を、漁業組合による共同販売（魚市場）方式に改めた。これ以降、金浦町漁業組合が生産から販売まで管理することになった。

2　第2期（1946～72年）

54年（昭和29）の漁業実績をみるため、隣接する平沢地区[13]および象潟地区と比較したのが表2－5－1である。金浦地区の漁業経営体数と漁業就業者数は最も少なかったが、5トン以上の動力船（33隻）と底びき網経営体数（28）は最も多く、漁獲量と漁獲高は隣接2地区を凌駕した。同年の秋田県における金浦地区の地位は、漁獲量では船川・天王に次ぐ3位、漁獲高は船川地区に次ぐ2位、1経営体平均漁獲高は船川地区の67万円に対して155万円と、県内では最高であった。漁業就業者1人平均漁獲高は、陸上勤務者の収入を大きく上回り14.2万円で秋田県最大であった。しかし、底びき網経営者が所有する底びき網漁船は、ほとんどが1隻という形態は今日まで続いている。

55年頃は、5トン未満の漁船による沿岸漁業と5トン以上15トン未満の小型漁船による知事が許可した沖合漁業、および農林大臣が許可した15トン以上の中型漁船による近海漁業が営まれた。

底びき網漁業は、5～15トンの漁船による沖合底びき網（小型底びき網）と、15トン以上の漁船による近海底びき網（中型底びき網）に分けられ、近海底びき網は、

表2-5-1 仁賀保地域における3漁業地区別の漁業実績（1954年）

	平沢地区	金浦地区	象潟地区
漁業経営体数	67	57	111
主に営む漁業種類			
底びき網漁	15	28	11
敷網漁	0	1	0
刺網漁	21	1	29
釣り漁	13	10	4
小型定置網漁	18	7	60
船びき網漁	0	0	1
その他の漁業	0	0	2
採貝漁・採藻	0	10	4
漁業就業者数　（人）	656	578	604
漁船隻数　　　（隻）	95	60	179
うち無動力船	53	16	153
～3トン	16	8	11
3～5	1	3	0
5～10	21	1	8
10～15	0	10	5
15～20	0	11	1
20～	2	11	1
漁獲量　　　（万貫）	27.4	72.6	26.0
漁獲高　　　（万円）	4,000	8,203	2,885
1経営体平均	60	155	26
就業者1人平均	6.1	14.2	4.8
漁業経営形態　（戸）			
専　業	7	10	16
第一種兼業	28	28	33
第二種兼業	26	12	48

「第2次漁業センサス」による

さらに15～20ﾄﾝ層と20ﾄﾝ以上層に分けられた。その区分に従うと、60年は、沖合底びき網漁船が13隻のほか、15～20ﾄﾝが1隻、20～30ﾄﾝが13隻、50ﾄﾝ以上は1隻、合計15隻の近海底引き網漁船が有った[14]。

　沖合底びき網漁船には5～6人乗り組み、9～10月と3～4月はヒラメ漁、11～12月は沖合ハタハタ漁、1～2月はタラ漁を営んだ。近海底びき網のうち、15～20ﾄﾝの漁船には7～8人、20ﾄﾝ以上の漁船には6～11人乗り組み、漁港から1～2日離れた海域を漁場としたが、中には、沿海州沖や朝鮮半島沖に出漁する漁船も現れたことから、この時期を底びき網漁業の発展・拡大期と捉えることができる。

　近海底びき網と沖合底びき網の漁獲量を比較すると、62年は総漁獲量1,512

トンのうち、近海底びき網は986トン（全体比65.2%）、沖合底びきは508トン（同33.6%）であったものが、65年には2,267トンのうち、近海底びき網は635トン（同28.0%）に減少した一方で、沖合底びき網は585トン（同25.8%）と、76トン増加し、両者の差が縮小した。その理由の一つに底びき網漁のみを営んできた近海底びき網業者が、季節に応じてイカ釣り（62年の0トンから65年には613トン）、マグロはえ縄（0トンから185トン）、サケ・マス流網（15トンから182トン）も営むなど、漁業経営を多角化させたことが有った。しかし、両者を合わせた漁獲量は地区全体の50%を超えていたことから、この時期も主要漁業種類は底びき網であったことに変りなかった。

49年に発足した金浦町漁業協同組合は、55年にハタハタ資源の減少を理由に、沿岸ハタハタ漁の漁業権を個人所有から組合所有に変えたため、自由に営むことができなくなった[15]。これに抗議して沿岸ハタハタ漁業者は、沖合ハタハタ漁にも規制を設けるべきとの要望書を出したが、49年に発足した金浦町漁協役員13人のうち12人が、沖合・近海漁業経営者であったため、沖合ハタハタ漁が規制されることはなく、底びき網漁業を中心とする沖合・近海漁業層の強い支配が続いた。

しかし、高度経済成長がもたらした第一次産業と第二・三次産業間の格差拡大と、高校進学率[16]の向上、底びき網に雇われるより、出稼ぎ収入が多いという理由から、底びき網従事者の確保が難しくなった。そのため、従来までの船主6、従事者4の歩合制賃金に加えて、支度金あるいは契約金（15,000円程度）や、67年には最低保障として、中型底びき網には35,000円/月、小型底びき網には20,000円/月を確約したほか、保険に加入させるなどの対策をしたものの改善されることは無かった。

3 第3期（1973～86年）

この期間の総漁獲量は（図2－5－3）、一時的に回復したものの、漁業資源の枯渇化と長引く石油危機の影響などから、2,900～1,700トンの間で推移した。総漁獲量に占める底びき網の割合は、最高が79年の91.6%、最低が72年の67.8%、15年間の平均は82.5%、そのうち、80%を超えたのは9年と、底びき網の支配が続いた。漁獲物はホッケ・スケトウダラ・ハタハタ・マダラが多く、その4魚種で、77年は全体の47.4%、81年は44.9%を占めた。しかし、漁業資源の枯渇化とともに、3～5月はマス流し網、3～11月はイワシ流し網、6月

はサンマ流し網、7・8月の休漁期はエビ・カニ漁や採貝などと組み合わせて操業する底びき網経営体が増えた。一方、20㌧以上の漁船を所有する経営体の中には、200カイリ問題によって沿海州沖の操業を止めた業者が居たほか、操業海域を近場に縮小した業者も見られた。

そのような状況にあっても、25㌧級の底びき網漁船による1漁期平均漁獲高は630万円/隻、雇われ従事者に対する最低保証額は90,000円/月（78年）[17]、30㌧級の底びき網漁船の1漁期平均漁獲高は3,300万円/隻、最低保証額は45,000円/月（78年）[18]と、他の漁業種類に比べて高額であった。

80年に67隻有った漁船のうち、26隻が5㌧以上（全体比43.3％）で、しかもそのほとんどが底びき網漁船であった（写真2-5-1）。また、小型底びき網と沖合底びき網の漁獲量を比べると、70年に小型底びき網が沖合底びき網を上回り、76年以降は200カイリ問題と第二次石油危機の影響などによって、おおよそ小型2に対して沖合1の割合になるなど、沖合底びき網の縮小が顕著となった。

78～83年の5年間で男子漁業就業者数は、秋田県で664人減少したが（減少率18.7％）、金浦地区では53人と（同13.6％）、減少率は秋田県平均に比べて5％低かった。これは政策減船の実施前であったことと、地域内に立地するTDKが高校新卒者と陸上勤務者を求人対象としていたためと思われる。しかし漁業就業

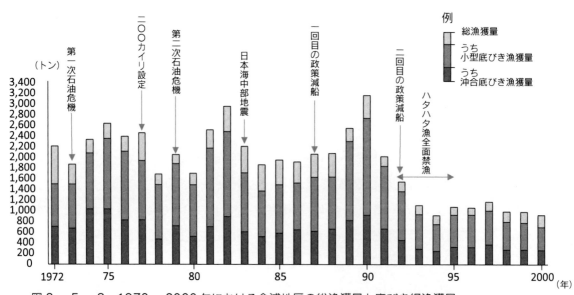

図2-5-3　1972～2000年における金浦地区の総漁獲量と底びき網漁獲量
各年の「秋田農林水産統計年報」による

写真2-5-1　金浦漁港に停泊する小型底びき網漁船
1983年2月　筆者撮影

者のうち30歳未満は、78年の33.2％から83年には23.6％、40歳代は34.5％から29.1％と、底びき網を支えてきた年齢層の減少が続いた。

　沖合底びき網を営む1939年生れのA氏は4人を雇って7人で操業した。83年の年間操業日数は147日、最多月は6月と10月の17日間、最少月は1月の12日間、休漁期を除く10ヶ月の月平均は14.7日であった。小型底びき網漁を営む1938年生れのB氏は4人を雇って5人で操業した。同年の年間操業日数は149日、最多月は3月の20日間、最少月は1月の11日間、10ヶ月の月平均は14.9日であった。両氏とも1ヶ月の半分程度は操業し、それに使ったA重油は1日平均ドラム缶4本、年間に換算すると600缶程度であった。しかし、燃油代高騰の影響を受けて、両氏とも操業水域の縮小や、夜間操業を昼間操業に切り替えて対応したが、雇用労賃や維持費などの支出が嵩み、縮小を余儀なくされた。このようなことは他の経営体にも見られたことから、この時期を縮小期と捉えることができる。

4　第4期（1987年以降）
(1) 底びき網漁船の政策減船

　87～00年における金浦地区の総漁獲量は、3,170㌧～920㌧で推移した。この期間における底びき網の漁獲量は、91年の2,700㌧を最高に93年以降は1,000㌧を割り、全体に占める割合は、91年の91.0％を最高に、最低は00年の75.5％であった。ただ、14年のうち9年は80％以上有ったとは言っても、漁獲量の減少は深刻な問題であった。

　このよう現象は全国的なことであったため、国は87年と92年の2回にわたって底びき網漁船を削減した。金浦地区では、底びき網経営体のほとんどが、底びき網漁船を1隻所有することから、減船することは漁業を廃業することを意味した。

表2−5−2 秋田県における政策減船実施前と実施後の地区別底びき網漁船数（隻）

	秋田県	岩館	八森	船川	天王	秋田	本荘	西目	平沢	金浦	象潟
1983年	76	8	7	15	0	1	0	1	10	26	8
87	1　回　目　の　政　策　減　船										
88	54	7	6	7	0	1	0	0	6	20	7
92	2　回　目　の　政　策　減　船										
93	48	5	6	4	1	0	2	0	4	11	7

第7〜9次「漁業センサス」による

※底びき網経営体とは、底びき網漁を主体に漁業を営む経営体のことをいう
※減船された数と残存数が一致しないのは、自主的に減船した漁船が含まれるためである。

表2−5−3 1973〜1998年における金浦地区の漁業経営体数と規模別漁船隻数

	1973年	78年	80年	83年	88年	93年	98年
漁業経営体数	41	60	60	53	45	56	38
動力船数（隻）	46	58	67	54	46	43	33
0〜3トン	17	28	33	21	19	20	12
3〜5	2	5	8	6	6	8	5
5〜10	2	0	0	0	0	1	1
10〜20	14	17	18	18	13	10	12
20〜50	9	12	8	8	7	4	3
50〜	2	1	0	1	1	0	0

第5〜10次「漁業センサス」と1980年の「秋田農林水産統計年報」による

　83年〜93年の地区別底びき網漁船数を示したのが表2−5−2である。87年（昭和62）3月に行われた1回目の時は、秋田県に19隻割り当てられたうち、南部地域では9隻が対象となった。県の依頼を受けた秋田県南部漁業協同組合は個別に協議した結果、西目地区には1隻中1隻、平沢地区には10隻中1隻、金浦地区には26隻中6隻、象潟地区には8隻中1隻割り当てた。

　底びき網漁船が26隻有った金浦地区では、1回目の減船で20隻、経営体数は53から45となった。2回目の時は8隻減船されたほかに自主廃業が1経営体有った（表2−5−2）。また、減船前は159人居た雇われ漁業者は、88年には124人、98年には56人となるなど（表2−5−4）、政策減船は漁業を変容・縮小させる要因となった（表2−5−3）。

　減船に応じた底びき網業者は、漁船を廃船させる義務を負う代償に補償金が交付さ

表2－5－4　金浦地区における年代別男子漁業就業者数と自営・雇われ就業者数（人）

	1973年	78年	83年	88年	93年	98年
0 ～ 19歳	2	2	0	0	0	0
20 ～ 24	16	8	4	2	1	1
25 ～ 29	20	16	9	4	2	1
30 ～ 34	24	25	16	5	1	1
35 ～ 39	41	27	19	13	6	1
40 ～ 44	49	39	23	18	10	5
45 ～ 49	41	42	36	18	15	13
50 ～ 54	20	37	39	31	15	12
55 ～ 59	15	16	33	28	20	12
60 ～ 64	15	12	16	25	18	16
65 ～	13	11	8	6	15	21
男子　計	256	235	203	150	103	83
女子　計	0	0	0	0	1	2
合　　計	256	235	203	150	104	85
自営	45	43	44	26	35	29
雇われのみ	206	165	150	94	43	34
雇われ主	4	12	2	14	18	18
雇われ従	1	15	7	16	8	4

第5～10次「漁業センサス」による

れた。「船体補償」と「とも補償[19]」などを合わせた秋田県全体の補償総額は2億7,842万円、1隻平均1,465万円であった。一方、底びき網漁を継続した経営体には「とも補償」の拠出が課せられたため、不振が続く中での負担は大きかった。秋田県南部漁協管内で減船した全ての経営体が漁業を廃業し、補償金を返済金や新たな事業の開業資金に充てたと言われている。一方、雇われ漁業者の中には、若年層を中心に地域内のTDK協力会社に転職した人がみられ、漁業を離れた人達の受皿となった。

(2) 底びき網漁業の変容

　減船後の87年における底びき網の漁獲量は1,634㌧、90年は2,740㌧と、一時的には回復したものの、91年は1,841㌧、93年は937㌧、95年は930㌧、00年には696㌧と、過去30年間に例を見ない減少を示した。また、地区を代表したタラ類も93年は247㌧、98年は115㌧、00年には111㌧に減少した。それでも、総漁獲量に占める底びき網の割合は75％を超え、金浦地区の漁業を支え

ていたことに変わりなかった。

　底びき網の漁獲量が減少する中で、重要度を高めていたのが底びき網の休漁期に営まれる採貝で、85年は37㌧、そのうちアワビが2㌧、イワガキが35㌧、95年は32㌧のうちアワビが2㌧、イワガキが25㌧、00年は40㌧のうちアワビが4㌧、イワガキが32㌧で推移した。金浦市場における殻付きアワビの平均価格は、95年が8,945円/kg、00年は7,628円/kg、同様に殻付きイワガキは、それぞれ571円/kgと416円/kgで取引されるなど、底びき網の休漁期に営まれる採貝は重要な収入源であった。採貝を行った人の中には、底びき網を営む人やそれに雇われた人も多く、漁業就業者の中に占める採貝者率は、83年の5.9%から00年には24.8%へと上昇した。

　98年の漁業就業者数は（表2-5-4）、第一次石油危機前の73年に比べると1/3、政策減船が実施される前の83年に比べると1/2の85人に減少した。年代別には30歳未満の減少が多く、逆に、60歳以上は83年の24人（全体比11.8%）から93年には33人（同32.0%）、98年には37人（同44.6%）に増加するとともに、漁業規模の縮小と変容をもたらした。

　政策減船実施後の88年における漁獲高[20]は4億2,000万円、93年は5億6,600万、98年は4億9,200円、88年の1経営体平均漁獲高は933万円、93年は1,021万円、98年は1,851万円に増加した。93年以降、秋田県の漁業地区で漁獲高が1,000万円/経営体を超えたのは金浦地区のみであった。また、98年は1,000万円以上の経営体は16（構成比42.1%）存在したが、底びき網を営んだ13経営体のすべてが2,000万円を超えていた。

　漁獲高が増加した要因として、他の漁業種類と組み合わせた多角的な操業形態を執る経営体が増えたこと、経費の削減に努めたこと、価格の好調なヒラメやカレイ・エビ類・マダラなどの漁獲量が回復傾向を示したこと、アワビやイワガキなどの資源管理が成果を上げたことなどが考えられる。例えば、アワビの中間放流は80年頃に始まり、85年・93年・95年は各2㌧、00年は4㌧採れた。そのうち、1/2から1/3程度が殻の上端部が濃緑色の放流アワビであった。金浦市場の単価はそれぞれ8,690円/kg、9,928円/kg、8,945円/kg、7,628円/kgで水揚高全体に占める割合は、85年の3.5%から00年には7.4%に上昇したことから、放流事業は定着しているものと判断出来る。

　このように、漁業は政策減船の影響や漁業就業者・従事者の減少と高齢化などに

表2－5－5 金浦地区おける底びき網漁業の展開

	第1期	第2期	第3期	第4期
時　期	1923～45年	1946～72年	1973～86年	1987年以降
底びき網漁	成立・定着	発展・拡大	縮　小	変　容
漁　港	修　築	修　築 中核漁港に指定	拡　充	拡　充
漁獲量	停　滞	増　加	停　滞	減　少
主な 漁船種類	機船底びき網漁船 (鱈舟・小縄船)	機船底びき網漁船	機船底びき網漁船	機船底びき網漁船 (船外機付き船)
主な 漁業種類	底びき網 (はえ縄)	近海底びき網 沖合底びき網	小型底びき網 沖合底びき網	小型底びき網 (採貝)
主な出来事 と状況	入会漁業権が漁協管理となる 漁獲高の増加	共同販売所開設 (季節ハタハタ漁の漁業権が漁協管理となる) 乗組員の確保が困難化	漁業資源の枯渇化、石油危機、200カイリ問題、小型底びき網による漁獲量が沖合底びき網漁獲量上回る	政策減船、放流・中間育成事業の拡大 複数の漁業種類と組み合わせた底びき網経営の拡大 漁業就業者の減少と高齢化現象

※（　）で示した事項は底引き網漁に直接関係しない　　　　　　　　　　　　　　　　筆者作成

よって縮小した一方で、放流事業を初めとする育てて捕る漁業の効果が見られることから、この時期を変容期と捉えることができる。

金浦地区における底びき網漁業の展開を整理したのが表2－5－5である。

Ⅳ　TDKの発展

金浦地区における底びき網漁業の縮小と変容は、漁業資源の枯渇化を最大要因とするが、前掲1)に詳述されてあるように、仁賀保地域に立地するTDKの発展も考慮しなければならない。同社は労働力を中途採用で補充したことは有っても、漁業就業者に求めたことはなく、数名の若年漁業従事者が長引く漁業不況から同社の協力工場に転職した程度であった。

82年当時、仁賀保地域に6直営工場と4サテライト工場[21]、および多くの協力工場が立地し、13,000人の従業員を有していた[22]。85年の金浦町統計資料によると、同町の生産年齢人口3,677人のうち521人が直営工場とサテライト工場に雇用され、203人の漁業就業者に比べ2.5倍多かった。秋田県高校生の県内就職

率は 56.8％であったが、仁賀保高校の地域内就職率は 64.9％と、同社の発展が高校生の地域内就職率を高めたばかりでなく出稼ぎの解消と女子の雇用を拡大させた要因であった[23]。金浦中学校の資料によると、60 年代半ばまで毎年数人の生徒が男鹿市の船川水産高校（現男鹿海洋高校）に進学したが、80 年代には 2～3 年に 1 人となった。同中学校の教師は「地元の企業に勤めたいと希望する生徒が増えた」と話すように、多くの生徒が TDK を志向していたことは明白である。

　仁賀保高校の資料によると、79～88 年の男子卒業生 1,000 人のうち、卒業と同時に象潟地区の 2 人が漁業に就いたが、県内志望の多くは TDK とその関連・協力工場に就職した。この中には保護者が漁業という生徒も多く、同社の発展が漁業後継者不足をもたらしたことは否定できない。しかし、それ以上に、同社が漁業を離れた人や地域内就職希望者の受皿となるなど、仁賀保地域に存在する意義は極めて大きい。

V　まとめ

1. 金浦地区における底びき網漁業は、自然条件に恵まれた漁港と近くに良漁場が存在したこと、大正期に動力漁船が導入されたことを機に始まり、今日では秋田県最大級の底びき網漁業地区に有る。
2. 金浦地区における底びき網漁業の展開は 4 期に区分することができた。第 1 期は 1923～45 年の底びき網が成立・定着した時期、第 2 期は 1946～72 年の発展・拡大した時期、第 3 期は 1973～86 年の縮小した時期、第 4 期は 1987 年以降の変容した時期である。
3. 金浦地区における底びき網の縮小と変容の最大要因は、漁業資源の枯渇化にあるが、2 回にわたる政策減船の影響も大きかった。その結果、同漁業を支えてきた漁業就業者の減少が続く一方で、60 歳以上の沿岸漁業者が増加傾向にある。それでも同地区の漁業は底びき網に支えられている。
4. 仁賀保地域に立地する電気・電子部品工業の TDK は、政策減船によって漁業を離れた人たちの受皿となるなど、仁賀保地域に立地する意義は極めて大きい。

注

1) 斎藤憲三顕彰会編（1982）:TDK の立地と地域の発展　大明堂

2) 小野一巳（2007）：秋田県仁賀保地域における人口変化とその背景　未発表
3) 福武　直　編著（1971）：農漁村社会の展開構造　地域社会研究所
4) 前掲3)
5) 前掲3)
6) 日本國有鉄道輸送局（昭和23年）：産業交通資料（其の11）東北の港湾（其の二　完）
7) 金浦町（平成2年）：金浦町史　上巻
8) 前掲3)
9) 前掲3)
10) 前掲7)
11) 前掲3)
12) 前掲3)
13) 平沢地区は仁賀保地区の沿岸部に位置し、稲作においては秋田県最初の乾田馬耕が行われ、漁業においては1911年（明治44年）に秋田県で最初の発動機船を導入、(秋田県（1977年）：秋田県史第6巻）、1946～47年には沿岸ハタハタを鉄製パイプで吸い上げるバキューム方法を試みるなど（秋田魁新報社（平成元年）：仰秀八十年　山崎貞一とその足跡）、進取の気質を持つ地区と言われている。
14) 前掲3)
15) 前掲3)
16) 金浦中学校卒業生の高校進学率は、1960年は51.5%、1965年は61.8%、1969年は78.4%であった。1959年の県内就職者は58人、県外が10人、1965年は県内17人、県外31人、1969年は県内14人、県外12人であった。（金浦町教育委員会資料）
17) 秋田県農林部水産課（昭和40年）：秋田県の漁具漁法
18) 秋田県農政部水産課（昭和53年）：秋田県の漁具漁法
19) 「とも補償」とは減船した底びき網業者に対して、底びき網漁を続ける業者が見舞金の形で補償金を拠出した制度のことを言う。
20) 各年の港勢調査票、秋田農林水産統計年報、第7～10次漁業センサス
21) サテライト工場とはTDKが100%出資して設立した同社の子会社のことをいう。
22) 前掲1)
23) 前掲2)

第6章　離島振興法適用後における山形県飛島の変容

I　はじめに

　山形県酒田市飛島は（図2－6－1）、秋田県と山形県境の沖合約30kmに位置し、面積2.3km²の両羽海岸地域では人が定住する唯一の島で、本州とは1914年（大正

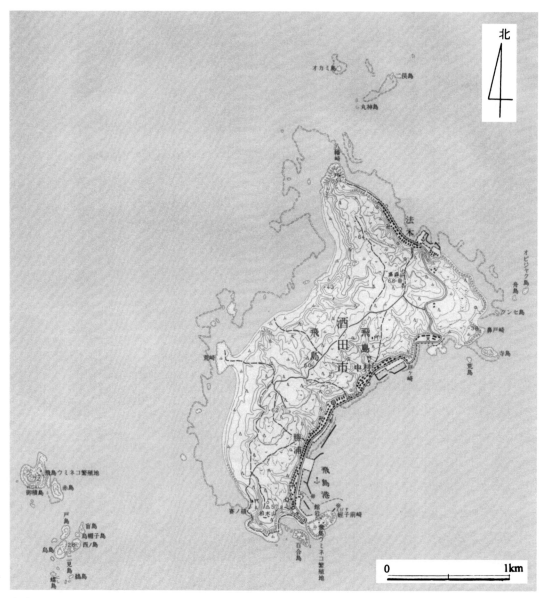

図2－6－1　飛島地形図

国土地理院　昭和57年発行1：25,000「酒田北部」図幅による

3) に始まった飛島港と酒田港を結ぶ定期船で結ばれている。

　島南東部の海食崖下には勝浦と中村、北東部の海食崖下には法木集落が立地し、いずれも漁業を生業としてきた。飛島で自給できた第一次産品は水産物のみで、米は春と秋に山形県の沿岸部や秋田県由利地方の檀家と呼ばれた農家に出向き、海産物と物々交換[1]して確保した。台地上の畑地ではダイコンやイモ・豆などを栽培したが、多くを酒田から購入し、南西部で行われた稲作は75年に消滅した。

　また、漁業権は村落共同体的管理の下に有ったことや、耕地の拡大が困難であったことから、世帯数は200戸程度に制限されていた[2]。そのような理由から、長男が家督を継ぎ、長男以外の子供は義務教育を終えると島を離れたため、漁業労働力が不足する状態が続いた。それを補うため行われたのが檀家の住む地域や、遠くは大阪周辺から小学校2～3年生の男子を養子に迎える貰い子制度であった。「南京小僧」と呼ばれた彼等は、徴兵検査が済むと島を出されたため、新たな貰い子で確保した。50年（昭和25）頃まで続いた養子制度は[3]、秋田県には存在しない制度であった。

　55年、飛島は離島振興法の適用を受けた。それを機に漁港や道路・公共施設などのインフラ整備を進め、70年代中頃の離島ブームの際は、一部の島民が釣り客や保養・レジャー客の増加を見込んで民宿を始めた。しかし、島の人口は61年の1,527人から83年には863人と、20年余りで半数程度となるとともに、高齢化現象と変容が続いている。そのような状況にあっても主たる産業は漁業である。

　本章では、離島振興法適用後における飛島の変容を明らかにする。目的解明のため、山形農林水産統計年報および山形県・酒田市・山形県漁業協同組合等の各種資料を利用したほか、現地調査を行った。

　本章は84年にまとめたものを骨子としたものである。

II　漁業経営と水産加工業

1　山形県における飛島の地位

　1900年以降、飛島に伝わった漁業種類を示したのが表2－6－1である。1903年（明治36）にイカ猪口網が伝わって以来、イカ漁が主要漁業と成った。70年の属人結果によるスルメイカの漁獲量は1,075㌧（全県比29.1％）、75年は1,160㌧（同45.0％）、80年は734㌧（同18.3％）、82年は707㌧（同

22.3％）と、酒田地区に次ぐ多さであった。

　82年の漁獲物は、多い順にスルメイカ（707㌧）、その他のイカ類（273㌧）、海藻類（147㌧）、貝類（55㌧）などで、漁業種類別には、沖合イカ釣り（744㌧）と小型底びき網（177㌧）を合わせると921㌧、一方、沿岸で営まれたその他の刺網（431㌧）と採藻（147㌧）を合わせると578㌧と、沖合部門1.6に対して沿岸部門1の割合であった。このことから、子息が営む沖合漁業と家長と女子が営む沿岸漁業（磯見漁業）の両立した漁業構造を成していたと思われる。

　同年の漁業経営体数（157、全県比21.8％）と所属漁船数（368隻、同

表2－6－1　1901〜83年における飛島の漁業に関する略史

年		事　　項
1901年	（明治34）	漁業法制定
02		専用漁業権許可
03		イカ猪口網を勝浦に導入
06		同　上　中村・法木に導入
08		一本釣漁業試行
14	（大正3）	飛島〜酒田に定期船「飛鳥丸」就航
〃		イワシ刺網導入
22		北海道沖に出漁するイカ釣り漁が動力船使用
23		サバはえ縄試行
30	（昭和5）	サメ刺網試行
33		勝浦港築港
〃		漁業法改正
36		潜水によるアワビ採捕始まる
48		飛島燈台点灯開始
49		漁業法改正
50	（昭和25）	サメ刺網導入
〃		酒田市に吸収合併
51		第4種飛島漁港工事着手
56		アワビ稚貝放流事業開始
61		法木漁港築港着工
63		ワカメ養殖試行
64		タラ刺網導入
65	（昭和40）	飛島漁協が山形県漁業協同組合飛島支所となる
66		イカ昼釣り漁を始める
68		中村漁港竣工
〃		日本海マスはえ縄開始
70		ヤリイカ市場最高の豊漁
72		飛島漁港（南）完成
〃		とびしま丸（150トン）就航
73		民宿の開業始まる
75	（昭和50）	アワビ中間育成事業始める
83		釣人遭難事故

「飛島誌」、「鳥海山・飛島」、「郷土漁港のあゆみ」による

35.5%)、および1経営体平均所有漁船数(2.3隻)は、いずれも山形県の9漁業地区の中で第1位、属人結果の漁獲量(1,720㌧、同13.1%)は、酒田・加茂・念珠ヶ関に次ぐ第4位であった。また、山形県漁業協同組合飛島支所所属の正組合員は318人居たことから、1経営体に2.1人、1世帯に1.7人存在したことになる。通常、女子は漁業に関わる作業を行っても、漁協組合員になることは稀であるため、成人男子のほとんど組合員であったと思われる。漁獲高3億442万円を1経営体平均に換算すると194万円、組合員1人平均90万円、1世帯平均180万円はいずれも山形県最大級であった。

同年の漁業経営形態をみると、個人経営体145人のうち専業は5人、第一種兼業は102人、第二種兼業は38人と、第一種兼業が全体の70.0%、逆に専業は3.4%と低かった。これは調査対象者が民宿などと兼業する家長であったことによる。しかし、1世帯に2人程度の漁協組合員が存在したことや、イカ釣り専門の子息が80人居たことから、実質的な専業は75%以上と推測されるため、極めて漁業色の強い地区で有ったことは明らかである。漁業に関係しない人は、島外から赴任した医師[4]や小・中学校の教師、警察官など僅かであった。

2 漁業経営と資源管理
(1) 沿岸漁業(磯見漁業)

70年代中頃まで沿岸漁業(磯見漁業)に使われた船は、秋田天杉で作られた長さ3～4間(6-8m)、幅7尺(1.2m)の底が平らで安全性の高い「島船」と呼ばれた無動力船であった。70年代後半以降は船外機付き船と小型の動力船で(写真2-6-1)、男子はメバル漁・ヤリイカ漁・採貝、および冬期間はタコ漁を行い、女子はワカメ・ノリ・テングサなどの採藻を行った。藻類の生産は山形県全体の9割を超え、磯見漁業を代表する水産物であった。また、タコ穴は相続や嫁入り道具に使われるなど、海底の僅かな資源も貴重な私有財産として扱われてきた[5]。

82年における山形県漁業協同組合飛島支所の資料によると、スルメイカは酒田市場や他地区市場に水揚げされたため、属地結果の漁獲量は348.6㌧と(表2-6-2)、属人結果(1,720㌧)の1/5程度であった。漁獲量は3月から初夏に多く、特に3月は全体の20%余を占めたほか、春から秋はメバル類、12月と3～4月はヤリイカ、12～1月はスルメイカ、6～12月はサザエ、冬期はタコと岩ノリが多く、逆に11月は少なかった。表中の「その他の藻類」とはテングサのこ

写真2-6-1 磯見漁業を営む船外機付き船と無動力船集落は海食崖下に路村形態で分布する（写真は勝浦地区）
1984年8月　筆者撮影

とで（全県比89.8％）、収穫量の75％が集中する6～7月は、海辺の至る所でテングサ干しが行われ、乾燥させた後長野県などに出荷した。ワカメは33㌧と、山形県全体の94.3％、養殖ワカメを含めると95.7％を占め、山形県では独占的な地位にあった。「山形県の漁具漁法」には、水深2～15mに生育するワカメやテングサ・エゴなどを竹や木で作った「ねじり叉」の先に装着した鉄製の「もずくのへ」で鋏み、ねじり込んで根元から引き抜いたとある。一方、岩ノリ採りは寒風が吹く2～3月に、波しぶきが掛かる岩場に付いた岩ノリを、素手もしくは簡単な剥がし道具を使って摘み

表2-6-2　1982年の山形県漁業協同組合飛島支所における月別・魚種別取扱量（100kg）

	1月	2月	3月	4月	5月	6月	7月	8月	9月	10月	11月	12月	魚種別構成比(%)
タイ類					2.9	5.0	6.8	0.8	2.6	0.8	0.8	0.1	0.6
カレイ類	5.3	8.2	28.0	22.8	32.7	1.0		0.0		0.0		0.2	2.8
タラ類	12.2	24.6	2.8									39.6	1.1
サメ類	17.4	110.3	105.8					0.3				233.7	6.7
ブリ・イナダ								8.9	14.2	28.9	34.5		2.5
メバル類			4.4	185.8	227.8	38.4	65.0	157.4	102.7	48.2	0.9	6.1	24.2
その他の魚類	1.1	0.7	9.7	35.2	35.4	17.9	9.6	10.8	2.9	1.2	4.1	0.6	3.7
スルメイカ	126.8	1.2	1.0		13.5	66.8	6.7	27.8	52.3	18.6	35.1	209.5	16.0
ヤリイカ	4.3	62.5	539.3	116.5	5.3						0.7	728.5	20.9
その他の水産動物	14.6	19.7	52.0	9.2	0.2			0.1		0.0		1.6	2.8
アワビ	5.4	9.3	4.2					0.4	0.1		5.8	25.0	0.7
サザエ	3.3					10.1	16.3	15.7	19.6	12.4	9.7	10.4	2.8
その他の貝類				0.7		3.1	1.3	21.3	7.4	0.1	0.2	0.2	1.0
ワカメ			1.0				20.0				0.2	0.1	0.6
イワノリ	4.3	19.2	2.1	1.4	0.2							27.7	0.8
その他の藻類			9.3	12.2	2.2	384.9	25.5	19.1	6.9		0.3		12.9
月別構成比（％）	5.6	7.3	21.8	11.0	9.2	14.8	4.4	7.4	6.1	3.2	2.5	6.7	100.0

山形県漁業協同組合飛島支所資料による

採った。岩ノリ採りは体力的な負担が大きいうえに危険のともなう漁であったが、高値で取引されるため、冬場における重要な収入源であった。

磯見漁業の漁獲物は、山形県漁協飛島支所で荷受けされ、1日遅れて酒田市場で取引きされたため、価格は他地区の水揚物に比べて若干安く押さえられた。このことは、地場消費量の少ない飛島が、島故に持つ不利な地理的条件下にあることを示している。

(2) **イカ釣り漁**

飛島の沿岸近くではヤリイカ漁、その沖合ではスルメイカ漁が営まれた。飛島を代表するスルメイカは、米の代りに年貢として納めることができる水産物であった。イカ漁は光に集まる習性を利用して、夜間に集魚灯を照らして行われたが、66年頃に疑似餌が導入されて以降昼間操業が多くなった。ヤリイカ漁は冬から春、スルメイカ漁は夏から冬に行われたほか、イカの回遊に合せて漁場を移動する長期出漁型のスルメイカ漁も営まれた。

かつて、飛島周辺海域はヤリイカ・スルメイカなどのイカ資源が豊富であったが、動力船の普及とともに、他地区や他県の漁船も入り乱れて操業したため、70年代後半に消滅寸前となり、沿岸近くのイカ漁は衰退した。

ヤリイカ漁は産卵のため岸に近づいて来たヤリイカを、水深10～20mにイカ猪口網（ヤリイカ定置網）を設置して行った。1903年に富山県の人が同網を勝浦集落に伝えたところ結果が良好であったため、1906年には中村・法木両集落にも拡大し、全世帯による共同経営で営まれた。61年現在、山形県でイカ猪口網を営むのは飛島だけあった[6]。

スルメイカ釣りは、スルメイカの回遊に合わせて夏は北海道沖まで北上し、秋季は南下する長期出漁型と、近場で操業する日帰り型に分かれたが、石油危機以降は燃油代の高騰とイカ価格の低迷などによって、前者の衰退が著しい。80年以降、漁獲量は減少傾向にあるが、それでもイカ類の占める割合は、地区全体の60％（82年の属人結果）と最も多かった。

(3) **養殖・増殖事業と資源保護**

飛島における海面養殖・増殖事業は、56年（昭和31）に行われたアワビの稚貝放流が最初と言われているが、その実績は確認できなかった。「昭和57年度 山形県の水産」によると、69～72年におけるアワビの稚貝放流数は60,000個、73年は5,200個、75年は39,000個、80年は14,700個、82年は31,200

個、83年はピークの47,600個と、15年間で念珠ヶ関地区の449,168個に次ぐ291,400個放流された。また、飛島と吹浦の2地区で行われたアワビの中間放流は、飛島浅海漁業振興会が実施主体となって、75年は15,000個、80年は20,000個、82年は20,000個、83年は15,000個と、9年間で吹浦地区の2.5倍多い164,000個放流された。そのほか、83年にはホタテ貝の養殖実験、63年にはワカメの養殖が行われ、82年と83年の2年間で12,000mの種子縄から40㌧、85年は6,000mの種子縄から6㌧収穫した[7]。しかし、他地区で行われたクルマエビの種苗放流は行われなかった。

漁業施設や漁場の造成・整備などに関しては、82年に国と山形県が大規模養・増殖場を開発するため、中村地先に消波潜堤と大型ブロックの設置、法木には1.8億円をかけて製氷冷蔵施設を建設したほか、島周辺の13カ所に岩ノリ増殖用コンクリート面と魚礁の造成、85年にはヤリイカ大規模増殖場の開発を行うなど、「とる漁業からつくる漁業」への環境整備を進めた。

水産資源の保護に関しては、島駐在の警察官は定期船が着く度に、持ち込みを禁止しているアクアラングや酸素ボンベ・銛などの有無を調べ、持って来た場合は島を出るまで漁協の飛島支所で預かることになっている。またキャンプと島民・渡航客が家庭ゴミ・一般ゴミを海に捨てることも禁止するなど、環境保全にも取り組んでいる。

3 水産加工業の不振

飛島の水産加工品は、乾燥あるいは塩蔵処理されたものがほとんどで、付加価値の高い物と販売目的の物は極めて少ない。また島に土産物販売店は無い。そのためか第二次世界大戦後の水産加工品とその生産量、および販売量などの統計資料は確認できなかった。

数少ない加工品の中にサザエの塩辛がある。これは殻が壊れて商品価値のなくなったサザエを自家消費目的で作られたが、物々交換の時は塩辛1升5合が米3～5升と交換できる貴重な換金用加工品でもあった。しかし、市販されることは無く、少量が海産物問屋を通して酒田市内の料亭や割烹に卸された程度であった。75年頃に容器が1升ビンからビールビンに変わり、1本が3,000円程度で酒田市内の料亭や割烹に卸されたことはあっても、小売店等で販売されることはなかった。

出汁が濃いと評判が良かったトビウオの焼干は、サザエの塩辛同様、酒田の料亭

や割烹に卸された程度で、多くは自家消費された。その他、青森県深浦から仕入れたエゴクサは、乾燥後山形・秋田両県の内陸地方に出荷した。

　しかし、島を訪れた客が鮮魚類やイカの一夜干し、サザエの塩辛、トビウオの焼干などを土産に持ち帰ることは無かった。つまり、水産加工業の発達を遅らせ、かつ漁獲物の消費拡大を果せなかった要因は、自家消費目的であったこと、少量であったこと、付加価値の低い一次加工品であったことによる。このような状況を改善させようと、学識経験者や漁業関係者が島民に水産加工を勧めても、今以上の生活を望まないと言って、消極的であったと言う。

Ⅲ　飛島の変容

1　離島振興法の適用と景観の変化

　55年に飛島は離島振興法の適用を受けた[8]。その交付金で電力事業や定期船の大型化、貯水施設の建設と簡易水道の敷設、診療所の開設、飛島総合センターと飛島小・中学校の新築、および道路などのインフラ整備を進めた。漁業関係では、勝浦・中村・法木3漁港の整備や給油施設・漁船修理所等の設置、飛島漁業無線局の設置、冷蔵・製氷施設などを建設した。61年には勝浦漁港を拡充して300㌧クラスの船が接岸できる飛島港を完成させ、68年には中村漁港を浚渫した。翌69年に勝浦と法木を結ぶ県道の整備を機に、飛島で最初の軽トラックが走った。飛島漁港を建設する際に出た岩や石・土砂は、勝浦から中村に至る地先の埋立てに使われ、そこに堤防と新しい県道が敷設された（表2－6－3）。

　この頃、わが国では離島ブームが起き、各地の離島は多くの観光客で賑わった。飛島でも渡航客の増加を見込んで宿泊施設を兼ねた家屋の新築や増築・修築などが行われ、景観が大きく変った（写真2－6－2）。しかし、島外資本が観光・レジャー施設を建設する動きは無かった。

2　民宿の開業

　68年当時、勝浦に7軒、中村に2軒、合わせて9軒の旅館が有り、その収容人数は585人であった。利用客は所用目的が殆んどで、レジャー・保養客は少なかった。

　72年（昭和47）に飛島漁港が完成したこと、新造のとびしま丸が就航したことをもって、同島のインフラ整備は一段落した。

表2－6－3　離島振興法適用後の飛島における主な公共施設・設備の整備状況

年	事　項
1953年　（昭和28）	離島振興法制定
55	離島振興法改正　飛島同法の適用を受ける
56	簡易水道完成
57	電気事業開始
59	診療所開設
61	法木漁港築港着工
68	中村漁港竣工
72	飛島漁港完成
〃	とびしま丸（150トン）就航
75　　　　（昭和50）	酒田市とびしま総合センター完成

「飛島誌」、「鳥海山・飛島」、「郷土漁港のあゆみ」による

　同年、酒田市飛島出張所長に就任した渡部春治は、渡航客を誘致しようと10人の漁師に民宿経営を勧めた。ここには、漁獲物の地場消費量を拡大すること、漁業外収入を増やすこと、女子の就労の場を確保することなどを通して島を振興させたいという意図が有った。民宿経営は、夫が獲った水産物を妻が調理することで、貴重な現金収入になるとともに、島の観光地化を図る効果も期待された。勧められた人の中には「湯野浜温泉が酒田の奥座敷とすれば、飛島は離れ座敷だ」と意欲を示す人も居た。

　民宿を始める際は旅館組合と対立することもあったが、酒田市と酒田保健所が間に入って73年5月15日に、13軒の民宿と1軒の旅館が開業するとともに（表2－6－4）、民宿組合を組織した。

　その後、74年には2軒、76年には2軒、77年には1軒、78年には1軒、合わせて6軒が民宿を始めた結果、78年には旅館が10軒、民宿が19軒、合計29軒となった。このうち、73年以降に開業したのが20軒（全体比69％）と、渡部の勧奨が大きかったことを示している。

　29軒の集落別内訳は勝浦に旅館8軒、民宿14軒、合計22軒、中村に旅館2軒、民宿5軒、合計7軒であった（図2－6－2）。その中で、別館を持つ旅館は8軒、民宿は12軒有った。別館は漁港を整備した時の造成地に、自宅を新築・改築する際に仮住まいとして建てたものを転用した例が多く、渡航客の少ない時期は、物置場や作業場に利用された。勝浦・中村2集落の世帯数に対する民宿数比はいずれも20.0％と、漁業に次ぐ産業に成長した。また、29軒の旅館・民宿業者のうち7軒は遊魚案内業を兼業し、それと民宿の収入を合わせると、漁業収入を上回る人

写真2-6-2 埋立て造成地に建てられた民宿の別館と整備された道路　1984年8月　筆者撮影

も存在するなど、有力な兼業対象と成った。しかし、飛島漁港から離れた法木集落に旅館・民宿・遊魚案内業は存在しなかった。

84年における旅館・民宿の総収容人員数は1,349人で、飛島の人口を600人ほど上回るうえに、とびしま丸が1日2便運行される夏季の乗客定員を5.6倍上回る。しかし、これまで1日の滞

表2-6-4　飛島における旅館・民宿の開業年と収容人数

	地区	種類	創業年	別館の有無	収容人数
1	勝浦	旅館	1923年	有	80人
2	勝浦	旅館	23	有	50
3	勝浦	旅館	57	有	100
4	勝浦	旅館	57	有	50
5	勝浦	旅館	58	有	80
6	中村	旅館	58	無	60
7	勝浦	旅館	60	有	40
8	中村	旅館	65	有	80
9	勝浦	旅館	68	有	45
10	勝浦	※民宿	73	無	35
11	勝浦	※民宿	73	有	45
12	勝浦	※民宿	73	有	45
13	勝浦	※民宿	73	無	80
14	勝浦	※民宿	73	有	55
15	勝浦	民宿	73	有	25
16	勝浦	※民宿	73	無	25
17	勝浦	※民宿	73	有	45
18	勝浦	※民宿	73	有	58
19	勝浦	民宿	73	無	25
20	中村	※民宿	73	無	25
21	中村	※民宿	73	無	30
22	勝浦	民宿	73	有	45
23	勝浦	民宿	73	無	38
24	勝浦	民宿	74	有	25
25	勝浦	民宿	74	有	25
26	中村	民宿	76	有	30
27	中村	民宿	76	有	38
28	勝浦	民宿	77	無	25
29	中村	民宿	78	有	45

「とびしま総合センター」の資料と現地調査による

※は渡部春治氏から直接開業指導を受けた民宿、№10～22は1973年5月15日に開業した。

図2−6−2 1984年の飛島地区における旅館・民宿の分布

酒田市:「国土基本図」を利用して筆者作成

写真2-6-3 釣り人や保養客などで賑わう勝浦地区の「とびしま丸発着所」
1984年8月 筆者撮影

在客が収容人員の50%を超えたことは無く、本館と別館が満室状態になった民宿・旅館も無かった。

3 渡航客数の推移

飛島の魅力は岩礁性の地形と青く澄んだ海、遠くに見える鳥海山と夕焼け、自生するタブやトビシマカンゾウなど暖地性植物、新鮮で豊富な水産物、休養が十分できる静かな環境、人情味の厚い島民性などと言われている。

68年に酒田市は渡航客の増加を図るため、夏季の定期船運行便数を1日2便に増やした。渡航客は（写真2-6-3）釣り目的が多く、それに保養目的と夏休みを利用した家族旅行者を加えると全体の75%を占めた。島周辺では大物が釣れると評判が高く、各家には釣果を示す1mを超える魚拓が掲げられ、釣人や保養客を刺激している。

飛島総合センターの資料によると、70年代初頭の渡航客は3万人程度であったが、離島ブームの72～80年頃は5万人を超え、ピークは75年の6.8万人であった。時期的には5月下旬から7月中旬は釣人、7月下旬からお盆は家族連れと観光客が多かった。お盆が過ぎると急激に減少し、目的も所用がほとんどとなった。

81年の渡航客を地方・地域別にみると、飛島・酒田市を除く山形県が全体の31.1%、飛島が22.3%、飛島を除く酒田市が20.4%と、全体の73.8%が県内で、県外は北海道・東北が18.0%、関東は6.3%、信越・北陸は1.5%と少なかった。

旅館や民宿の斡旋は酒田市でも行うが、釣り目的の人はリピーター、あるいは口コミによるものがほとんどであった。釣人の中には野菜や米を持参し、民宿に着くと「ただいま」と挨拶し、民宿経営者も「お帰り」と応じるなど、家族同然の付き合いをしている人も居た。島では事件・事故がなく安全であることも魅力の一つで、駐在する警察官の職務を定期船が着いた時に「アクアラングなど持込み禁止の物がないかどうかを見定めること」と勘違いしている人も居た。

渡航客が多かった時は、高額の融資を受けて大きい漁船を購入した漁師や、効率

の良い漁具・漁網を導入した漁師など、漁業規模の拡大と効率化を図る動きや、遊漁案内を本格化させた人、民宿の増加など、最も活況を呈した時期であった。

離島ブームが去ると、渡航客はピーク時の60％に減少したほか、漁獲物の地場消費量と漁業外収入も減少した。

4　生活拠点の拡大

飛島と酒田市内は日帰りができなかったため、島民は「島宿」と呼ぶ定宿を持っていた。60年代にイカ釣りを営む飛島の漁師たちは、水揚げの利便性と子どもが高校に進学した場合は、下宿あるいは自炊生活が余儀なくされるため、精神的・経済的負担を軽減するため酒田漁港周辺に家を持つとか、あるいは借家に住むようになった。

当時の飛島中学生は、卒業すると長男は父親と漁業に従事し、二・三男は就職あるいは酒田市内の工業科や商業科の定時制課程に進学し、酒田の家や漁業会社の社員寮で自炊生活を送りながら昼は働き、夜は高校に通い、卒業後島に帰ることはなかった。75年頃から高校進学率が就職率を上回るようになると（表2－6－5）、酒田に家を持つ割合は、「62年頃は約35％、67年頃は70％、84年は99％だった」と、飛島出張所長は言う。当初、定期船の発着場や酒田漁港に近い船場町や入船町などに多かった住居は、84年頃には旧市街全域に拡大した（図2－6－3）。また、借家やアパートに住む世帯も有り、親は飛島、子供と孫は酒田市街に住むという生活形態に変わった。

このようなことから、飛島では若年層と子供達が減少したため、61年の人口は1,527人であったものが83年は863人と、22年間で47％の減少、世帯数は

表2－6－5　1970～1983年度における飛島中学校卒業生の進路状況（人）

年度	卒業生数	高校進学者数	就職者数（うち漁業従事者数）
1970（昭45）	32	14	18　(7)
75	32	22	10　(8)
80	23	22	1　(1)
81	9	8	1　(1)
82	13	7	6　(5)
83	6	6	0　(0)

飛島中学校からの聞き取りによる

表2−6−6 1961〜1983年における飛島の人口と世帯数

	人口（人）	世帯数（戸）
1961年	1,527	202
65	1,341	195
70	1,189	192
75	1,018	187

	人口（人）	世帯数（戸）
80年	943	187
81	909	191
82	897	187
83	863	189

「酒田市統計資料」による

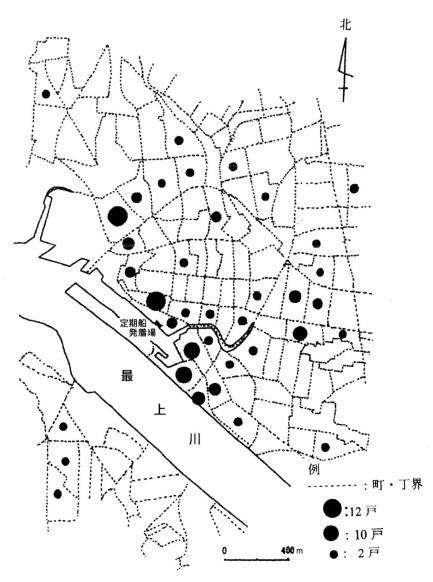

図2−6−3 酒田港付近における飛島住民の家屋分布（1984年）

現地調査による

202戸から189戸と6.4%、1世帯平均の構成人数は7.6人から4.6人に減少するなど（表2-6-6）、高齢化現象と沿岸漁業の縮小が進んだ。それでも飛島の基幹産業は漁業であることに変りなかった。

Ⅳ　まとめ

1. 飛島は山形県を代表する漁業地区の一つで、沖合漁業の主要水産物はスルメイカ、沿岸漁業ではヤリイカと磯根魚、および海藻類である。テングサとワカメの採藻量は山形県全体のほとんどを占め、イカ釣りは長期出漁から日帰り操業に変化した。
2. 飛島における沿岸漁業は、面積の狭い島が持つ地理的不利な条件と水産加工業の発達が遅れたこと、漁獲物の地場消費量が拡大できなかったため、漁業経営の改善が遅れた。
3. 飛島が変容した時期は、離島振興法の適用を受けてインフラ整備が進んだ時と、離島ブームをきっかけに民宿経営が拡大した時、離島ブームの衰退とともに漁業外収入と漁獲物の地場消費量が減少した時であった。
4. 高度経済成長期以降、飛島ではイカ釣りを営む年齢層が、酒田漁港周辺に生活拠点を移したことから、人口減少と高齢化現象が進んだ。それでも飛島の基幹産業は漁業であることに変わりはない。

注

1) 長井政太郎（昭和57年）：飛島誌　復刻版　国書刊行会によると、1937年（昭和12年）の檀家数は10,968戸、集落別には勝浦5,199戸、中村3,230戸、法木2,539戸、1戸平均の檀家数は勝浦61戸、中村70戸、法木50戸であった。勝浦集落の檀家は山形県東田川地方に多く、そのほかには飽海や西田川・最上・秋田県由利地方に分布した。中村集落では東田川や飽海・西田川にも手を伸ばしたが、秋田県由利地方に行くことはなかった。法木集落の檀家は飽海に多く、秋田県由利地方のほかには僅かに西田川・東田川地方にも有った。昭和15年の米1升に対する交換比率は、ワカメとアラメが各150匁、テングサ30匁、スルメ10枚、焼干8貫であった。

2) a. 長井政太郎（1951年）：羽後飛島の人口問題　山形大学経要（人文科学）第1号
　　b. 佐藤甚二郎（1952年）：飛島と戸数・人口・出稼　東北地理4-1

3) 前掲1) によると、南京小僧と呼ばれた理由は、彼らが南京袋を改良した衣服を身につけていたことにあると言われている。

4) 島では応急措置を施し、本格的な治療は酒田市街の医院や病院で行われる。医師は間もなく飛島を離れるといい、医師の居ない島になる可能性が高い。

5) 前掲1)

6) 山形県水産事務所（昭和61年）：山形県の漁具漁法

7) 山形県（昭和59年）：昭和58年度山形県の水産

8) 1953年（昭和28年）に施行された離島振興法は「・・・本土より隔絶せる離島の特殊事情よりくる後進性を除去するための基礎条件の改善並びに産業振興に関する対策を樹立し、これに基づく事業を迅速且つ強力に実施することによって、その経済力の培養、島民の生活の安定及び福祉の向上を図り、あわせて国民経済の発展に寄与すること」を目的に制定された。昭和30年7月、飛島は同法の改正とともに適応を受けた。

離島振興法別表では、事業に対する国庫負担割合又は補助割合を次のように定めている。

・漁港の外郭施設又は水域施設の修築に関しては100分の95.

・漁港の係留施設の修築に関しては100分の75～80.

・都道府県もしくは市道の新設もしくは改築に関しては4分の3.

・産業振興、観光道の新設及び改築に関しては4分の3.

・公立の小、中学校の新築、増築に関しては3分の2.

・保育所の新設、改造、拡張、整備に関しては2分の1から3分の2.

・消防施設に関しては3分の2.

第7章　山形県温海地区における漁業とあつみ温泉

I　はじめに

　山形県鶴岡市三瀬から新潟県岩船郡山北町に至る沿岸地帯は、岩礁性の地形を成し、集落は沿岸に沿って路村状に分布する。そのうち三瀬から温海・早田に至る地域には、小型底びき網漁船の利用できる漁港が無かったことや、漁業規模が小さかったこと、農地が少なかったことなどから、漁業は生産性の低い農業や出稼ぎなどと組み合わせた兼業形態[1]で営まれた。

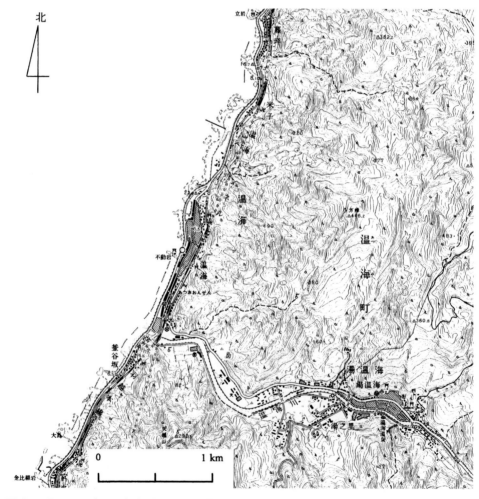

図2－7－1　山形県温海地区とその周辺
　　　　　　国土地理院　平成4年発行1：25,000地形図「温海」による

山形県温海地区（現鶴岡市）は山形県沿岸南部に位置し（図2－7－1）、温海・米子・暮坪・鈴で構成される温海地区と、大岩川・小岩川・早田・念珠ヶ関で構成される念珠ヶ関地区の2漁業地区から成る。漁業規模は念珠ヶ関地区の方がが大きく[2]、温海地区は県内8漁業地区の中では最小級である。ここで研究対象とした温海地区は、新潟以北の沿岸部では最大級の集客数を持つあつみ温泉と強い関係が見られた。

　温海町の人口は、50年の24,185人を境に減少するとともに、あつみ温泉の宿泊客数も91年以降減少が続いている。

　本章では、温海地区の漁業とあつみ温泉の関係を明らかにする。目的解明のため各種統計資料を利用したほか、現地調査を行った。

　本章は10年にまとめたものを骨子としたものである。

　一般的に温海地区とは、旧温海町（温海・鼠ヶ関・福栄・山戸の4地区）のことを言うが、漁業センサスと山形農林水産統計年報では、旧温海町の漁業地区を温海地区と鼠ヶ関地区に分けている。そのため、ここでは旧温海町を温海行政地区、温海漁業地区を温海地区、念珠ヶ関漁業地区を念珠ヶ関地区と記すことにした。

II　漁業経営の変化

1　漁獲量の減少

　60～05年における温海地区の漁獲量は（表2－7－1）、94㌧～223㌧と、山形県全体の1～2％に過ぎなかった。

　98年は所属漁船45隻のうち、無動力船2隻と船外機付船24隻、および5㌧未満の漁船17隻は温海漁港、あるいは米子漁港を拠点とし、2隻の底びき網漁船は温海漁港の規模が小さいことと、漁港入口の上を国道7号が走るため利用できず（写真2－7－1）、念珠ヶ関漁港と豊浦地区の堅苔沢漁港を拠点とした。

　60年と70年における漁獲量第1位の漁業種類は小型底びき網、80年は小型定置網、85・90・00年は小型底びき網、05年はその他のはえ縄であった。途中、85年は206㌧の漁獲量のうち78㌧（地区構成比37.9％）は底びき網を営む2経営体（地区構成比0.9％）によるもので、このような状態は00年頃まで続いた。

　また、60～70年はハタハタが漁獲量第1位であったが、80～90年はタイ類・タラ類・その他の魚類、00年以降はマダイに変わった。

写真2−7−1　温海漁港（右側が国道7号）
　　　　　　2013年9月　筆者撮影

　小型底びき網による漁獲物のうち、タラ類とサメ類は水深150〜200mの最上堆[3]、その他の漁獲物は水深300mの海域で漁獲された。00年以降第1位のマダイは米子漁港を拠点とするはえ縄によるもので、3㌧未満の漁船に1〜2人乗り組み、80年は40㌧、00年は26㌧、05年は47㌧で、酒田地区の94㌧、念珠ヶ関地区の56㌧に次ぐ漁獲量であった。マダイ釣りの時期と漁場・漁業種類をみると、タイ浮きはえ縄は産卵期の5〜7月に明石礁と温海地区沖合の大瀬、タイ底はえ縄は4〜12月に大瀬と明石礁、および天然礁で行われたほか、タイはしごはえ縄も営まれた。

　採貝量の推移をみると、85年は14㌧、90年は25㌧、95年は19㌧、00年は23㌧、05年は26㌧に増加したことから、1経営体平均採貝高は漁業収入の10％を超える31.9万円に増えた。貝類のうちサザエは稚貝・中間放流が効果をもたらし85年は7㌧、90年は13㌧（貝類全体の52.0％）、00年は18㌧（同78.3％）、05年は15㌧（57.7％）で推移した。サザエ漁は水深5〜20mの岩礁に網をかぶせ

表2−7−1　1960〜2005年における温海地区の漁獲量と漁獲物

		1960年	70年	80年	85年	90年	00年	05年
漁獲量（トン）		155	223	207	206	94	117	171
全県比（％）		2.0	1.3	1.5	2.0	1.1	1.5	2.3
漁獲物	第1位（トン）	ハタハタ 18	ハタハタ 45	タイ類 40	その他の魚類 32	サザエ,その他の魚類 各13	マダイ 26	マダイ 47
	第2位（トン）	マダイ 14	イワガキ 31	スケトウダラ 32	サメ類 23	マダイ,タラ 各10	貝類 23	ブリ類 16
漁業種類	第1位（トン）	小型底びき網漁 51	小型底びき網漁 76	小型底びき網漁 65	小型底びき網漁 78	小型底びき網漁 28	小型底びき網漁 37	その他のはえ縄漁 55
	第2位（トン）	その他のはえ縄漁 25	その他のはえ縄漁 41	その他のはえ縄漁 30	その他のはえ縄漁 52	採貝漁 22	その他のはえ縄漁 31	採貝漁 26

各年の「山形農林水産統計年報」による

る投網方法で行われたが、70年以降はガラス箱で海底を覗き、見つけしだい採る磯見漁法に変り、近年は素潜りで行われている。イワガキ漁は1日3～10箱（11kg入り）までとする資源管理の下で行われている。

　温海地区と念珠ヶ関地区の放流事業と漁場整備事業を比較すると、温海地区ではアワビの稚貝放流と中間放流が行われ、両者を合わせた82年の放流数は5,000個、90年は64,200個、00年は77,000個、05年は44,900個であった。また、82年に温海・早田・五十川の地先では岩ノリコンクリート面の造成、05年は温海沖の水深30mの海域にヤリイカ増殖礁を造成した。一方、念珠ヶ関地区ではアワビ・クルマエビ・ヒラメなどの放流を行ったほか、イワガキとヤリイカ増殖場の整備[4]、漁家所得の向上と漁家経営の拡大を目的とした研修・管外視察・イベントの開催など多彩な取り組みが行われた。このことは、温海行政地区における漁業振興は、念珠ヶ関地区に重きを置いたものであったと解釈される。

　刺網漁を行った温海地区の元漁師Aさん（2009年：72歳男子）は、「60年以前は木綿や麻で作られた太い、しかも網目の大きい網を使ったが、資源が豊富だったので魚は大量に獲れた。60年頃からナイロン製の漁網とY社のディーゼルエンジンが普及したことで、漁獲量はさらに増えた。漁獲物はあつみ温泉の旅館と地区内の小売店、あつみ温泉の朝市に卸すことができたため、乱獲といわれても仕方のない漁業を行った。00年頃から小売店の閉店と、旅館からの注文が無くなったので漁業を辞めた。高値の付くものを獲る漁師はよいが、そうでなければ、漁業で生活することは厳しい」と、漁業が不振になったことを話す。

2　漁業経営の縮小と秋田県畠地区との比較

　68年以降における個人経営体数と男子漁業就業者数は、ともに68年がピークであった。03年の個人経営体は、ピーク時に比べ40人、83年に比べ20人少ない。男子漁業就業者も、ピーク時に比べ37人、83年に比べ32人少ない（表2-7-2）。

　同じ表から経営形態をみると、83年は59人のうち専業は7人居たが、実質的には漁獲高が2,000万円/年を超える底びき網を営む2人だけで、他の5人は高齢者専業型に属した。第一種兼業22人のうち、漁業以外の業種に従事したのが16人、漁業以外の日雇いが4人であった。第二種兼業の30人のうち、農業は3人、会社員が16人、日雇いが5人、自営業が5人など、漁業と関係のない業種との兼業が29人、遊魚案内は1人であった。98年は[5]、40人のうち専業は6人居たが、

表2－7－2　温海地区における漁業経営体数と漁業経営形態

		1968年	1973年	1983年	1993年	2003年
漁業経営体数		79	54	60	43	42
うち　個人経営体数		79	54	59	40	39
漁業経営形態	漁業専業	6	12	7	6	12
	漁業が主	32	21	22	15	8
	漁業が従	41	21	30	19	19

第4次、第5次、第7次、第9次、第11次「漁業センサス」による

表2－7－3　温海地区における男子年代別漁業就業者数

	1983年（人）	93年（人）	98年（人）
～19歳	0	0	0
20～29	4	1	2
30～39	9	1	2
40～49	16	7	5
50～59	23	19	10
60～	32	35	32
計	84	63	51

第7次、第9次、第11次「漁業センサス」による

　実質的には小型底びき網を営む2人であった。遊魚案内との兼業は、第一種兼業では15人のうち3人、第二種兼業では19人のうち3人、合計6人に増えた。しかし、第二種兼業19人のうち18人は、漁獲高が100万円/年未満であった。

　男子漁業就業者は（表2－7－3）、83年の84人から93年には63人、98年には51人と減少が続いている。年代別には、いずれも50歳未満は減少、60歳代以上は停滞傾向にあるが、83年の構成比は38.1%、93年は55.6%、98年は62.8%と上昇し、高齢化が進んだ。その要因は死亡者数と漁業廃業者数に比べて、定年を迎えてから漁業を始めた人が多かったためである。この結果、自給的・副業的な漁業を営む沿岸漁業者が増加するとともに、船外機付き船が85年の21隻（全体比33.3%）から、03年には49隻（同68%）に増加したことから、底びき網やマダイ釣りを行う50歳未満者との格差が拡大傾向にある。

　温海地区と同様、近くに温泉地区が存在する秋田県男鹿市畠地区[6]と比較したのが表2－7－4である。ただ、男鹿温泉郷の宿泊者数はあつみ温泉の半数程度である。

表2-7-4 1985年における温海地区と秋田県畠地区の漁業比較

<table>
<tr><th colspan="2"></th><th colspan="2">温　海</th><th colspan="2">畠</th></tr>
<tr><td colspan="2">漁獲量　（トン）</td><td colspan="2">206</td><td colspan="2">414</td></tr>
<tr><td colspan="2">1位の漁獲物　（トン）</td><td>その他の魚類</td><td>32</td><td>サケ</td><td>129</td></tr>
<tr><td colspan="2">1位の漁業種類　（トン）</td><td>小型底びき網</td><td>78</td><td>小型定置網</td><td>152</td></tr>
<tr><td colspan="2">漁労体数</td><td colspan="2">241</td><td colspan="2">302</td></tr>
<tr><td rowspan="5">漁業種類</td><td>1位の漁労体数</td><td>その他の釣り</td><td>45</td><td>その他の釣り</td><td>62</td></tr>
<tr><td>2位の漁労体数</td><td>その他のはえ縄</td><td>41</td><td>小型定置網</td><td>58</td></tr>
<tr><td>3位の漁労体数</td><td>その他の刺網</td><td>40</td><td>採貝</td><td>52</td></tr>
<tr><td>4位の漁労体数</td><td>イカ釣り</td><td>27</td><td>その他の刺網</td><td>51</td></tr>
<tr><td>その他</td><td>小型底びき網</td><td>2</td><td>採藻</td><td>45</td></tr>
<tr><td rowspan="6">所属漁船数</td><td>隻　数（隻）</td><td colspan="2">63</td><td colspan="2">124</td></tr>
<tr><td>うち　船外機付き船</td><td colspan="2">21</td><td colspan="2">48</td></tr>
<tr><td>～　1トン</td><td colspan="2">1</td><td colspan="2">4</td></tr>
<tr><td>1　～　3</td><td colspan="2">35</td><td colspan="2">33</td></tr>
<tr><td>3　～　5</td><td colspan="2">1</td><td colspan="2">36</td></tr>
<tr><td>5　～　10</td><td colspan="2">3</td><td colspan="2">1</td></tr>
<tr><td></td><td>10　～</td><td colspan="2">0</td><td colspan="2">2</td></tr>
<tr><td rowspan="8">漁獲高</td><td>階層別経営体数</td><td>1993年</td><td>1998年</td><td>1993年</td><td>1998年</td></tr>
<tr><td>～　50万円</td><td>16</td><td>8</td><td>28</td><td>21</td></tr>
<tr><td>50　～　100</td><td>13</td><td>10</td><td>11</td><td>18</td></tr>
<tr><td>100　～　200</td><td>8</td><td>8</td><td>22</td><td>21</td></tr>
<tr><td>200　～　500</td><td>15</td><td>11</td><td>23</td><td>17</td></tr>
<tr><td>500万円～</td><td>5</td><td>6</td><td>6</td><td>7</td></tr>
<tr><td>1経営体平均</td><td>253万円</td><td>335万円</td><td>255万円</td><td>270万円</td></tr>
</table>

両県の「農林水産統計年報」と第9・10次「漁業センサス」による

　85年における畠地区の漁獲量・漁労体数・所属漁船数は、温海地区より多く、漁獲物は大型定置網・小型定置網・刺網・採貝・採藻などによるサケ・ハタハタ・サザエ・モズクなどであった。なお、底びき網は存在しなかった。

　93年と98年における温海地区の経営体は57人から43人に減少した一方で、漁獲高0の経営体は2人から0、0～30万円未満は12人から3人、30～50万円は2人から5人と、50万円未満の合計は16人（全体比28.6%）から8人（同20.0%）に減った。逆に、200万円以上は20人（同35.1%）から18人（同41.9%）に減ったが、割合では6.8%の増加であった。

　一方、畠地区の個人経営体は90人から84人に減小、漁獲高0は1人から3

人、30 万円未満は 12 人から 14 人、30～50 万円は 15 人から 4 人と、50 万円未満の合計は 28 人（全体比 31.1％）から 21 人（同 25.0％）に減少したが、それでも全体の 1/4 を占めた。200 万以上は 29 人（同 32.2％）から 24 人（同 28.6％）と実数・割合とも減少した。

温海地区の 1 人平均漁獲高は 253 万円から 335 万円へと 82 万円増加したのに対して、畠地区では 255 万円から 270 万円と、20 万円の増加に止まり、その差が広がった。これは温海地区では底びき網が漁獲高を押し上げたこと、市場単価の高いマダイや貝類などが多かったこと、あつみ温泉が一定の消費量を賄なってきたためであった。それに対して、畠地区ではハタハタ漁が制限されたこと、ホッケ・タコなど安価な漁獲物が多かったこと、あつみ温泉に比べて男鹿温泉郷の消費量が少なかったためと思われる。

それでも、温海地区における 98 年の 1 人平均漁獲高は、山形県平均（612 万円）の 1/2、念珠ヶ関地区（948 万円）の 1/3 程度に過ぎなかった。

Ⅲ　漁獲物の消費量減少と流通の変化

1　温海町の人口と観光客数の減少

温海町の人口は、50 年の 24,185 人をピークに、60 年は 22,395 人、80 年は 15,055 人と、30 年間で 9,100 人余り減少した。その後も減少は続き、90 年には 12,350 人、00 年には 10,608 人、05 年には 9,641 人と、ピーク時の 40％ となった。温海地区の中心部と温泉施設が集中する湯温海地区（写真 2－7－2）を合わせた人口も、00 年は 6,712 人居たものが、05 年には 5,595 人に減少したことから、地区住民の消費動向にも縮小現象が起きた。

そのような中で、JR 羽越本線あつみ温泉駅には村上～鶴岡間で唯一特急列車が停車し、関東・北陸・奥羽地方から訪れた新婚旅行客や観光保養客・海水浴客・湯治客などに、温海地区の水産物が提供された。

あつみ温泉の宿泊客数は、76 年（274,931 人）から 80 年（266,362 人）頃は 26～7 万人程度で推移したが、89 年には 342,955 人、翌 90 年には 354,284 人とピークに達し、それにともなって旅館やホテルなどで消費される水産物の量が増え、温海地区の漁業はあつみ温泉と強い関係が築かれていった。しかし、89 年の「ふるさと創生事業」で交付された 1 億円をもとに、多くの自治体が温泉開発

写真2-7-2 湯温海地区の宿泊施設
2013年9月 筆者撮影

と温泉施設の経営を始めた。また、新婚旅行先が海外にシフトしたことから、10年の宿泊客は130,818人と、ピーク時の36.9%になった[7]。それにともない、65年には23軒有った旅館・ホテル・保養所は、10年には13軒に減少したうえに（図2-7-2）、自炊できた旅館も廃業したため、水産物の消費量も減少した。

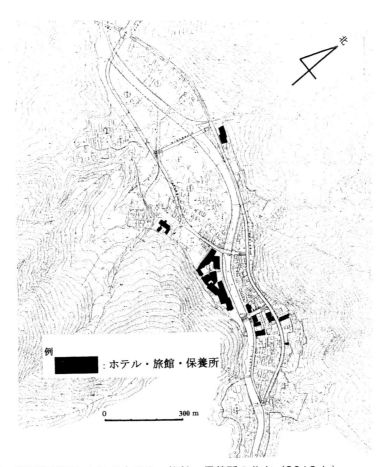

図2-7-2 湯温海地区におけるホテル・旅館・保養所の分布（2010年）
温海町建設課：「温海都市計画図2」を利用して作成

また、景勝地として知られる山形県温海行政地区から新潟県山北地区に至る沿岸部の民宿 16 軒、旅館 7 軒[8]、合計 23 軒を利用する観光客・海水浴客・釣人などが増加したことも、水産物の消費量が減少した一因であった。

2　流通経路の変化と温海産地市場の閉鎖

　高度経済成長期以前、温海地区の漁獲物は 1/3 が温海行政地区、2/3 が鶴岡市や県内の内陸部に出荷されたが[9]、その後は地場・県内向けが減少し、新潟・北陸方面への出荷量が増加した。

　94 年当時、温海行政地区には温海産地市場と念珠ヶ関産地市場があった。規模の小さい温海市場は、購入量が少ない買受人も取引きができたため、都合が良かった。また、買受人の資格を持つホテル・旅館の従業員も取引きに参加するなど、温海市場とあつみ温泉は強い関係が築かれて居た。しかし、温海行政地区の人口と温泉宿泊客の減少とともに、地区内と購入量の少ない旅館を販売先とした買受人の取扱う量が減少したことも一因で、90 年代末に、温海市場は念珠ヶ関に吸収された。

　第 10 次漁業センサスによれば、98 年における念珠ヶ関市場の登録買受人は個人・団体を合わせて 49 人、そのうち 17 人は温海地区、他の 32 人（業者）は念珠ヶ関・酒田・新潟地区の人であった。しかし、購入量が多い新潟県の 3 業者の影響力が強いため、廃業を余儀なくされた温海地区の買受人が居た。03 年における念珠ヶ関市場の買受人 42 人のうち、温海地区の買受人は数人となったが、その中には注文があった時だけ取引きに参加する買受人も見られた。

　90 年代に山形県漁協は、漁獲量と水揚量の減少、魚価の低迷などによって漁業経営の不振が続いていることから、産地市場の効率化と漁業経営の改善を目的に、山形県内の 7 産地市場を 3 市場に整備する計画を進めた。同じ頃、大量にセリ落とす買受人たちは、温海市場と念珠ヶ関市場の統合を含めて、産地市場の再編を求める要望を出した。ここには魚価の安定を図りたい漁協と、流通の効率化を求める買受人の思惑と重なる部分が多かった。

　温海市場が念珠ヶ関市場に吸収されたことで、温海地区で荷受けされた水産物は漁協の保冷車で念珠ヶ関市場に水揚げされた（図 2 － 7 － 3）。同市場では大量に購入する買受人が水揚量の 90% 程度を新潟・富山・金沢・仙台・東京などの消費地市場に出荷し、あつみ温泉にはイワガキとエビなど僅かであった。収容人数の少ない旅館の中には、必要な時だけ地元の買受人に注文するとか、スーパーマーケッ

トから購入することもあり、温海地区とあつみ温泉の関係は希薄になった。
　また、温海地区のスーパーマーケットやＡコープの店頭に並ぶ水産物は、他地区で獲られ、他地区の業者から仕入れた物が多く、地場産の消費量はさらに減少した。
　温海地区の元買受人Ｂ氏（2009年:60歳男子）は「収容人数の多い施設では、扱い量の多い買受人と契約しているが、少ない旅館は必要な時だけ地元の買受人から購入している。鮮魚店を経営していた買受人Ｃ氏は、小売店や温泉施設に卸していたが、今は注文があった時だけ別の買受人から買って届けている。買受人Ｄ氏も注文があった時だけ納めているが、廃業に近い状態だ」と、あつみ温泉を訪れる観光・保養客の減少が、地場消費量を減少させたと話す。

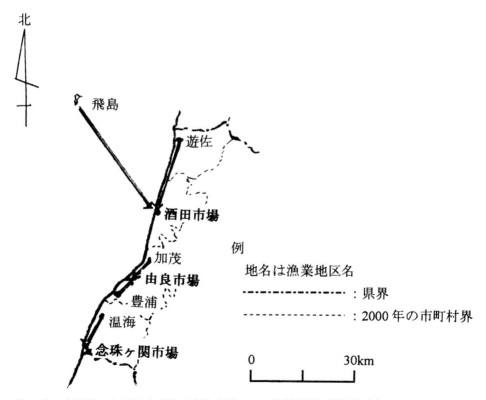

図２－７－３　山形県における水産物の産地市場とその集荷地区（2009年）
　　　　　　　　　　　　　　　　　　　　　　　　　山形県漁業協同組合資料による

3 食品衛生法の改正

47年に制定された食品衛生法は社会の変化に応じて改正され、最近では、05年に会社法の施行にともなう改正、09年には消費者庁および消費者委員会設置法の制定にともなう改正が行われた。

鮮魚など生鮮食品の販売を希望する人は、保健所に食品営業許可願を申請し、設置基準に合格した場合のみ許可されることになった[10]。その際、保存温度が定められた食品を販売する時は、隔測温度計付冷蔵・冷凍設備が必要なこと、日常的に食品を調理、加工して提供する固定店舗の施設には、区画された調理場・給排水設備・冷蔵設備・廃棄物容器などを常備することが義務づけられた。

その結果、鮮魚や精肉など生ものを扱うすべての小売店と、移動のともなう業者に、冷蔵設備や調理場などの設置を義務付けたため、設備を整える費用が重くのしかかり、乾物などの販売に切り替える業者や、廃業した鮮魚店が有った。

湯温海地区には300年程度の歴史を持つと言われる朝市が開かれている[11]。宿泊客や地区人口が多かった頃は、水産物・農産物・山菜・土産品などを販売する露店が立ち並び賑わった。また、農産物や山菜を販売するため、近在から来た人達は、水産物を大量に購入して帰ったため、朝市で取引きされた水産物の量は、温海行政地区の中では最大級であった。しかし、地区人口と宿泊客の減少とともに、利用客は減少し、89年（平成元）に温海川沿いから現在地に移ると、朝市は常設市的性格から観光市的性格に変わり、第一次産品を扱う店は少なくなった。09年9月の現地調査では、出店可能な間取りは22軒分存在したが、営業していたのは乾物や民芸品・衣類店など14店舗、空きスペースが8区画有った。移転した当初、3店舗有った鮮魚店は、宿泊客の減少と自炊湯治客が皆無となったことや、食品衛生法の改正などによって09年までに廃業した。

IV まとめ

1. 温海地区の漁業は、温海漁港の規模が小さいことや整備が遅れたことから、山形県8漁業地区の中では最小級である。
2. 温海地区の主な漁業種類は、小型定置網から小型底びき網、その他のはえ縄へと変わり、最近では採貝が増えている。この中で、底びき網漁船は念珠ヶ関漁港と豊浦地区の堅苔沢漁港、マダイはえ縄漁船は温海地区の米子漁港を拠点と

し、温海漁港を拠点とするのは自給的性格の強い漁業者が多かった。
3. 温海地区の漁獲物は、あつみ温泉や朝市で消費されたが、温海行政地区の人口とあつみ温泉の宿泊客が減少するとともに消費量が減少したため、買受人や鮮魚店は廃業もしくは縮小を余儀なくされた。また、温海産地市場の閉鎖と改正食品衛生法の施行を機に、その傾向はさらに強まった。
4. あつみ温泉の宿泊施設の中には、水産物を他地区の買受人や量販店から購入する例がみられ、温海地区の漁業とあつみ温泉の関係は希薄になった。

注

1) 青野壽郎、尾留川正平編（1971）：日本地誌 第4巻 二宮書店
2) 念珠ヶ関地区の漁獲量は、1970年代では4,000トン程度、1980年代では1,500トン程度、2000年代には1,100トン程度に減少したが、それでも庄内南部地域最大であった。同地区の主要漁業種類は小型底びき網漁であるが、最近は採貝漁が増加傾向にある。
3) 宇田道隆（1984年）：海と漁の伝承 玉川大学出版部
4) 昭和57年度、平成2年度、平成12年度、平成17年度の山形県発行の「山形県の水産」による。
5) 第10次漁業センサスによる
6) 秋田県畠地区は男鹿半島の北西端に位置し、近海一帯は好漁場と言われている。畠地区の定置網漁業は秋田県最大級である。秋田県農政部水産漁港課（1995）：秋田の漁港
7) 鶴岡市役所温海庁舎産業課からの聞き取りによる。
8) 瀬波・温海温泉・笹川流れ観光開発協議会（2008年）：日本海パークライン
9) 東北の港湾（昭和23年）：日本國有鉄道輸送局 産業交通資料（其の11）
10) 改正食品衛生法に基づく食品営業許可は、保健所長に食品営業許可を申請し、都道府県知事が定めた設置基準に合致する施設に限られ、その基準は次のとおりである。
①次の食料品は許可を必要とする。・生肉、生の味付け肉及び加熱されていない生ハンバーグ等・鮮魚・牛乳、加工乳。
②調理や販売をする人は、営業の開始前に（年に春と秋の2回）検便を行うこと。
③保存温度が定められた食品（冷蔵や冷凍）の販売には隔測温度計付の冷蔵や冷凍設備が必要。
④日常的に食品を調理、加工して提供する固定店舗の施設設備の基準。
・区画された調理場 ・給排水設備 ・冷蔵設備 ・廃棄物容器など（上記の設備、容器を常備すること）
⑤施設ごとに食品衛生責任者を設置すること。食品衛生責任者は、食品衛生管理者、栄養士、調

理師などの資格を有する者は責任者となれるが、これらの資格者が従事者にいないときは、
    食品衛生協会の講習を受けることが必要となる。
11）朝市開催場所前に立つ「あつみ温泉　朝市」案内板による

第8章　秋田県浜口地区における八郎潟干拓にともなう漁業の衰退と地区の変容

Ⅰ　はじめに

　秋田県八竜町（現三種町）浜口地区は（図2－8－1）、男鹿半島と能代平野を結ぶ半島北部砂州帯に位置する[1]。地区内の釜谷集落は日本海、他の集落は旧八郎

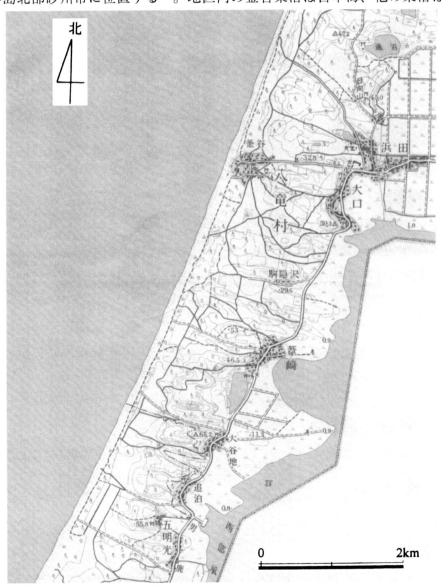

　　図2－8－1　秋田県浜口地区とその周辺
　　　　国土地理院　昭和41年発行 1：50,000 地形図「羽後浜田」図幅による

－ 203 －

潟北西部に面する。

1879年（明治22）、浜田村・大口村・葦崎村が合併して浜口村を発足させ、55年（昭和30）4月に鵜川村と合併して八竜村となり、65年に町制を敷いた。

八郎潟干拓前は浜口地区の全集落で潟漁業（内水面漁業）を行ったが、そのうち浜田と釜谷の2集落は地びき網と刺網を主とする海面漁業も営んだ。しかし、いずれも生産性が低かったため、北海道のニシン漁に出稼ぎをした。また、1945～47年には浜田・釜谷両集落で製塩も行った。

57年に始った八郎潟の干拓工事によって、浜口地区の潟漁業は消滅したが海面漁業は営まれている。

本章では八竜町浜口地区を事例に、八郎潟干拓が潟漁業と海面漁業に及ぼした影響と地区の変容を明らかにする。研究方法は、潟漁業については干拓前の53年（昭和28）と干拓後の87年（昭和62）を比較し、海面漁業については漁業経営の変化を通して検討した。目的解明のため、各種文献や漁業センサス・農業センサス・農林水産統計年報などを利用したほか、現地調査を行った。

干拓前の潟漁業に関する研究には「八郎潟の研究」[2]と「八郎潟」[3]があり、干拓後については「干拓後の八郎潟とその周辺地域の変容」[4]がある。しかし浜口地区の海面漁業に関する研究は確認できなかった。

本章の潟漁業に関する部分は88年にまとめたレポート、海面漁業に関しては09年に調査した結果を骨子としたものである。

II 干拓前の水産業と出稼ぎ

1 潟漁業と干拓に関わる漁業補償
(1) 1953年における潟漁業

前掲3)によれば、潟漁業地区は14地区、潟漁業集落は56集落、潟漁業世帯は2,770戸（14漁業地区総世帯数の21.6%）、潟漁業就業者は6,854人（同総人口の8.6%）であった。潟漁業世帯と漁業就業者は、若美町（現男鹿市）払戸と潟西の2地区、および天王（現潟上市）地区など、八郎潟西岸部と南岸部に多かったが、専業は存在せず、農業との兼業が全体の85.4%を占めた。

漁獲量は3,803,791〆と（表2-8-1）、わが国トップクラスであった。中でも「モク」と呼ばれたヒロハノエビモやセンニンモ・コアマモなどの藻類が全体

表2−8−1 1953年における潟漁業の主な漁業種類別漁獲量と着業統数

	漁獲量（〆）	漁獲高（千円）	着業統数（統）
張切網	5,100	1,860	3
毛縄網	20,250	6,850	10
打瀬網	57,860	16,999	107
船曳網	182,900	47,763	88
ゴリ曳網	117,520	19,549	408
ゴリ筒	375,443	28,906	11,622
ワカサギ刺網	36,112	9,124	29,586
エビ筒	1,920	571	12,258
氷下曳網	46,985	15,193	73
雑魚建網	175,656	44,693	4,667
セイゴ刺網	100,703	17,074	14,935
はえ縄	18,647	9,087	75,518
採貝	117,290	1,993	224
採草	2,220,400	3,172	1,757
その他	327,006	70,519	20,732
計	3,803,791	293,353	171,988

秋田大学八郎潟研究委員会編（昭和43年）：「八郎潟」による

の55％、時には80％を超えるなど、特色の一つであった。営まれた漁業種類は30余種類、着業統数は171,988統、1戸平均62.1統と多かった。しかし、そのほとんどが家族労働で行われ、人を雇って行ったのは、氷下曳漁・船曳網・張切網・毛縄網など、規模の大きい漁業種類に限られていた。

　浜口地区では889世帯、5,586人のうち、238世帯（14地区中5位）、456人（同7位）が潟漁業を行った。同地区の潟漁業世帯を対象に行われた「耕作規模別漁家数調査」（抽出率50％）[5]によると、全世帯が兼業で、そのうち耕地面積0が6.7％、0～5反歩が13.4％、5～10反歩が33.6％と、所有耕地10反歩未満が全体の53.7％を占めた。50年頃の水稲反収は336kgで、秋田県平均の360kgに比べて6.7％少なかったことから、生産性の低い農業と兼業していたことが分かる。

　大口集落では、1戸平均所有農地が5反歩と少なかったことから、88.1％が農業と兼業、65.0％がニシン漁に出稼ぎ、10.0％が日雇いに出るなど、潟漁業は3つ以上の業種と組み合わせた兼業で営まれた。

　浜口地区の漁獲量は4,049トンと、天王地区の4,125トンに次ぐ多さであったが、

モクが全体の90.9%を占め[6]、「モクの浜口」と言われてきたことを裏付けている。浜口村漁業協同組合加入世帯119戸[7]のうち、モク採藻に従事した世帯は、漁協加入世帯数の72%に相当する85戸（従事者は120名）であったが、平均価格は0.2円/kgと、極めて生産性が低かった。6～12月に収穫されたモクは、乾燥させて堆肥や落とし紙、冬季用の敷き布団に入れる藁の代用品、嬰児詰（ベビーベッドのことで、エズメ・イヅメ・エジコとも称した）に入れる綿・藁などの代用品に使われた。また、八郎潟周辺地域では強風や吹雪に襲われると視界が遮られることが多く、八竜町大曲の国道7号に設置された「吹雪のため通行止」の開閉式のゲートが閉鎖されることが度々有った。その強風と地吹雪から家屋を守るため、母屋の北・西側に生垣（塩垣とも書く）[8]と呼ぶ垣根を造り、モクは板や茅・藁の代りに使われた。

次ぎに多く営まれた漁業種類は、刺網（41戸）や小型瓢網（36戸）、および小型ゴリ筒（30戸）などであった。漁獲高は小型瓢網（34,000円/年）・小型ゴリ筒（23,200円/年）・船曳網（8,000円/年）・茨城県霞ヶ浦から伝わった打瀬網、および潟漁業特有の氷下曳網漁が多かった。獲ったゴリやワカサギ・シラウオなどは、大口（5工場）・葦崎（1工場）・浜田（1工場）3集落の7工場で佃煮に加工された。ただ、工場数は八郎潟南東部に位置する昭和町（現潟上市）大久保地区の12工場に次ぐ多さであったが、浜口地区には潟漁業と兼業した自家加工が多く、大久保地区には加工専門業者が多かった。

浜口村漁業協同組合加入世帯119戸のうち、出漁日数が100日以上は5戸、51～100日は77戸、31～50日は28戸、30日以下は9戸と、95.8%が100日未満であったことからも、潟漁業が零細であったことが理解できる。

(2) 干拓に関わる漁業補償

干拓工事によって潟漁業の漁業権は消滅することになり、補償金の交付と農地が配分された。

その経緯を「八郎潟」からみると[9]、補償金に関する協議は、53年に八郎潟周辺14町村長と議会議長、および25漁業協同組合長で組織された「八郎潟利用開発期成同盟会」（会長：高橋清一昭和町長）の中に「漁業補償特別委員会」を設けて行われた。そこでは請求の算定基準を、53年から56年までの3年間における平均生産量と定め、魚類190万3230貫、貝類（シジミ貝のみ）28万7,674貫、藻類119万6,808貫を対象とすることにした。具体的な調査が始まると、漁民た

ちは補償算定を有利に運ぶため、廃棄寸前の漁網や漁具も請求対象として申請したことから、予想を大きく上回る請求額となった。

　57年4月、同期成同盟会が農林省に提出した「八郎潟干拓事業施行に伴う漁業補償実施についての要望書」によると、補償請求額は約30億円であった。それに対して国は、権利補償として3億4,405万4,016円、生業補償として13億1,029万2,984円など、合計16億9,184万7,000円（請求額の56.7%）と回答した。

　権利補償のうち、漁業権消滅に対して、実人数2,526人（延4,167人）に利子を含めて1億7,191万3,650円交付された。内訳は、漁網・漁具に対して2,435人に1億1,898万4,833円、漁船に対して1,233人に5,431万2,273円、その他の補償として499人に570万2,894円であった。

　生業補償の配分方法を巡る協議は困難を極めた。秋田県の資料[10]から経緯をみると、八郎潟利用開発期成同盟会は、県に配分方法を59年6月まで決めてほしい旨を要望したが、回答が遅れたため同盟会が了承したのは60年5月3日であった。遅れた理由は、生業補償は実質補償であるから、組合員であっても全く漁業を営んでいない420人、自家消費程度の漁業を営む430人、採貝と採藻のみを副業的に営む人などを対象から除外すべきと主張する意見と、生業補償は干拓補償の大半を占めるものであるから権利補償も加味すべと主張する意見、獲った魚が同じでも魚価に地区差があること、漁民個々の技術に差が存在すること、漁獲高を基準とした配分方法は著しい格差を生む可能性があるため、平等配分を見直すべきと主張する意見の調整に時間を費やしたためであった。

　これらの意見に対して、同期成同盟会は生業補償の配分に関わる基本方針を次のように定めた。すなわち、①年間の漁業収入が1万円以下の1,030戸には一律4万円を配分し、残りの1,700戸には漁業収入に応じて配分する。②採貝者のうち、168戸の専業者には漁獲高に応じて配分するが、平均18,000円とする。2,560戸の自家消費目的の採貝者には均一に4,300円配分する。③採藻者のうち、130戸の専業者には漁獲高に応じて配分するが、平均17,480円とする。自家消費目的の採藻者には均一に3,500円配分する。④漁獲量に応じた比例配分を正確に算定することは難しいため、20万円から50万円の世帯には5万円、50万円から150万円の世帯には10万円、150万円以上の世帯は漁業補償特別委員会に一任する。⑤算定結果の公表は混乱を招くおそれがあるため、各世帯に小切手を郵送した後で行うことなどであった。25漁協に交付された生業補償金の最多は、天王地区羽立

表2−8−2 地区別補償農地配分面積とその戸数（1968年）

	地先干拓地		中央干拓地	
	面積（ha）	戸数（戸）	面積（ha）	戸数（戸）
八　竜	436	73	546	566
山　本	10	24	10	13
琴　丘	4	149	341	350
八郎潟	—	—	431	440
五城目	34	77	—	—
井　川	106	242	—	—
飯田川	131	378	—	—
昭　和	167	441	—	—
天　王	425	658	—	—
船　越	61	153	—	—
若　美	73	178	673	689
計	1,136	2,373	2,001	2,058

農林省構造改善局編集（昭和52年）：「八郎潟新農村建設事業誌」による

※浜口地区は八竜地区を構成とする1地区である
※面積は少数第1位を四捨五入した

漁協（148世帯）の1億2,908万1,093円、1世帯平均87万円、最少は若美地区潟西漁協（100世帯）の1,759万円、1世帯平均17.6万円であった。浜口漁協（236世帯）には1億350万8,778円、1世帯平均43万8,500円交付された。なお、14地区の漁業世帯には、47,000円から700万円交付されたと言われている。

　そのほか、漁協職員の退職金など財産補償として1億7,900万円、佃煮加工業者や魚類等の地上運搬業者、造船業者・船大工などの関係業者に3,795万6,000円の見舞金など、利子を含めて総額18億6,376万650円が1959年4月2日に交付された。

　農地の補償は湖岸部を埋め立てて造成した地先干拓地と、堤防に締め切られた中央干拓地を合わせて3,137㌶が4,431戸（1戸平均71㌃）に配分された（表2−8−2）。堤防が建設されて水域が大幅に縮小した八竜地区（浜口地区と鵜川地区を合わせた地区）には最大の982ha（1戸1.53ha）配分された。しかも、その55.6％が排水機能と土地改良が整備された中央干拓地であったため、生産性の低い潟漁業と稲作が併存した浜口地区は、農業地区に変容する条件が整備されたと言える。

2 製塩と海面漁業

(1) 製塩

製塩は浜田集落と天保年間に大口集落の18戸が製塩を営むため拓いた釜谷集落で行われたが[11]、薪材の枯渇とともに藩政期末に消滅した[12]。それが一時的に復活したのは、戦時中から戦後にかけて政府が自給用塩製造を奨励した際に、少額の資本でできることに着目した地元住民や、海外からの引き揚げ者・元軍人たちが始めたことによる。釜谷集落の塩は、秋田県内陸部の毛馬内(現鹿角市)や生保内(現仙北市田沢湖町)などに出荷され、多額の利益をあげた[13]。

46年に1,780人の製塩従事者が浜口村自給製塩組合を組織した。しかし、47年7月、政府が自給製塩事業の廃止を決めたため、翌48年、浜口地区の製塩は消滅した。今日、製塩に使われた鉄製の釜を残す農家が存在する。

(2) 海面漁業

八郎潟周辺地域で海面漁業は、浜口地区・若美町若美・男鹿市船越・脇本・天王町天王の5地区で行われた[14]。浜口地区の釜谷集落は釜谷浜、浜田集落は釜谷浜の北約2kmの地先を拠点に地びき網や刺網を営んだ。しかし、どちらにも漁港、あるいは船だまりが無かったため、漁を営む度に漁船を砂丘部から海面に移動させなければならなかった。

1900年頃の漁獲物は、ニシン・イワシ・サケ・マスなどが多く[15]、イワシは食用とローソクの原料や肥料に使われた。その後、漁獲量が著しく減少したため、1904年(明治37)、浜口村は山本郡会に漁獲量の減少に対する補助願を提出した。昭和期に入っても減少が続いたため、サケ・マスの定置網やタラ定置網を導入したものの、改善されなかったため漁師達は北海道のニシン漁に出稼ぎして家計を支えた。

53年は、刺網を主とする経営体が8人、地びき網が6人、定置網が4人、タコ縄が2人など、漁業者は22人居たが、漁獲量と漁獲高、および1人平均漁獲高は、それぞれ49㌧、60,100円/年、2,732円/人と、秋田県では最少級であった[16]。

57年に八竜町は「本町の水産業は主として八郎潟漁場、日本海沿岸漁場においてなされているが、事業の80%を占める八郎潟は近く干拓事業が実施されるので、・・・鯉等の養殖により食生活の改善と販売による現金の収入を図る」という振興策を作成した[17]。しかし、そこに海面漁業に関する記述が無いことから判断すると、海面漁業の地位は低くかったと思われる。

表2-8-3 1953年における秋田県の職業安定所別・市町村別の春ニシン漁出稼者数

安定所	主な市町村	出稼者数（人）
秋　田	秋田市	10
	浜田村	7
	昭和町	14
	小　計	42
能　代	浜口村	676
	鵜川村	70
	沢目村	130
	八森村	59
	浅内村	71
	小　計	1,158
船　川	北浦町	676
	天王町	415
	船川港町	315
	潟西村	307
	脇本村	305
	小　計	2,490
大　曲	刈和野町	119
	荒川村	37
	小　計	235
大　館	小　計	23
横　手	小　計	47
湯　沢	小　計	42
本　荘	西目村	154
	金浦町	11
	松ヶ崎村	60
	道川村	12
	小　計	426
花　輪	小　計	0
秋田県計		4,463

秋田縣労働部職業安定課（昭和28年）：「秋田県出稼少史」による

3　北海道ニシン漁出稼ぎ
(1) 秋田県の場合

　1880年頃から秋田県ではニシンの漁獲量が急速に減少したため、漁師たちは新たな漁場を求めて北海道に行った。このことが北海道ニシン出稼ぎの始まりと言われている[18]。

　前掲18)によると、出稼ぎ先と業種および人数は、多い順に北海道ニシン出稼ぎ4,463人、北海道農夫出稼ぎ1,603人、関東地方農夫出稼ぎ715人などであった。北海道ニシン出稼ぎ4,463人を職業安定所別にみると（表2-8-3）、最多は船川安定所管内の2,490人、次いで浜口地区を所管する能代安定所管内の1,158人と、その2安定所で全体の81.7%、それに沿岸南部の本荘安定所を含めると91.3%と、ニシン漁出稼ぎは沿岸部に多かった。地区別には、八郎潟西岸部の浜口と潟西地区、南岸部の脇本・天王地区および男鹿半島北岸部の北浦地区に多かった。出稼ぎ期間は、日本海側の留萌や増毛などに行く場合は3～5月、オホーツク海側と太平洋側に行く場合は5～7月と、概ね固定されていた。

　出稼ぎ先は増毛（308人）・礼文（142人）・宗谷（116人）のほか、稚内・小樽・北見・枝幸などであった。彼等には水揚高の40%の中から職種別に固定給と歩合給が支払われた[19]。表2-8-4に示したように、留萌地区の場合、船頭の賃金は固定給52,000円と歩合給（最高100,000円）を合わせて、最高152,000円

表2-8-4 1952年における北海道春ニシン漁に関わる賃金と他の業種との比較

業　種	出稼期間あるいは資金体系	職　種	内　訳			
			固定給（円）		歩合給（円）	
			最高	最低	最高	最低
春ニシン建網（留萌地区）	3～5月	船　頭	52,000	記載なし	100,000	記載なし
		下船頭	38,000		75,000	
		起舟船頭	30,000		60,000	
		船頭手伝	30,000		65,000	
		磯船乗	30,000		60,000	
		漁　夫	26,000		50,000	
		陸廻り	26,000		50,000	
		炊事婦	15,000		25,000	
春ニシン刺網（留萌地区）	3～5月	漁　夫	28,000	14,000	33,000	記載なし
		炊事婦	記載なし	記載なし	10,000	記載なし
春ニシン刺網（稚内地区）	3～5月	船　頭	50,000	16,000	75,000	記載なし
		下船頭	30,000	15,500	59,000	
		船頭手伝	30,000	14,000	35,000	
		漁　夫	19,000	8,000	25,000	
		炊事婦	13,000	5,000	15,000	
大　工（北海道）	日給		700	450		
坑内夫（　〃　）	日給		600	350		
杣　夫（　〃　）	日給		800	600		
農耕夫（　〃　）	月給		5,000	3,500		
日雇（秋田県払戸）	日給		200			

秋田県労働商工部職業安定課（昭和52年）：「秋田県出稼小史」による

※大工・抗内夫・杣夫・農耕夫・日雇の賃金は1953年の結果である
※秋田県払戸は秋田県若美地区の1集落である

（出稼ぎ日数を90日とすれば1日平均1,689円）、下船頭は113,000円、漁夫は76,000円であった。ただ、船頭には出稼ぎ経験が10年以上、漁夫には5年以上必要であった。稚内地区では、船頭の固定給は50,000円、歩合給は最高75,000円、合計125,000円、下船頭はそれぞれ30,000円と59,000円、合計89,000円、漁夫はそれぞれ19,000円と25,000円、合計44,000円と、地区別には増毛や礼文など留萌地区の賃金が高かった[20]。春ニシン漁に出稼者が多かったのは、大工・坑内夫・農耕夫・サケ・マス漁の船頭（固定給17,000円と歩合給）や県内の日雇いに比べ賃金が高かったことと農閑期であったためである。

(2) 浜口地区の場合

秋田県と同じ頃に浜口地区でも北海道ニシン出稼ぎが始まった。

50年の春ニシン出稼者は624人（全県比14.8％）、51年は660人（同13.4％）、52年は627人（同12.5％）、53年は676人（同15.2％）と、常に秋田県の市町村の中では最も多く、1戸に1人出稼ぎしたことになる。また、浜口村漁業協同組合に加入する119戸（1953年）のうち、追泊集落では11世帯中9世帯、大谷地では22世帯中16世帯、葦崎では31世帯中20世帯、浜田では15世帯中4世帯、釜谷では8世帯中8世帯、大口では32世帯中21世帯、合計78世帯（全体の65.5％）が出稼ぎに行った[21]。この中には2人出稼ぎした世帯も有った。

北海道ニシン漁出稼ぎは、漁業・農業とも零細であったこと、潟漁業や海面漁業で培った技術を活かすことができたこと、時期が固定化されていたこと、賃金が高かったこと、経験年数を積み重ねると賃金が上昇したことなどから、一種の常態化された職業になっていたものと考えられる。

50年代末頃にニシン漁が衰退の兆しを見せ始めたため、出稼ぎ先が首都圏の製造業や建設業などに変っても、浜口地区の出稼ぎ者が減少することはなかった。

Ⅲ　干拓後の変容

1　出稼ぎ者の減少

57年（昭和32）、850億余円の費用を掛けた八郎潟の干拓が始まった。61～63年は1日平均3,000人の作業員が働いた[22]。その中にはニシン漁に出稼ぎした人が多く含まれていた。干拓前、600人以上居た浜口地区の出稼ぎ者は、85年は129人（1985年農業センサス）、88年は100人程度（秋田県出稼対策室：秋田県の出稼ぎ）に減少したことから、干拓事業が出稼ぎ者を減少させたことは明らかである。

2　潟漁業の消滅と海面漁業の縮小
(1) 潟漁業の消滅

干拓後は、水域が広く残った旧八郎潟南岸地区で潟漁業が営まれているが、87年の漁獲量は493.8トンと、53年に比べて1/30程度に減少し（図2－8－2）、モ

ク採集は消滅した[23]。その要因は、基本的には水域面積が1/5に縮小したことにあるが、船越水道に防潮水門が完成したことも大きい。すなわち、日本海から遡上するボラやサケなどが穫れなくなったことや、残存湖の水質が淡水化されたため汽水性の水産物が消滅したこと、残存湖の水質汚濁、湖岸部の荒廃が進んだことなどによる。

　87年における八竜地区の漁獲量は20.1㌧と、53年に比べて八郎潟周辺地区の中では最大の1/202に減少した。53年は無動力船134隻、動力船数68隻、合計202隻有った船は88年には動力船1隻、船外機付船23隻、潟漁業経営体は193から4に減少したうち[24]、浜口地区の経営体0となり、潟漁業が消滅した。その要因は、中央干拓地を囲む堤防が建設されたことで、西部承水路の幅と水深が周辺地区中最も狭くなったこと、防潮水門によって汽水性の魚貝類が死滅したこと、承水路の水質汚濁などで、同地区地先が漁場機能を喪失したことのほか、農地が広く配分されたこと、淡水化された残存湖の水が農業用水に利用できたこと、地区背後に広がる砂丘地を開墾して、稲作と畑体の複合経営による農業地区に変容したこと

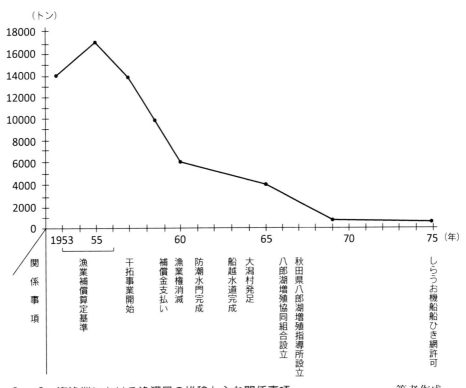

図2-8-2　潟漁業における漁獲量の推移と主な関係事項　　　　　　　　筆者作成

などであった。

(2) 海面漁業の縮小

浜口地区の漁業拠点は船外機付き船で漁業を営む経営体は浜口地区、動力船と船外機付き船を使用する経営体は係留設備の有る能代港の八竜町漁協専用岸壁、ベニズワイガニかご網を営む経営体は秋田港で有ったが、05年以降は浜口地区と能代港の2箇所となった。

写真2-8-1 釜谷地区の砂丘前面に建てられた漁具収納庫兼作業小屋
2009年 筆者撮影

05年の調査によると、浜口地区が拠点の8人は、第二種兼業で春期はイイダコ漁・カニ刺網・その他の刺網、秋期はサケ・マス漁、年末はハタハタ漁を行ったが、漁獲量はハタハタが13㌧、シロギスが6㌧、カレイ類が4㌧などと極めて少なかった。また、7人がニシン漁出稼ぎの経験者であった。同地区に漁港・船だまり・係留設備が無いため、波にさらわれない場所に船を置き、出漁の時は降ろし、終わると揚げなければならなかった。また、漁具倉庫と作業小屋を兼ねた小屋は国有地を借りて建てた(写真2-8-1)。1回の操業で数尾しか獲れない時が有っても漁業を続けるのは、自給目的のためであったが、このことは資源が存在する限り、漁業は存続することを示していると考えることができる。

浜口地区から数km離れた能代港が拠点の10人は、第二種兼業で刺網や釣りなどを行った。ただ、78年はスルメイカが191㌧と、地区全体の54.4%を占めたこともあったが、80年には32㌧(同5.8%)に減少し、92年に消滅した。それに代わってサケ・マス漁を行ったが、漁獲量は1㌧に満たなかった。

上記2拠点の合計が浜口地区の属地結果となる。80～00年における属地結果の漁獲量と第1位漁獲物をみると(表2-8-5)、80年は44㌧のうちガザミが63.6%、85年は18㌧のうちガザミが50.0%、95年は21㌧のうちシロギスが14.3%、00年は17㌧のうちシロギスが17.6%と、いずれの年も漁獲量は秋田県の下位にあった。漁獲物の多くは自家消費、少量を能代産地市場に水揚げしたが、能代産地市場の閉鎖を機に天王地区の活魚販売業者に引き取って貰ったこともあっ

表2－8－5　浜口地区における漁獲量の属人結果と属地結果

	属人結果（トン）	第1位漁獲物と割合（％）	属地結果（トン）	第1位漁獲物と割合（％）
1980年	548	ベニズワイガニ　86.1	44	ガザミ　63.6
85	521	ベニズワイガニ　96.7	18	ガザミ　50.0
90	522	ベニズワイガニ　96.4	19	シロギス　18.3
95	516	ベニズワイガニ　93.4	21	シロギス　14.3
00	775	ベニズワイガニ　97.0	17	シロギス　17.6

各年の「秋田農林水産統計年報」による

た。しかし、09年以降は秋田市中央卸売市場で卸売業を営む同社の能代支店に持ち込んでいる。

　秋田港を拠点としたベニズワイガニかご漁を営む経営体の80～93年におけるベニズワイガニの漁獲量は、船川地区に次ぐ2位、94年以降は首位となった[25]。98年は634トンと、地区全体の97％、水揚高は5,000万円を超えるなど、浜口地区では突出した存在であったが、04年に廃業した。

　88年と98年を比較すると[26]、経営体数は36から50に増えたものの、零細な漁業を営む第二種兼業の高齢者が増加したため出漁日数が89日未満の経営体は18.9％から51.0％、90～149日は75.7％から35.3％と、両年とも150日未満が全体の90％程度を占めた。漁獲高無しは0％から41.2％、30万円未満が37.8％から35.3％、30～50万円未満が62.2％から88.2％と、下位層が増えたことから1経営体平均は28万円から33万円へと、5万円の増加に止まった。漁業就業者と従事者を合わせた45歳未満の男子は24.1％（14人）から17.2％（10人）、45～59歳は46.6％（27人）から41.4％（24人）と低下した一方で、60歳以上は29.3％（17人）から41.4％（24人）に上昇した。

　98年の経営形態は、専業はベニズワイガニかご網を営む1人、第一種兼業が2人、第二種兼業は48人で、そのうち農業との兼業が17人、会社員が15人などであった。しかし、出稼ぎと兼業した人は居なかった。

3　砂丘の開発と地区の変容

　64年、干拓によって誕生する新農村と均衡の取れた地区を作るため、八郎潟周辺地域の自治体は「八郎潟周辺市町村開発推進協議会」を立ち上げ、1.5ha以上の農地を所有する農家を1,500戸から3,000戸に増やす計画を立てた[27]。これま

で農地が少なかった八郎潟西岸部の八竜町や若美町に多く配分された理由もそこにあった。この計画に沿って八竜町では、稲作とマクワウリ・スイカ・葉たばこ・チューリップ栽培と組み合わせた田・畑複合計画を立案した。住民の中には、稲作と畑作・畜産業を組み合わせた計画を提案した人も居た。

　干拓前、浜口地区の大部分を占めた砂丘は農業用水に乏しかったことや、私有地が複雑に入り組んでいたため開発が遅れ、水田は湖岸、畑地は集落の周辺や砂丘列間の低地、あるいは水の得やすい場所に限られていた（図２－８－３）[28]。

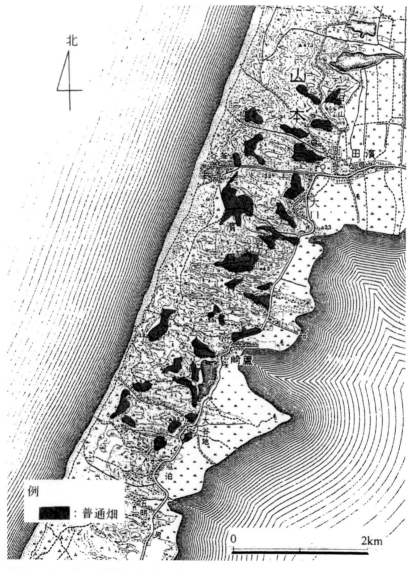

図２－８－３　八郎潟干拓前の浜口地区における普通畑の分布（1947年）
国土地理院　昭和22年発行 1：50,000 地形図「羽後浜田」図幅から作成

干拓後、淡水化された残存湖の水を農業用水として利用できるようになったことから、県は男鹿街道東側に分布する320haの砂丘を畑地に変える農業基盤整備事業を行い、八竜町と浜口改良区は男鹿街道西側に広がる砂丘の開墾を進めた（図2－8－4）。50年と80年の農地面積を比較すると（表2－8－6）、水田は440haから863ha、畑地は160haから292ha、合わせて600haから1,155haと、1.9倍に拡大した。開墾当初、稲作をするため作ったビニール水田は、米の生産調整を機にメロンやスイカ・トマト・キューリなどの畑地に変わり、今日では米の生

図2－8－4　八郎潟干拓後の浜口地区における普通畑の分布（1975年）
国土地理院　昭和50年発行1：50,000地形図「羽後浜田」図幅から作成

表2-8-6 1950～2000年における浜口地区の農家戸数および耕地面積等

	1950年	60年	80年	90年	00年
農家数　　　　　　（戸）	623	695	623	544	391
男子農業従事者数　（人）	876	901	868	658	577
水田面積　　　　　（ha）	440	467	863	813	788
畑地面積　　　　　（ha）	160	236	292	265	255
樹園地面積　　　　（ha）	0.89	0.36	4.4	1.4	0

農林水産省秋田統計調査事務所：各年の「世界農林業センサス　秋田県統計書」による

※1950年と60年における水田・畑地・樹園地面積の町・反はhaに換算した

産額を上回る秋田県屈指の田・畑複合地区に変容した[29]。

　釜谷地区で農業を営む男子A氏（2011年65歳）は、「小屋の奥に直径1.5m程度の鉄製の釜があるので、親は漁業と製塩をしていたと思う。父は干拓が始まると北海道への漁業出稼ぎを止めて干拓作業員になった。干拓後は砂丘地に造成したビニール水田で米を作ったこともあったが、透水性が高い痩せ地であったことや潮風の影響などで収量が少なかったため、米の生産調整を機に畑地に変えた。メロンやスイカ・トマト・ネギなどの栽培を始めてから家計に余裕が出てきた」と、生活基盤が漁業から稲作そして畑作へと変わった経緯と、生活が豊かになったことを話す。同地区の女子Bさん（2011年55歳）は、「夫の父は海面漁業とニシン出稼ぎに出たと聞いた。32年前に嫁いだ時は漁業をやめてビニール水田で稲作と畑作の複合経営をしていた。干拓で出稼ぎがなくなり心配事が減った。畑に来ると義父はここが畑地に変るとは想像できなかったと話していたことを思い出す」と、八郎潟の干拓が地区を変容させたことを話す。

Ⅳ　まとめ

1. 八郎潟干拓前の浜口地区では、全集落が潟漁業を営み、海面漁業は釜谷と浜田集落で行われた。潟漁業の漁獲物は商品価値の低い「モク」と呼ばれた藻類、海面漁業はニシンとイワシが多かった。
2. 浜口地区の潟漁業・海面漁業はともに零細であったため、農業や北海道ニシン出稼ぎなどと組み合わせた兼業で行われた。浜口地区の北海道ニシン出稼ぎ者は秋田県では最も多かった。

3. 干拓によって浜口地区の地先が漁場機能を失ったため潟漁業は消滅した。海面漁業は農業などと組み合わせた第二種兼業で営まれているが、その規模は秋田県では最小級である。
4. 干拓後の浜口地区は、米作と畑作の複合経営地区に変容したばかりでなく、生活態様を一変させるなど、干拓の効果は極めて大きい。

注

1) 狩野豊太郎（昭和43年）：秋田県北部沿岸地帯の第四系 秋田大学鉱山学部地下資源開発研究所報告 第36号
2) 秋田県教育庁社会教育課（昭和40年）：八郎潟の研究
3) 秋田大学八郎潟研究委員会（昭和43年）：八郎潟
4) 秋田県教育センター（平成元年）：干拓後の八郎潟とその周辺地域の変容 筆者は同書の第2章 筆者は「漁業」を執筆した。
5) 秋田縣商工水産部水産課（1953年）：八郎潟漁業経済調査報告書
6) 前掲3)
7) 浜口村漁業協同組合は25潟漁業協同組合のうちの1漁協である。同漁協は追泊（11戸）、大谷地（22戸）、葦崎（31戸）、浜田（15戸）、釜谷（8戸）、大口（32戸）の合計6集落119戸で組織されたが、潟漁業を本位としたのは葦崎、浜田、大口の3集落であった。
8) 浅野貞一（平成元年）：民俗（モクについて） 前掲4)所収
9) 前掲3)
10) 秋田県八郎潟干拓課（昭和35年）：八郎潟干拓に伴う漁業補償問題の概要
11) 八竜町（昭和43年）：八竜町史
12) 前掲11)
13) 斎藤実則（昭和63年）：秋田海岸における製塩の推移 秋田県教育センター研究紀要
14) 前掲2)には、海面漁業を営んだ地区は浜口、潟西、天王、船越の4地区と記されている。
15) 前掲11)
16) a. 農林省農林経済局統計調査部（昭和32年）：第二次漁業センサス 昭和29年1月1日調査
    b. 東北農政局秋田統計情報事務所（昭和53年～54年）：秋田農林水産統計年報
17) 八竜町（昭和32年）：八竜町農林水産振興基本計画
18) 秋田縣労働部職業安定課（昭和28年）：秋田県出稼小史
19) 前掲18)

20) 前掲18) によると、賃金が最も高かったのは留萌地区、稚内地区は留萌地区に比べて1～2万円少なかった。
21) 前掲5)
22) 前掲3)
23) 八郎潟増殖組合（1987）：漁業漁獲報告一覧表
24) 第8次漁業センサスによる。
25) 秋田農林水産統計年報では、1984年までベニズワイガニをその他のカニ類に含めて扱い、1985年以降はベニズワイガニと単独で扱っている。
26) 第8～10次漁業センサスによる。
27) 前掲3)
28) 尾留川正平（昭和56年）：砂丘の開拓と土地利用　二宮書店
29) 八竜町浜口土地改良区（昭和62年）：合併二十周年記念誌

本書に掲載した論文・レポートの初出時におけるタイトル等

第1編　両羽海岸地域における漁業の展開（2010年）：斎藤憲三顕彰会助成研究報告書（要旨）

第2編　第2章　秋田県八森地区とその周辺地区における漁法と漁場の変化（2001年）：秋田湾地域の研究 第11報

　　　第3章　両羽海岸地域における漁業の展開（2010年）：斎藤憲三顕彰会助成研究報告書（要旨）

　　　第4章　男鹿半島における漁業―男鹿市北浦地区を例として―（1981年）：秋田湾地域の研究第3報

　　　第5章　金浦地区の漁業（1983年）：仁賀保高校研究紀要 第1集

　　　第6章　最近における飛島の変貌（1990年）：秋田南高校研究紀要 16（1984年度　斎藤憲三顕彰会助成研究）

　　　第7章　山形県温海地区における漁業と流通の変化　未発表

　　　第8章　a.八郎潟干拓後における潟漁業集落の変容（1992年）：秋田湾地域の研究 第7報

　　　　　　b.両羽海岸地域における漁業の展開（2010年）：斎藤憲三顕彰会助成研究報告書（要旨）

掲載した国土地理院発行の「地勢図」と「地形図」

1. 昭和37年発行　　1:200,000 地勢図「男鹿島」図幅
2. 昭和36年発行　　1:50,000 地形図「船川」図幅
3. 平成 5 年発行　　1:25,000 地形図「船川」図幅
4. 平成 7 年発行　　1:200,000 地勢図「弘前」図幅
5. 平成 8 年発行　　1:200,000 地勢図「深浦」図幅
6. 平成20年発行　　1:50,000 地形図「羽後和田」図幅
7. 昭和50年発行　　1:50,000 地形図「船川」図幅
8. 昭和52年発行　　1:25,000 地形図「平沢」、「象潟」図幅
9. 昭和57年発行　　1:25,000 地形図「酒田北部」図幅
10. 平成 4 年発行　　1:25,000 地形図「温海」図幅

11. 昭和 41 年発行　1:50,000 地形図「羽後浜田」図幅
12. 昭和 22 年発行　1:50,000 地形図「羽後浜田」図幅
13. 昭和 50 年発行　1:50,000 地形図「羽後浜田」図幅

用語解説（五十音順）

　　ここに記載した用語の解説は、漁業センサス（農林水産省統計情報部）、改定農林水産用語事典（農林統計協会）、秋田農林水産統計年報（東北農政局秋田統計情報事務所）、秋田県漁業の動き（東北農政局秋田統計情報事務所）、地理学辞典（日本地誌研究所）などを参考にした。

買受人：仲買人（仲買業者）ともいい、市場開設者の許可を得て卸売業者から買い受けた物品を仕分け・調整して小売商や大口需要者等に販売する者（業者）をいう。彼らは専門的な知識・能力が高いため、市場における価格形成や分荷機関として重要な役割を果たす。

活魚販売：貝類以外の漁獲物を活きた状態で水揚げ・出荷・販売することを言い、その経営体を「活魚販売を行った経営体」という。

漁家：個人漁業経営体及び漁業就業者世帯を総称した用語である。

漁家所得：漁業を営む世帯の所得のことで、漁業所得＋漁業外事業所得（例えば水産加工業所得）＋事業外所得で求められる。

漁業依存度：漁家所得の中に占める漁業所得の割合のことで、漁業所得÷漁家所得×100 で示される。

漁業経営体：1 年間に利潤又は生活の資を得るために、生産物を販売することを目的として海面において水産動植物の採捕又は養殖の事業を行った世帯又は事業体をいう。ただし、農林水産統計年報では 1 年間の海上作業従事日数が 30 日未満の個人漁業者を除外しているため、本稿でもその定義に従った。そのため、1 年間に 90 日以上漁業に係わる作業が義務づけられている漁協組合員数と一致しない地区もある。

　　漁業経営体の種類は、(1) 単独で漁業生産を行うもの（個人経営体）。(2) 漁船、漁網等の主要生産用具を共有し、漁業生産を共同で管理運営するもの（団体経営のうちの共同経営）。(3) 漁船、漁網等を持ち寄って漁業生産を行うもの（団体経営のうちの持ち寄り）。(4) 無動力船ないし動力 3 トン未満の漁船

に相乗して漁業生産をおこなうもの。(団体経営のうちのあいのり)に分けられる。団体経営体を組織する経営体には、会社経営、漁業協同組合経営、漁業生産組合、共同経営、官公庁・学校・試験場の5経営体がある。

漁業事業外所得：水産業と関わりあいのない事業からの所得のことをいい、事業外収入－事業外支出で求められる。

漁業支出：漁業収入をあげるために要した一切の費用をいう。具体的には雇用労賃・漁船費・漁具類・燃油代・餌代・氷代・魚箱代・種苗代・母貝代・核代・塗染料費・加工用資材費・諸材料費・諸施設費・漁業用自動車費・賃借料および料金・販売手数料・事務費・減価償却費などが含まれる。

漁業就業者と漁業従事者：1年間に自営あるいは雇われて30日以上漁業の海上作業に従事した満15歳以上の者をいい、この中で、自営漁業に従事した就業者を自営漁業就業者、漁業経営体に雇われて漁業に従事した就業者を漁業雇われ就業者あるいは漁業従事者という

漁業収入：漁業経営から得られた収入をいい、具体的には、漁業および養殖業における生産物の販売収入・賃料収入(漁船・漁網などの漁業生産資材の一時的賃貸料)・魚類・水産動植物類などの内蔵物・貝類などの副産物の販売収入および漁業用資材の転売収入など、その他の漁業収入が含まれる。

漁業所得：漁業生産活動の成果のことをいい、漁業収入－漁業支出で求められる。

漁業地区および漁業権：市区町村の区域内における共同漁業権水域において共通の漁業条件の下に漁業が行われる地区を漁業地区といい、地先漁場の利用等、漁業に係わる社会経済活動の共通性に基づいて農林水産大臣が設定する。漁業権には一定の水面において排他的に一定の漁業を営む権利を有する刺網漁や採貝漁などの共同漁業権漁業と、海面養殖を対象にした区画漁業権および定置漁業権がある。

漁業部門：農林統計協会発行の改訂農林水産統計用語事典では、漁業部門を沿岸漁業・沖合漁業・遠洋漁業に分類しているが、明確な区分基準があるわけではないと説明している。水産統計調査を行う際は沿岸漁業を10㌧未満の動力船・無動力船もしくは漁船を使用しないで行う漁業及び定置網漁業と地びき網漁業・養殖業のことと定義し、沖合漁業とは遠洋漁業を除く10㌧以上の動力船による漁業と定めている(定置網漁業と地びき網漁業を除く)。遠洋漁業には母船式底びき網。遠洋底びき網、以西底びき網、太平洋中央海区で操業する大

中型まき網、母船式サケ・マス、遠洋マグロはえ縄、遠洋カツオ一本釣りなど12種類があるとしている。

日本地誌研究所（1973年）発行の地理学辞典では、「三部門の区別は必ずしも明確ではなく、便宜上次のように区分している」として、遠洋漁業とは母船式漁業、遠洋底びき網漁業、以西底びき網漁業、北太平洋ずわいがに漁業、北洋はえ縄・刺網、遠洋かつお一本釣及び遠洋まぐろはえ縄漁業、いか流し網漁業を総称した用語である。また、沖合漁業とは動力10㌧以上の漁船を使用する漁業のうち、遠洋漁業並びに定置網、地びき網漁業を除いた漁業の総称で、離岸4カイリ以遠の海域で操業する漁業としている。さらに、沿岸漁業とは漁船非使用、無動力及び動力10㌧未満の漁船を使用して近海で行う漁船漁業および採貝、採草、定置網、地びき網漁業を総称した用語で、各漁協が管轄する地先（沿岸漁場）で行われる刺網や地びき網などの共同漁業権漁業のことと定義している。漁業白書ではそれに加えて、浅海養殖業と10㌧未満の漁船を使用して漁協が管轄する漁場で小型底びき網、サンマ棒受網、はえ縄、イカ釣りも沿岸漁業としている。

漁労体：海面漁業を営む漁労作業の単位のことをいい、具体的には営まれた網数（着業統数）のことをいう。例えばサンマ棒受網漁業のように1隻の漁船で1つの網を使って作業（単船作業）する場合は、その漁船1隻を1漁労体、大型定置網のように2隻以上の漁船が1組になって1つの網を使って作業をする時も1漁労体となる。1経営体が小型定置網を1ケ統営む時の漁労体数は1であるが，1経営体が2ケ統の定置網を営む時の漁労体数は2となる。

行使権料：漁業経営体は操業を希望する漁業種類（漁法）がある場合、その管理権を所有する漁協・県知事・農林水産大臣の許可・承認が必要となる。それが、許可・承認された時に支払う金額のことを行使権料と言い、鑑札料あるいは許可料と呼ぶ地区もある。2009年の秋田県漁協南部総括支所管内では漁協が管理する地先の共同漁業権海域で営まれたワカメ採藻には1人1,050円/年、カニ刺網1統には3,150円/年、イワガキ採貝には1人5,250円/年、ハタハタ刺網と小型定置網1統には各10,500円/年などの行使権料が課せられた。

産地卸売市場：産地市場とも言い、漁業者または水産業協同組合から出荷される水産物を卸売するため、水産物の陸揚地において開設される市場のことをいう。産地市場は漁業生産過程と水産物流通過程の接点に位置し、この売買段階で生

産が終わり、流通が始まる。

産地卸売市場価格：産地市場においてセリまたは入札で成立した価格をいう。

収穫量：海面養殖で収穫された水産動植物の全ての重量をいう。ただし、養殖種苗用に収穫した量は含まない。

消費地卸売市場：消費地市場とも言い、消費地で水産物の卸売を行うため開設された市場をいう。

増殖事業：天然における水産動植物の繁殖助長、繁殖保護又はその資源の増大を目的として行う産卵場の造成、魚礁の設置、投石などの事業をいう。

属人結果：漁業生産物を漁獲した漁業経営体が所在する地区にカウントされた漁獲量のことをいう。

属地結果：漁業生産物を水揚げした地区にカウントされた漁獲量のことをいう。

日本海北区：わが国における漁業の実態を地域別に明らかにするとともに、地域間の比較を容易にするため海況、気象等の自然条件、水産資源の状況等を勘案して水産庁が設定した8大海区（日本海北区、北海道区、太平洋北区、太平洋中区、太平洋南区、東シナ海区、瀬戸内海区、日本海西区）のうちの1海区で、青森県小泊村小泊漁業地区から石川県までが範囲である。この区分は水域区分ではなく地域区分である。

売買参加者：市場開設者の承認をうけて卸売業者が行う卸売の買い手として、物品を直接買い受けできる小売商・大口需要者などをいい、買受人（買受業者）とともに価格形成に重要な役割を果たしている。

販売手数料：市場の取引きで卸売業者（漁協）に支払われる手数料のことを言い、秋田県では販売価格の7%としている。

水揚量：海面漁業・養殖業による生産物の第1次水揚量のことで、産地市場に上場した量を言う。

あとがき

　これまで私がご指導とご厚情をいただいた方々に感謝を申し上げてあとがきとする。
　私は高校1年の時に学んだ故斎藤實則先生の「人文地理」に興味を持ち、教科書『人文地理』（日本書院刊）を執筆された立正大学教授故田中啓爾先生に憧れ、立正大学地理学科を受験することにした。先生は私が入学した年に退職されたが、非常勤講師として「地理学研究法」の科目を開講しておられたので、それを受講することができた。先生は地理的事象の見方や考え方、地理学を学ぶ意義・楽しみなどを説かれる度に、私は充実感を味わうことができた。
　私は、田中先生の後任に赴任された故青野壽郎先生に指導を仰いだ。先生は高校教師を勤めながら地理学研究を続ける斎藤先生を高く評価されていたためと思うが、私に「君は斎藤先生の指導を受けたのですね。頑張りなさい」と激励してくださったこともあった。
　卒業後、私は斎藤先生から指導をいただき、東北地理学会などが近づく度に、先生のご自宅で発表原稿の指導を受けた。先生は家庭団らんの時間を指導に充てられることが多く、先生とご家族の皆様にご迷惑をお掛けしたことを今でも恐縮に思っている。
　1975年頃、斎藤先生から天王町江川地区における潟漁業の研究を奨められたことがきっかけで、水産業に関する研究を始めた。山形県飛島を調査した際は、同行された先生から直接地理的事象の見方や考え方を教えていただいた。常々、先生は「研究に定年はない」と話され、秋田県教育センター、聖霊女子短期大学を定年退職された後も研究を進められた。私が定年退職して間もない頃に「人生の中で60歳代が最も充実した時期であるから、これまでの成果をまとめたらどうか」と勧めていただいた。しかし、本書が完成する前に、先生はお亡くなりになり、誠に残念である。
　立正大学名誉教授澤田裕之先生には学生時代よりご指導をいただいている。先生が秋田県象潟町や男鹿半島でフィールドワークを行った時は同行させていただき、学生を指導する姿勢・態度・方法など、学んだことを授業に活かすことができた。また、「地理の授業では、それぞれの事象がどうなっているのか、なぜそうなっているのか、なぜそうならざるをえないのか、つねに『なぜ』という疑問を根底に据えて、生徒たちに他の事象との相互関連性の中で、その疑問を解決してゆく思考法

を身につけさせて欲しい」という内容の手紙を頂戴した時は、先生の心遣いをありがたく思った。私が定年退職してからも気にかけていただいているうえに、本書をまとめるにあたっても、これまで以上の指導を賜り、衷心より感謝を申し上げるしだいである。

地質学が専門で秋田県行政の中枢を担われた元秋田県理事故狩野豊太郎先生には、調査・研究の方法や研究態度を教えていただいた。私が斎藤憲三顕彰会から2度個人研究助成を受けることができたのも、同会の特別委員長の要職にあった先生のご配慮があったからこそと感謝している。

元象潟町議会議員（現にかほ市）の故土井一美氏には、象潟町教育委員長の要職にあった頃から学校教育に関する助言や、調査の際は関係機関や関係者を紹介していただくなど、大変お世話になりました。

定期市の研究を進めた元秋田県立角館南高校長仙道良次先生をはじめ、大学や高校でお世話になった先生方、先輩・同僚・友人など多くの皆様方に心からお礼を申し上げます。

妻と2人の娘にも感謝したい。娘達は他の科目に関心を示して地理を履修することはなかったが、いつか地理的な見方・考え方に気づいてくれるだろうと思っている。

次の皆様方からも指導と支援をいただきました。心からお礼を申し上げます。
（勤務先と役職名は調査時のものである）

【助言と資料の提供および閲覧に配慮をいただいた方々】

農林水産省東北農政局秋田地域センター 藤原利幸様、同酒田地域センター 難波和博様、同 藤原多賀夫様、青森県深浦町役場農林水産課 山本 淳様、山形県鶴岡市温海庁舎 川村佳代子様、同 観光商工課 伊藤 隆様、秋田県漁業協同組合専務理事 齋藤 豊様、秋田県漁業協同組合北浦総括支所長 浅井和博様、秋田県漁業協同組合北部総括支所 管理専門員 村井敬一郎様、秋田県漁業協同組合南部総括支所 宮崎仁志様、同南部総括支所道川地区連絡協議会会長 金森己嗣様、山形県漁業協同組合総務部漁政対策室長 西村 盛様　そのほか、秋田県農林水産部、秋田・山形・青森各県の漁協・漁業者の方々にも大変お世話になりました。

【研究助成をいただいた団体】

財団法人斎藤憲三顕彰会様

【写真を提供いただいた方々】
　秋田県水産振興センター様、千葉県在住　小瀬信行様、秋田県能代市　大森建設株式会社様。

【図表の作成に助力いただいた方々】
　秋田県立十和田高校　岩谷宣行先生、秋田市立秋田商業高校　石井洋年先生。

【著者プロフィール】

小 野 一 巳

略　　歴　1946年　秋田県に生まれる
　　　　　1965年　秋田県立秋田南高等学校卒業
　　　　　1969年　立正大学文学部地理学科卒業
　　　　　1971年　同 大学院 修士課程地理学専攻修了

職　　歴　東京都内の私立高校教諭、秋田県立能代工業高校・仁賀保高校・秋田南高校・秋田高校教諭、秋田中央高校（定）・秋田東高校（定）教頭 仁賀保高校校長を経て、2007年3月31日定年退職

主な分担・一部執筆著書
　　　　　地場産業の町3（古今書院）
　　　　　TDKの立地と地域の発展（大明堂）
　　　　　秋田の地理ものがたり（日本標準）　他

主な論文　秋田市とその周辺地域における潜在労働力
　　　　　高等学校「地理」における地図指導と野外調査
　　　　　新教育課程における身近な地域の扱い方　他

住　　所　秋田県由利本荘市岩城二古字横砂子58－26

漁業の変容と存続形態（改訂版）

発行日　2019年2月9日
著　者　小　野　一　巳
発行人　熊　谷　正　司
発行所　くまがい書房
　　　　〒010-0001　秋田市中通六丁目4番21号
　　　　電話 018-833-2220

印刷所　株式会社くまがい印刷

ISBN978-4-908673-02-3
本書の無断複写複製（コピー）は、特定の場合を除き、著作者・出版社の権利侵害になります。
©ono kazumi, Printed in Japan
落丁・乱丁本は、お手数でも小社宛お送りください。
送料小社負担でお取替えいたします。